第 3 版

解析生命

——从系统论的视角探讨生命的起源与演化

樊启昶　著

高等教育出版社·北京

内容简介

本书从系统论的角度对生命现象进行一种整体的解析,针对生命起源、生物演化等一系列重要的生命科学问题,提出了许多独特并富有挑战性的见解。作者认为:从历史的角度看,代谢比稳定遗传对于生命更为基本;现代生命秩序来自于生命诞生过程中 DNA-RNA-蛋白质动力学框架结构对原始生命动力学系统的归纳;细胞出现是生命动力学周期结构建立的必然;多细胞生物的诞生必须完成三个重要的有序构建任务,并因此催生了多细胞生物物种的大爆发现象;智能生物的出现将生命的动力学结构带到一个更高的层次;生命具有层级演化和谱系演化两种不同的演进模式,并由于它们的综合以及环境的选择作用创造了今天生物的多样性;生命演化的历史生动地体现了生命复杂系统演进的分形属性以及生命混沌过程中的吸引子现象。在对涉及生命起源和生物演化的各种现象的讨论中,作者强调了其内在复杂系统动力学属性上的整体性和传承性,并由此提出了一些有见地的猜想和新的可能极有探索价值的生命科学课题,期望作为传统生物学的补充,推进生命科学与其他学科的交流和生命科学工作者相互间的探讨,开阔生物学专业学生的视野。

图书在版编目(CIP)数据

解析生命:从系统论的视角探讨生命的起源与演化 /
樊启昶著 . --3 版 . -- 北京:高等教育出版社,2018.6

ISBN 978-7-04-049710-6

Ⅰ. ①解⋯ Ⅱ. ①樊⋯ Ⅲ. ①生命科学－研究

Ⅳ. ① Q1-0

中国版本图书馆 CIP 数据核字(2018)第 117634 号

JIEXI SHENGMING

策划编辑 王 莉	责任编辑 王 莉	封面设计 王凌波	责任印制 韩 刚

出版发行	高等教育出版社	咨询电话	400-810-0598
社　址	北京市西城区德外大街 4 号	网　址	http://www.hep.edu.cn
邮政编码	100120		http://www.hep.com.cn
印　刷	北京印刷一厂	网上订购	http://www.landraco.com
开　本	787 mm × 1092 mm　1/16		http://www.landraco.com.cn
印　张	17	版　次	2005 年 6 月第 1 版
字　数	260 千字		2018 年 6 月第 3 版
插　页	2	印　次	2018 年 6 月第 1 次印刷
购书热线	010-58581118	定　价	49.00 元

献给我的父母、老师和走在探索生命路上的人

目 录

彩插

第一章 导 论

当人们从太空俯瞰我们居住的地球时,都深深地被这颗美丽的蔚蓝色的星球所感动,一种自豪和幸运的心情油然而生。这颗默默无闻的星球飘浮在茫茫星际和浩瀚宇宙之中,显得是那么渺小和微不足道。但是它与我们迄今已知的各种天体表现得又是如此不同,它既没有惊天动地的高能物理巨变过程,也不是被一片沉寂冷漠所笼罩,而呈现出的是一派盎然生机。山峦原野,江河沧海,众生芸芸,千姿百态,是什么赋予地球以如此神奇的景观,回答是——生命。

对生命的关注,可以说从人类启蒙时代就开始了,几千年来,这一探索前赴后继、生生不息,今天已经发展成为一个庞大的生命科学体系。

对生命现象的探索

研究生命现象的学科称为生命科学,生命科学的发展走过了一条漫长、艰辛的探索之路。

生命科学的酝酿和奠基 应该说从人类文明的启蒙阶段,就有了人们对生命现象的描绘(如原始的岩画),就开始了人们对生命现象的观察和思考(如早期人类对生殖的崇拜和对死亡的敬畏)。在远古年代,人们对生命现象的认识常常是与疾病、农业禽畜生产(如中国古代有神农尝百草的传说),以及宗教信仰(如古代埃及木乃伊的制作)联系在一起的,由此人们积累着对动物、植物

1

和人类自身的结构、生长、发育和繁殖方面的知识。

　　到古希腊的年代，已开始了对生命现象的专题性研究。亚里士多德（Aristotélēs）（图1-1）在《动物志》一书中相当细致地记述了他对动物解剖构造、生理习性、胚胎发育和生物类群现象的观察，并对此进行了许多深刻的思考。例如，他已注意到不同动物之间存在有"亲缘"关系，依此来对动物进行分类，并首次引入属（genus）、种（species）概念作为分类的标准。当然，亚里士多德对生物的认识还具有明显的主观臆断的成分，例如他认为一切生物结构的存在都是自然界一种目的性的体现，认为心脏是灵魂和智慧活动的中

图 1-1　亚里士多德（Aristotélēs；384—322 BCE）
古希腊哲学家，科学家。

心，而大脑仅仅起到分泌黏液和冷却血液的作用，认为通过解剖不可能完全了解一个器官的功能，理由是一个器官的功能不可能完全从其结构中体现出来（可以想到在亚里士多德看来，器官同样是自然界某种目的性的载体）。亚里士多德的观点和方法集中地反映了那个时代的特点，观察和哲学参半、描述和思辨混合。在这一历史时期，为以后生命科学的建立做出重要贡献的还有：德奥弗拉斯特（Theophrastus，373—286 BCE）对植物乔木、灌木、草本的分类确定；希罗费罗斯（Herophilus，约 300 BCE）、盖仑（Galen of Pergamon，约 130—200）对人体解剖的研究，等等。其后，西方进入了漫长的中世纪年代，科学的发展受到极大的压抑。但是即使在那个黑暗的年代，仍不断地有人在危险的条件下默默地探索着，例如，莱茵河畔的希尔德加德（Hildegard）修女写的《医学》一书（1150），继承和发扬了古希腊的创新精神，大胆地记录了她对动物、植物的观察和用来当作药物的使用方法。在中国，宋代贾思勰的《齐民要术》、明代李时珍的《本草纲目》，以及历代刊印的花、竹、茶栽培和桑蚕养殖技术书籍，记录了大量对动物、植物的观察和分类研究。

　　回顾这一阶段人们对生命现象的认知，还没有形成真正的科学体系，只能看作是生命科学建立的准备和奠基。

现代生命科学体系的建立和发展 目前,普遍认为现代生命科学的创建起始于 16 世纪,它的基本特征是人们对生命现象的研究开始植根于观察和实验的基础上,并且不同生物分支学科相继建立,逐渐形成一个庞大的生命科学体系。

现代生命科学可以说首先是从形态学创立开始的。1543 年,比利时医生维萨里(Andreas Vesalius,1514—1564)的名著《人体的结构》出版。《人体的结构》一书共有 7 卷,分别讲述了骨骼、肌肉、循环、神经、腹部内脏和生殖、胸部内脏、脑及脑垂体和眼的解剖结构,仅从它的章节安排中我们就可以看出它的科学系统性。令人感叹的是,就像是西方历史经历了中世纪整整 1400 年的凝固一样,《人体的结构》一书有如是公元 2 世纪盖仑解剖研究的直接传承。维萨里的《人体的结构》一书的发表不仅标志着解剖学的建立,并推动了以血液循环研究为先导的生理分支学科的形成,其标志是 1628 年,英国医生哈维(William Harvey,1578—1657)发表了他的名著《心血循环论》。解剖学和生理学的建立为人们对生命现象的系统研究奠定了基础。这里我们怀着尊敬的心情还要讲述这样一个故事。医学和解剖学的知识促使意大利医生桑克托留斯(Sanctorius,1561—1639)思考到生物新陈代谢现象的存在。为了研究这一问题,他每天称量吃进食物和排出物质的质量,测试自己的体温和脉搏,以及睡眠、休息、活动和患病对体重的影响,在长达 30 年的实验生涯中,他大部分的时间是坐在吊在一杆秤下的椅子上度过的。但是遗憾的是桑克托留斯过早地企图用生理学的方法解决生物化学的问题,他的努力并没有留下有价值的结果。

18 世纪以后,随着自然科学全面蓬勃的发展,生命科学也进入它的辉煌发展阶段,许多生命科学的重要分支学科相继建立,构成了现代生命科学的基石。从细胞的发现到细胞学建立经过了近 200 年的时间。生物细胞结构的发现是和显微镜的发明密切联系在一起的。1665 年,胡克(Robert Hooke,1636—1702)在他的《显微图谱》一书中第一次使用了"细胞"(cell)一词,这是他对软木显微观察看到的细小蜂室结构的描述,他在显微镜下还观察到了植物的活体细胞。以后的研究发现,这样的结构在生物体中不仅普遍存在,而且它在功能上也是生命活动的基础。现在一般认为细胞学创立于 19 世纪 30 年代,是由施莱登(Matthias Jacob Schleiden,1804—1881)、施旺(Theodor Schwann,1810—1882),以及稍后的数位生物学家共同完成的。他们奠定了细胞是生命的单位、新细胞只能通过老细胞分裂繁殖产生、一切生物都是由细胞组成的细胞学说基本内容。细胞的发现和细胞学建立的意义在于：从此人们认识到，形形色色的生物大千世界，不论是单细胞生物还是多细胞生物，不论是植物还是动物，所有生物有着共同的结构基础；各种生物学现象，无论是发育的、生理的，还是生化的，从此获得了对其分析的依托和相互联络的纽带。细胞学的建立把人类对生命现象的认识带到了一个崭新的阶段。

在这一时期，由于迫切需要对长期受宗教影响造成的对生物描述的混乱现象进行一次大清理（如澄清许多并不存在的古怪神奇物种），并受到物理学家发现世界按自然规律有秩序地组织起来的启发，人们开始寻找一种系统的生物分类方法。林奈（Carl Linnaeus，1707—1778）以他对现代生物分类系统建立的卓越贡献成为有史以来最伟大的生物分类学家。千姿百态的生物物种被科学地归纳在界、门、纲、目、科、属、种的秩序里。

林奈生物分类系统建立的更重要的意义还在于，它直接催化了生物进化论的诞生。在林奈当初建立生物分类体系时，企图表达的是精确地显现上帝造物的构思和成就。但是事与愿违，林奈生物分类系统中体现出的各生物物种的相关性和物种由简单到复杂的"秩序"排列，强烈地暗示了生物的进化现象。经过了 100 多年的酝酿，在马耶（Benoit de Maillet，1656—1738）、布丰（Comte de Buffon，1707—1788）、拉马克（Chevalier de Lamarck，1744–1829）（图 1–2）等人工作的基础上，1859 年，达尔文（Charles Darwin，1809–1882）（图 1–3）的《物种起源》发表了。回顾进化论的创立，我们看到的是它在曲折中的传承历史。伴随着一系列生物分支学科（如解剖学、生物分类学、古生物学、生理学、细胞学）的相继建立，人们对生命现象的认识不断深入，到 19 世纪初，法国生物学家拉马克第一次明确地提出生物进化的观点。他提出动物具有对环境做出适应性改变的能力，使其结构得以不断地"完善"，并以此理论解释生物的进化现象，这就是著名的、概括为"用进废退"和"获得性遗传"的进化观点。在生物

图1-2　拉马克（Chevalier de Lamarck，1744—1829）

法国博物学家，生物进化论先驱之一。

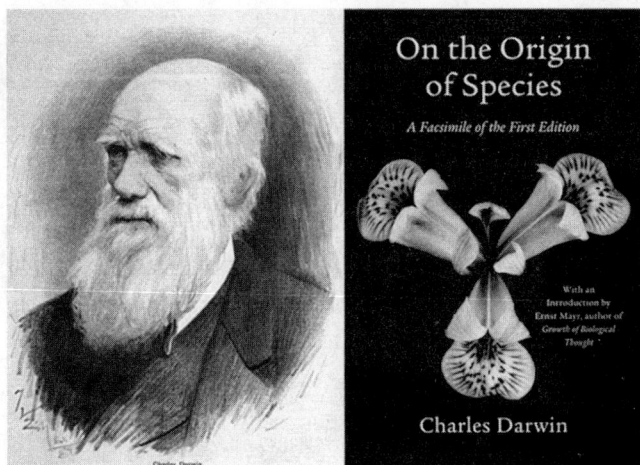

图 1-3　达尔文（Charles Darwin, 1809—1882）
英国博物学家，生物进化论创始人，《物种起源》作者。

进化方面，由于拉马克对生命演化的认识在相当程度上仍属于思辨的范畴，以及他提出的"内在能力"的思想长期地被误解为等同于"意志"的原因，在历史上，人们普遍地接受了随后出现的英国博物学家达尔文提出的物种形成的"自然选择"学说。生物进化理论的创立不仅是生物学的巨大进步，也是人类思想史上的一次伟大的革命。

19 世纪前后，生命科学的重大成就还包括其他一些重要的发现和分支学科的建立。解剖学和细胞学促使人们对生物发育现象的研究获得了长足的进步，并由此建立了实验胚胎学[德国胚胎学家鲁（Wilhelm Roux, 1859—1924）]。胚胎学实现了对某些代表生物发育过程的细胞学和组织学研究，绘制了有史以来最精美的生物学图谱。胚胎学可以说是伴随着"先成论"与"渐成论"的争论建立的。简言之，先成论认为由一个受精卵发育而来的多细胞生物个体在它的受精卵，以至更早的精子或卵子时期，它的成体结构就已预先地、蓝图式地确定了，个体的发育只是这个"蓝本"的放大和展现，而渐成论认为受精卵中不含有成体的缩小结构，发育是一个创造的过程。这一问题之所以受到人们的重视并引起争论，是因为它包含着人们对生命遗传现象的深层思考。实际上，在生物的世代交替中，父母怎样决定着子代性状的传承，这个问题早在古希腊的年代就提出了，而且直到今天，先成论与渐成论探讨的核心问题，即生物怎样既维持其性状的稳定遗传，又实现着它的演化发展，仍然有着许多的未解之谜。今天我们回过头来看着当年学者绘制的精子中存在一个小人的"图画",感觉犹如成人看一个儿童幼稚的绘画一样(图1-4),但不正是在幼儿涂鸦中就已启蒙的人类智慧和呈现出的对世界认知的天性,在不断地驱动着人类文明的发展吗?

胚胎学的建立给生命科学的发展带来了深远的影响。1866年,德国博物学家海克尔(E. Haeckel,1834—1919)根据对不同物种胚胎发育的形态比较,提出了著名的生物重演律(图1-5)。尽管今天看来,这一观点有着明显的局限性,但是它为生物进化论的确立和传播做出了不可磨灭的贡献。在深入研究胚胎发育现象的基础上,魏斯曼(August Weismann,1839—1914)提出了生物发育的种质学说(图1-6),并因此推动了遗传学的诞生。历史上,遗传学的建立走过了一段弯路。1865年,现代遗传学始创人孟德尔(Gregor Mendel)在布隆自然历史学会上宣读了自己的豌豆杂交实验结果。遗憾的

图1-4 先成论者对精子结构的设想

Hartsoeker绘制的精子图,里面包含着一个微型小人。

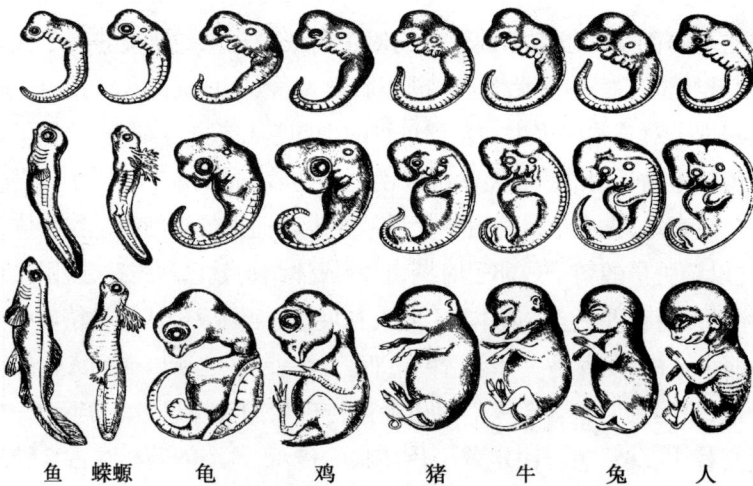

鱼　蝾螈　龟　鸡　猪　牛　兔　人

图1-5 脊椎动物胚胎的形态比较

脊椎动物胚胎发育的形态比较成为生物重演律的代表性证据。(引自 Romanes,1901)

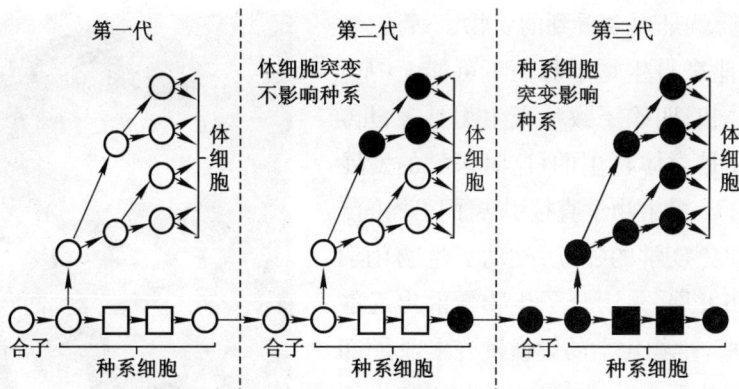

图 1-6　种质细胞

种质细胞产生体细胞和下一个世代的种质细胞,其中,发生于体细胞的突变只影响本世代的子细胞,不会进入下一个世代,只有种质细胞才具有承担生物性状世代遗传的功能。(引自 Wolpert, 2001)

是孟德尔工作的价值被埋没了 30 多年。这位避世而居的僧侣的论文虽然也曾被同时代的其他科学家数次引用,但是可能是因为那个时代强烈的实证氛围,它的伟大意义被一些人错误地认为是空泛的毕达哥拉斯式的数字游戏而被忽视了。直到 20 世纪初,当孟德尔发现的生物遗传规律被几个人几乎同时再次实验证实时,才引起了人们的注意,这其中包括为遗传学做出重大贡献的另一位伟大的遗传学家摩尔根(Thomas Hunt Morgan)(图 1-7)。20 世纪一二十年代,他用果蝇为实验材料确立了以孟德尔和摩尔根的名字共同命名的经典遗传学的分离、自由组合、连锁与交换三大定律,并因此荣获了 1933 年诺贝尔奖。

人类很早就掌握了发酵的技术。直到 19 世纪中,在法国科学家巴斯德(Louis Pasteur, 1822—1895)深入研究并创立了微生物学后,人们才对自然界存在的肉眼看不见的庞大的微小生物有了科学的认识。微生物学的研究解决了历史上一个长期争

图 1-7　摩尔根(Thomas Hunt Morgan, 1866—1945)

美国遗传学家,遗传学三大定律发现与集大成者,获 1933 年诺贝尔奖。

论的问题,就是现今看到的生物,不管它多么小,只能来自生物本身而不可能无中生有,也就同时明确了致病微生物是来自传染而并非是身体自生的(这对医学的发展是重要的)。微生物学直接引导了医学疫苗的发明和免疫学的建立,推动了生物化学的建立和发展,并为分子生物学的出现准备了条件。生物化学的辉煌发展出现在20世纪的前叶到中叶,围绕能量利用和生物分子代谢的研究,英籍德裔生物化学家克雷布斯(Hans Adolf Krebs)(图1-8)发现了生物以三羧酸循环为枢纽的有着复杂结构的代谢路径,以及以电子传递和氧化磷酸化为中心的生物能量获取、利用模式。从此一切生命的构成和活动被坚实地植根在物理、化学规律的基础上,人们也不再认为生物有什么超自然的神奇"活力"存在。

图1-8 克雷布斯(Hans Adolf Krebs,1900—1981)
英籍德裔生理学、生物化学家,生物代谢三羧酸循环发现者,获1953年诺贝尔奖。

　　遗传学不仅对生物的遗传现象给出了科学的解释,将细胞学发现的染色体结构和生物的进化现象联系起来,更因为转导实验指出了遗传物质定位在染色体上,推动了DNA双螺旋结构和中心法则的发现,为分子生物学的建立奠定了基础。分子生物学的建立是生命科学进入20世纪最伟大的成就。遗传学的研究预示了生物遗传载体分子的存在,而DNA双螺旋结构的发现(J. D. Watson & F. Crick,1953)(图1-9)直接导致了对DNA-RNA-蛋白质中心法则(central dogma)的揭示。DNA-RNA-蛋白质中心法则发现的意义在于,人们不仅认识了生命系统的核心动力学结构,也找到了生物遗传与变异的机制基础。从此,以基因组成、基因表达和遗传控制为核心的分子生物学的思想和研究方法迅速地深入到生命科学的各个领域,极大地推动了生命科学的发展。

　　20世纪中叶以后,伴随分子生物学研究的不断深入,生命科学更是出现了生物学不同分支学科之间,以及超越生命科学界限的跨学科间的大交汇、大渗透、大综合的局面。生命科学发展到今天,众多的分支学科相互区分又密切地联络与整合在一起,形成了一个庞大的生命科学体系,呈现出包括有环境生

图 1-9　沃森(James D. Watson)和克里克(Francis Crick)
1953 年,沃森和克里克在英国剑桥大学卡文迪许实验室(Cavendish Laboratories)工作时,受富兰克林
(Franklin)和威尔金斯(Wilkins)DNA 的 X 射线衍射图启发,首先提出了 DNA 双螺旋结构模型,1962 年
获诺贝尔奖。

态与生物保护、生物多样性与分类、形态结构与功能、代谢与生理、发育程序与
调控机制、世代遗传与演化、行为与智能、生物信息与基因和蛋白质组学、理论
生物学与生命动力学过程的数学建模等众多层次。对生命现象的研究也不再
局限于生物学家,而是越来越多的其他学科的科学家参加进来,展现出与系统
论、工程学、计算机技术等多学科协同发展的局面。在这一进程中,人们对生
命的复杂性不仅有了越来越深入的认识,获得了愈加强大的各种研究手段,也
在医学和生物资源利用与改造方面展现出了广阔的应用前景。

　　探索仍在继续　生命科学的发展带来了对生命现象认识的不断深入。但
是,仔细考察生命科学走过的艰辛旅程和当今对生命现象仍在进行着的苦苦
探索,可以发现,人们对生命的认知远不是已经或者接近完成了,与之相反,包
括一些基本的生命现象,至今仍没有得到令人信服的解答。

　　依据作者的理解,这些未解的难题大致可以归纳为 4 个方面。第一,生命
起源这一古老的命题,伴随生命科学的发展不断以新的形式表现出来。生命
的诞生显然是一个在特定环境背景下有序度不断增加的过程,如果不是超自
然力的作用,按照热力学的观点,生命系统的建立显然违背了自发过程熵增加

的基本原理,成为生命起源的一个谜题。当生命的 DNA-RNA-蛋白质结构被揭示以后,又引出了生命的诞生启动于 DNA、RNA 或蛋白质的争论,成为一个难以解开的逻辑怪圈。第二,自达尔文创立生物进化学说,生物演化现象的存在不仅已为绝大多数生物学家所认可,并且这一理念也已经深入到生命科学的各个分支领域,因此,被一些生物学家称为生物演化是生命科学最大的统一理论。达尔文的自然选择理论问世 200 多年以来,人们对生命演化现象的认识取得了巨大的进步,并得到了越来越多的证据支持。但是,熟悉这一领域的生物学家都知道,围绕生物演化的机制,学术上的争论从来没有停止过,例如,生命史上曾经发生的物种大爆发现象,特别是著名的动物的寒武纪大爆发,在极短的历史时期,多达数十种不同门类的动物爆发性地几乎同时出现,而随后的演化历史显示的不是动物门类的增加,反而是其中相当数量动物门类的消失,这些现象显然难以用达尔文的自然选择理论给出合理的解释。此外,伴随生命科学的发展,特别是发育与分子生物学研究的深入,人们又揭示了生命系统中大量精密的信息和程序设计,例如,序列上高度专一的 DNA 调控模块(motif),以及众多环节缺一不可的回馈性调控通路的广泛存在,对它们的建立很难用随机变异机制给出令人信服的解释。第三,经过漫长的演化,出现了生物智能现象,特别是我们人类自身亲切感受到的意识和思维的存在。至今,解开智能之谜是生命科学探索中的一个巨大挑战。面对记忆、思维、推理、预言、感情、心理、审美,这些智能的重要表现,它们的分子和结构基础是什么? 在生物世代交替的过程中,它们的传承机制又是什么? 第四,伴随着对各种生命过程(如发育、代谢、生理、遗传等)细节的探明和研究技术手段的发展,今天许多生物学家似乎秉持着这样一种信条,即对于任何生命现象的揭示,按照当今的认知路线和具有的研究手段,只要付出足够的努力,都是可以企及的目标。但是,随着对各种生命现象认识的不断深入,人们的感受不是对生命的理解越来越清晰,反而是越发感到生命中隐藏着的极端复杂性。人们开始调用高通量、大尺度的信息分析手段,尝试建立对生命的一种系统和整体认知路线,理论生物学和系统生物学也因之而诞生,期待不仅由此带来对生命现象认知的历史性飞跃,也希望因此对疾病防治、衰老延缓、组织器官再造、生命过程可控性干预、合理生态结构维系,以及包括对中国传统医学揭秘等诸多方面,再建生命科学发展新的里程碑。但是,看来这条路线走得也并不顺利,而似乎这方面主要的瓶颈并不在于技术的制约,而是理念的迷茫与困惑,包括应从什么样的角度来解读生命呢?

公元前 4 世纪,古希腊伟大学者亚里士多德曾有过一个著名的提法,他认为,生物是有灵魂的,其中植物具有生长的灵魂,动物具有生长和感觉的灵魂,而人类除此之外还具有理性的灵魂。20 世纪中叶,著名的理论物理学家埃尔温·薛定谔(Erwin Schrödinger),曾出版过一本小册子《生命是什么》(图 1–10),试图借鉴物理学的思维方法(如提出了非周期晶体结构和"负熵"的概念)来解释生命的属性。什么是生命? 这个被人们反复追问了数千年的古老问题至今不但没有解决,相反,由于对生命现象认识的不断深入,使它更加尖锐地摆在了人们的面前。实际上,今天要回答这些问题,就不可能回避如下一些重要的设问:高度秩序的生命何以克服自然界自发过程熵增加的阻碍而发生? 怎样解释 DNA–RNA– 蛋白质中心法则的建立和形成? 大量证据表明,用传统的生

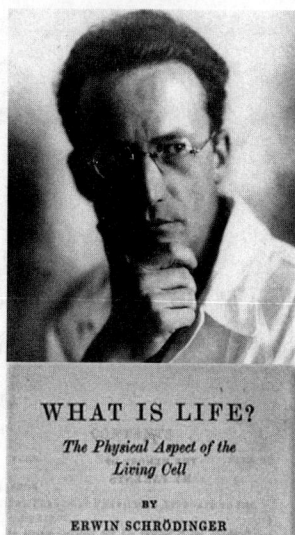

图1–10　薛定谔(Erwin Schrödinger,1887—1961)
奥地利理论物理学家,1933 年诺贝尔奖获得者。

存竞争和自然选择理论(包括这一理论的发展)解释全部生命演化现象显然已经不能令人满意,那么对生命演化机制科学和全面的解释应该是什么? 在实现了对生命形态功能和分子程序的基本揭示以后,面对它呈现出的极其复杂的动力学特征,又应该如何从整体上来归纳和描绘呢?

总之,生命科学发展到今天,人们对生命现象虽然已经有了相当精细的研究。但是这些疑问的存在表明,人们对生命现象的认识和理解仍然还有很长的路要走。撰写《解析生命》一书,也正是尝试在当今科学发展的大背景下,从一种新的角度来认识生命现象。

一场科学方法论的深刻革命

在人类探索自然的过程中,不同领域学科的发展相伴而行,除了相互间知识的采纳和技术手段的应用外,科学理念和方法论的借鉴同样起着重要的作用,生命科学的进步也自然离不开其他学科的支持和推动。

以伽利略(G. Galilei)、牛顿(I. Newton)学说为核心的经典力学,不仅以其

完整的理论体系奠定了近代科学的基础,而由此树立起来的科学观和方法论也影响了学术界长达几个世纪。对于自然的认识,经典力学构建的是确定论的理论框架,即世界的核心是它的有序性(世界有如一个大钟表),有序等于规律,无序就是无规律,有序、有律和无序、无律是截然对立的。经典力学理论认为,整体的或者高层次的性质可以还原为局部的或者低层次的性质,认识了局部或者低层次的属性,通过推理便可以认识或者预测整体和高层次的属性,这是从伽利略、牛顿以来 300 多年间学术界的主体认识模式,学术上称这一科学方法论为还原论。无疑,还原论的理念也深刻地贯穿在生命科学的发展历程之中,从宏观形态结构的解剖,到细胞组织的辨析,再到分子路径的追踪,对生命现象的认识生动地体现了还原论的认知模式和有序与规律性一致的理念。

但是,到了 20 世纪 40 年代,数百年来科学界形成的这一研究模式开始受到了质疑,被当作普适的科学理念出现了动摇,或者说迎来了科学方法论的一场深刻革命。1937 年,奥地利生物学家贝塔朗菲(L. V. Bertalanffy)(图 1-11)(曾先后在芝加哥大学、渥太华大学、阿尔贝塔大学、纽约州立大学等处任教)首先提出了复杂系统的概念,指出生命是一个具有整体性、动态性和开放性的动力学系统,由此开启了系统论研究的先河。1945 年,他在《德国哲学周刊》18 期上发表《关于一般系统论》的文章,1947 年在美国讲学时再次提出系统论思想,1950 年发表《物理学和生物学中的开放系统理论》,1955 年专著《一般系统论》出版,成为该领域的奠基性著作,1972 年发表《一般系统论的历史和现状》,把一般系统论扩展到系统科学高度。继之,受贝塔朗菲系统观点的启发和影响,普利高津(I. Prigogine)(图 1-12)对耗散系统有序自组织现象的发现,托姆(R. Thom)以突变理论对复杂系统的形态构建进行了动力学分析,哈肯(H. Haken)协同理论和艾根(M. Eigen)超循环理论的相继建立,以及洛伦兹(E. Lorenz)(图 1-13)对混沌与吸引子现象的研究,系统论得到了迅速的发展。系统论研究不仅发现了复杂系统中紊乱发生的常态性,而且揭示了无

图 1-11 贝塔朗菲(Karl Ludwig von Bertalanffy, 1901—1972)奥地利生物学家,系统论奠基人。

图1-12　普利高津(Viscount Ilya Romanovich Prigogine，1917—2003)
比利时物理－化学家，复杂系统耗散结构理论创始人，1977年获诺贝尔奖。

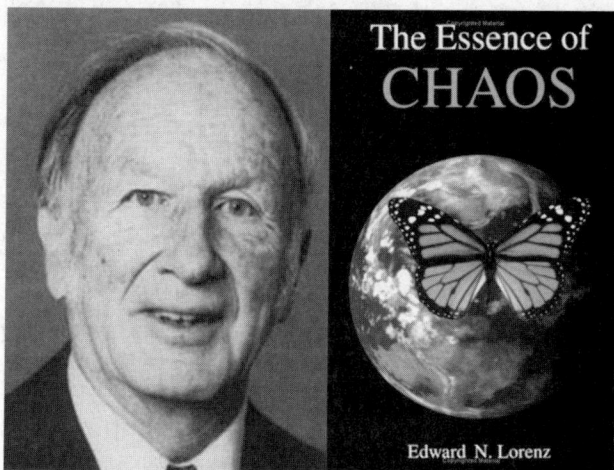

图 1-13　洛伦兹(Edward Norton Lorenz，1917—2008)
美国气象学家，混沌理论(chaos)的开创者。

序和随机性背后包含有深层秩序的现象。伴随系统论研究的深入和许多重要的系统属性的发现，如混沌与混沌背后的吸引子现象，复杂系统的有序自组织能力，系统动力学分形过程中蕴含着的无限精细结构，由初始条件敏感性带来的秩序构建歧化作用，复杂系统的层级与协同效应等等，开启了科学方法论的一场深刻革命，人们开始意识到，整体不是简单的局部性质的加和，无序中同样包含着秩序和规律。当然，需要说明的是，作者认为，系统论所讨论的对象是自然界广泛存在的形形色色的复杂系统，它并没有否定在认识系统动力学过程中还原分析的重要性,系统论著名的 1+1＞2 原理,其中的 1 项,对它的辨识自然离不开这种分析方法的采用。**系统论所强调的是,将一切系统的属性都归纳是深层原因的表征,而忽视了这些原因的组合可能带来不能为各自深层原因所解释的新的系统属性。更为重要的是,也正是由于系统论的建立,它指出了复杂系统的动力学过程具有自组织和多样构建的潜在性,在还原模式下看似紊乱的现象,在复杂系统中实际上仍包含有深层的动力学规律和趋向性,人们对世界的认识也从此被理论性地定位在发展和演化的轨道上,不再只是一座有着精密结构和严格按照基本理化原理永远不变运行下去的钟表,就是说,200 年前在生物界首先提出的进化观点被系统论扩展成为人们对整个世界的认知模式。从哲学的观点看,世界是确定性和随机性、必然性和偶然性、有序性和无序性的统一,并因此推动着世界的不断发展。**系统观点的确立表明人们对世界的认知实现了从还原论向系统论的转化,系统论的建立给科学的发展带来了深远的影响。受生命现象的启发,贝塔朗菲开创了系统论,系统论的建立和发展也必将会反转推动生命科学的巨大进步。

按照系统理论的原理,生命的诞生和演化所体现的正是一个特定的复杂系统建立和发展的过程。两位苏联化学家在 20 世纪 50 年代发现,他们将某些有机和无机化学成分混合后置放在培养皿里,在轻微震动后,混合物在盘中将自动地形成不断向四周扩散的靶形波纹。有趣的是,人们在原生生物基盘网柄菌(*D. discoideum*)(这是一个很有趣的原生生物物种,本书将会数次介绍到它)的多细胞聚合过程中看到了十分相似的图案(图 1-14)。美国理论生物学家考夫曼(S. A. Kauffman)的《秩序的起源——演化中的自组织和选择》一书是运用系统论观点研究生命有序起源的一部重要著作。一种全新的认识生命现象的思维模式和研究方法开始兴起,并且日益显示出它强大的生命力。尽管,探查生命复杂系统的历史轨迹是一项非常艰难的工作,但是,从系统论的观点看,它在特定自然界条件下的可实现性已不容怀疑。生存竞争、自然选择、用进废退、获得性遗传、生物物种单起源、多起源、物种起源渐进说、突变说等等,这些长期争论不休、以至于水火不相容的见解,用系统论的观点来分析,它们之间也变得相互容纳和协调,获得了各自存在的合理性。更有意思的是,亚里士多德的生物灵魂说,在生命复杂系统面前也不显得那么离奇了,当然这不是把灵魂理解为脱离生命实体存在的抽象精神,而是投射出了生命所具有的自我能动属性。系统论带来的是,人们获得了一种对生命现象进行整体把

图 1-14　Bloussov–Zhabotinsky 反应
上图为 Bloussov-Zhablotinsky 反应不断向四周扩散的靶形
波纹,下图为原生生物 *D. discoideum* 细胞聚合过程的图案,
两者呈现出很高的相似性。(引自 Goodwin, 1994)

握和解析的依据。

　　作者编写《解析生命》的初衷就是受系统理论思想的启发,试图从一种新的视角,对复杂的生命现象进行一种全局性的分析,并希望以此有助于揭示生命现象中的未解之谜,这也是从系统的层面,对各种生命现象和概念的一种重新梳理和定位。无疑,传统的对生命现象的揭示强调的是科学的实证路线,而系统论的解读突显了思辨的重要作用。现代生物学告诉我们,DNA-RNA- 蛋白质中心法则是生命存在的基本形式,是生命动力学系统的核心结构。显然,我们要揭示生命的发生和其运动规律,必须要从生命系统的这一基本动力学结构入手,并以此解析生命的起源、细胞的形成、多细胞生物的诞生与演化、智能的出现等一系列重要的生命现象,而且从系统发展的角度看,这些现象又应该存在有它们内在的统一性和传承性,这也正是本书所遵循的基线。当然,系统论的分析不能取代常规的生物学研究,它需要采取大数据分析的手段,并且更多体现的是一种理念和推理。但是,当作者尝试从复杂系统的角度对一系列难解的生命现象进行分析时,常常会产生一种"柳暗花明"、"融会贯通"、"一脉相承"的感觉,一些看似风马牛不相及的生命现象,也似乎被某种内在的

整体性联系在一起,使你有如进入一种"更上一层楼"而豁然开朗的心理状态。用一种通俗的比喻,传统的生物学研究所开展的就像是实地的地形地貌、地质地理、岩石矿床、物候植被,以及它们的来龙去脉、相互关联的探查,而对生命现象的系统解析更像是进行一种穿越时空的航拍,从科学的角度可以说它实质上是实施对生命现象一种观察坐标系的转换。作者期望见到的是有更多的人开拓这一领域的工作,并与传统的生物学研究结合在一起,推动人们对生命现象获得更深入的认识,套用爱因斯坦的一句名言,我们或许也可以说,生命中最不可理解的是生命是可以被自身理解的。

在思考生命现象的时候,作者曾有过这样一种有趣的设想,我们知道人类社会的发展有他内在的动因和规律性,但是假想有一天,如果有一种外星智能生物来到我们地球,它们可以从人类的行为、生活方式、历史遗迹等方面探查到人类社会特定结构和发展的存在,那么他又会如何解析人类社会现象呢?在我们眼里十分简单和自然的过程,可能反而被他们搞的极其复杂,在我们认为很容易理解的现象,可能反而被他们描绘得异常曲折。一些对我们来说十分明了的因果关系,反被他们看作是难以理解的事情,例如汽车的出现,无论从运输工具(手推车、兽力车、自行车、动力车)还是从发动机(手工机械、蒸汽机、内燃机)的演化路径来探索,由于只是表征性的分析,而没有从人类内含的需求和创造力来解读这一现象,他们可能认为这其中横亘着许多难以跨越的巨大"突变"。类似的情况会不会也发生在我们对生命的认识过程之中呢?虽然我们自己就是地球生命的一部分,但是我们对生命的认知与客观生命之间是不完全等同的。由此,作者似乎意识到一个问题,不同的认知路线可能带来对同一事物理解上的巨大差异,从还原论模式,看似极其复杂的生命现象,从复杂系统的角度进行分析,它可能会变得相当简洁,并更加合情理。有如,如果从细小的气旋(来自于亚马孙河畔蝴蝶翅膀的扇动),以至于从天文数量级的气体分子动力学过程的层面来预测飓风的出现,或者从逐个山体的地形地貌或者地质构成来预报地震的发生,可能是一件极端复杂的以至于不可能实现的目标,但是如果更换一种考察角度和解析坐标,可能会对这种期望产生新的修正和处理策略,例如将精确预报改为对其走向和趋势的分析。

以下的章节将按照生命诞生与发展的主线,尝试对生命现象进行一种系统层面的解读,也表明了作者对生命现象的一种哲学理解。需要说明一点,由于信息和知识的局限,从篇幅来看,本书的章节设置显著有着"蛇头虎尾"的特点,对此,或许可以将前六章归并在一起,统称为生命的起源和细胞的形成。但是,为了思路的清晰和对生命复杂系统演化历史中可能发生的重要事件的强调,作者还是采取了现在的章节设计。

第二章　生命的孕育

基于宇宙大爆炸和物理、化学进化学说，近几十年，人们提出了对宇宙物质总体演化图景的猜想。作者赞成把对生命的研究放在宇宙物质演化大背景下的观点，即生命的诞生是宇宙物质演化到一定阶段的必然，生命的演化是宇宙总体演化的一个组成部分。

生物分子在非生命环境中的出现

生命的诞生起始于生物分子的出现，其中自然也包括有基础物质（如水）和理化条件的具备。

在宇宙物质总体的宇观－宏观和微观－宏观演化图景中，描绘了从高能粒子到原子，再到分子发生的过程，其中在化学进化阶段，呈现了从化学元素到星际小分子（甲烷、水、氨、氢气等），再到生物小分子（氨基酸、嘧啶、嘌呤等）和生物大分子（糖类、蛋白质、核酸等）的演化轨迹（图2-1）。星际小分子如甲烷、水和氨等，已经在陨石或彗星和其他天体中被发现，而实验室模拟自然条件，已由甲烷、水、氨、氢气产生出某些氨基酸（图2-2）。值得注意的是，当生物小分子、生物大分子积累到一定程度，理论上会出现各种生物分子多样发生的现象，这是因为，这一过程与它们所携带的自组织操作信息量（即在特定的体系中所包含的、基于各种理化属性和系统结构的、推动自组织发生的信息）的急剧增加相关。尽管在化学进化中，各种物质的演化方式和途径仍有待深入研究，但是，构成生命的基础物质成分可以独立于生命系统的先决存在而生成，

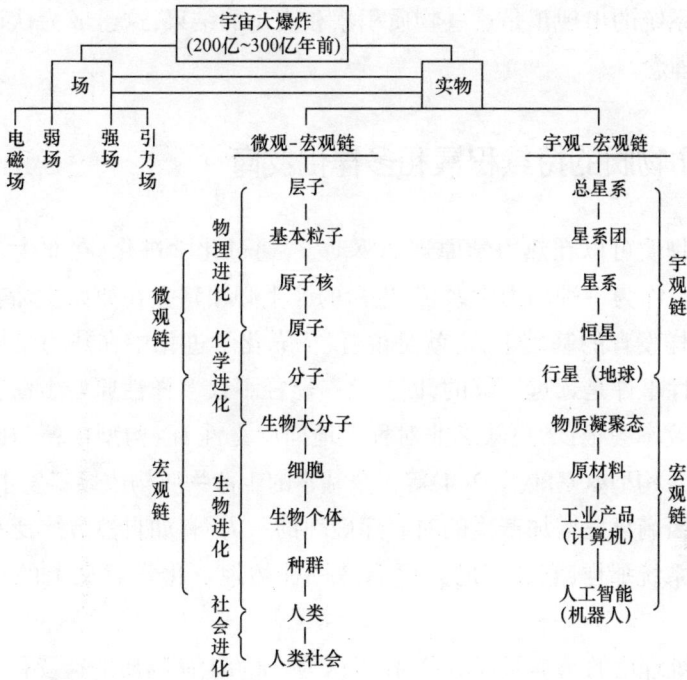

图 2-1　宇观－宏观和微观－宏观进化链图示(改绘自孙小礼,1995)

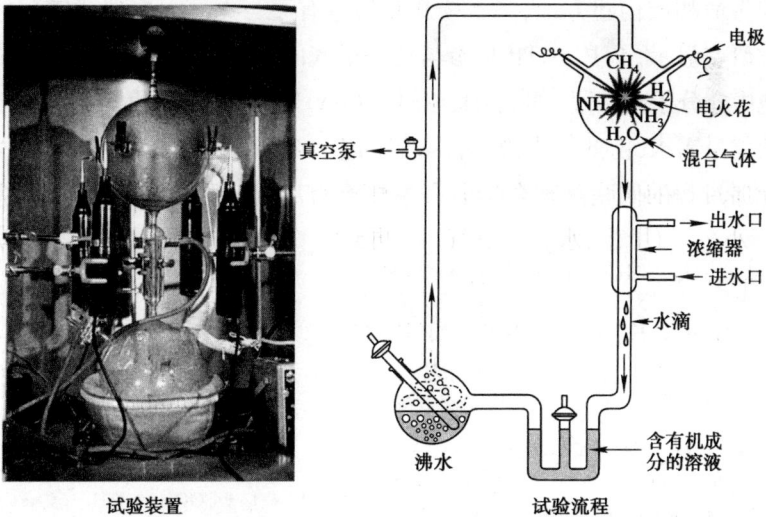

试验装置　　　　　　　　　　　　试验流程

图 2-2　米勒和尤里的生命起源实验

1953 年,米勒(Stanley Miller)和尤里(Harold Urey)在芝加哥大学及随后在加州大学圣地亚哥分校,模拟地球早期环境,试验从简单的前体分子生成复杂有机分子。

以及生命系统的出现正是这些物质积累和演化的结果,这已成为认识生命起源的重要理念。

原始生命物质的持续积累和多样化发育

生命物质可以在热力学原理的驱动下,通过化学进化,在非生命环境中产生。但是作为一种动力学系统,生命的诞生必须建立在原始生命物质持续积累和多样发育的基础上,也就是说,仅依靠化学进化中在热力学原理指导下的偶发性事件是远远不够的,因为这一路径不仅多样性原始生命物质的产生和积累效率会很低,更缺乏非对称性地向旋光性 D– 构型核糖与脱氧核糖(图 2-3)、L– 构型氨基酸(图 2-4)等当今基本的生命物质构成倾斜发生的动因,并且面对因熵自发增加产生的对有序破坏的压力,有如自然界广泛存在的大量动力学系统那样,它建立的只可能是一种物理 – 化学意义上的动态平衡体系。

从系统理论的基本原理出发,作者认为,原始生命物质的持续积累和多样化形成,必须基于一种抗拒热力学破坏作用和具有方向性动力学过程机制的存在,这是生命复杂系统初创的必备条件。考察当今的生命,在利用环境能量和实现生命物质构建方面,基本模式是通过有序与无序程序偶联实现的。生物化学研究显示,ATP、GTP 是参与这一过程的重要生物分子,并进一步通过与其他中介分子或基团(如 NAD、FAD、CoA)的级联,获取生命秩序构建过程必要的能量需求,由此衍生出丰富多彩的生命物质(图 2-5,图 2-6),可以说有序与无序过程的偶联是现今生命有序构建的基石。受此启发,驱动生命系统

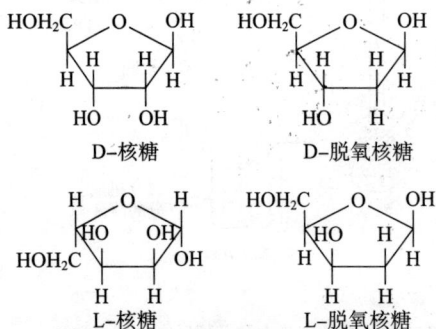

图 2-3　核糖与脱氧核糖的两种构型　　图 2-4　氨基酸的两种构型

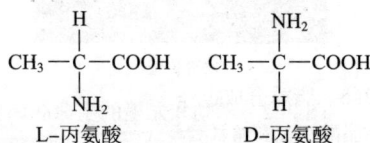

$$CH_3(CH_2)_{14}-\overset{\overset{\displaystyle O}{\|}}{C}-CoA + H_3\overset{+}{N}-\underset{\underset{\displaystyle CH_2OH}{|}}{\overset{\overset{\displaystyle COO^-}{|}}{C}}-H$$

软脂酰–CoA　　　　丝氨酸

3-酮鞘氨醇合酶

CO_2　　CoA

$$CH_3(CH_2)_{14}-\overset{\overset{\displaystyle O}{\|}}{C}-\underset{\underset{\displaystyle NH_2}{|}}{\overset{\overset{\displaystyle H}{|}}{C}}-CH_2OH$$

3-酮鞘氨醇

3-酮鞘氨醇
还原酶　　　　$NADPH, H^+$　　①
　　　　　　　　$NADP^+$

$$CH_3(CH_2)_{14}-\underset{\underset{\displaystyle OH}{|}}{\overset{\overset{\displaystyle H}{|}}{C}}-\underset{\underset{\displaystyle NH_2}{|}}{\overset{\overset{\displaystyle H}{|}}{C}}-CH_2OH$$

二氢鞘氨醇

②　　脂酰CoA　　CoA

$$CH_3(CH_2)_{14}-\underset{\underset{\displaystyle OH}{|}}{\overset{\overset{\displaystyle H}{|}}{C}}-\underset{\underset{\displaystyle NH}{|}}{\overset{\overset{\displaystyle H}{|}}{C}}-CH_2OH$$

$O=C$

$(CH_2)_n$

CH_3

N–脂酰–二氢鞘氨醇

FAD　　③
FADH_2

$$CH_3-(CH_2)_{12}-\overset{\overset{\displaystyle H}{|}}{C}=\underset{\underset{\displaystyle H}{|}}{C}-\underset{\underset{\displaystyle OH}{|}}{\overset{\overset{\displaystyle H}{|}}{C}}-\underset{\underset{\displaystyle NH}{|}}{\overset{\overset{\displaystyle H}{|}}{C}}-CH_2OH$$

④　磷脂酰胆碱　　　　　　　UDP-葡萄糖　　⑤

二脂酰甘油　　　　　　　　　　　　　　　　UDP

$O=C$

$(CH_2)_{12}$

CH_3

神经酰胺

$$R_1-\underset{\underset{\displaystyle OH}{|}}{\overset{\overset{\displaystyle H}{|}}{C}}-\underset{\underset{\displaystyle NH}{|}}{\overset{\overset{\displaystyle H}{|}}{C}}-CH_2-O-\overset{\overset{\displaystyle O}{\|}}{\underset{\underset{\displaystyle O^-}{|}}{P}}-O-CH_2-CH_2-\overset{+}{N}(CH_3)_3$$

$O=C$

R_2

鞘磷脂

$$CH_3-(CH_2)_{12}-\underset{\underset{\displaystyle H}{|}}{\overset{\overset{\displaystyle H}{|}}{C}}=C-\underset{\underset{\displaystyle OH}{|}}{\overset{\overset{\displaystyle H}{|}}{C}}-\underset{\underset{\displaystyle NH}{|}}{\overset{\overset{\displaystyle H}{|}}{C}}-CH_2-O-葡萄糖$$

$O=C$

$(CH_2)_{12}$

CH_3

葡糖–神经酰胺

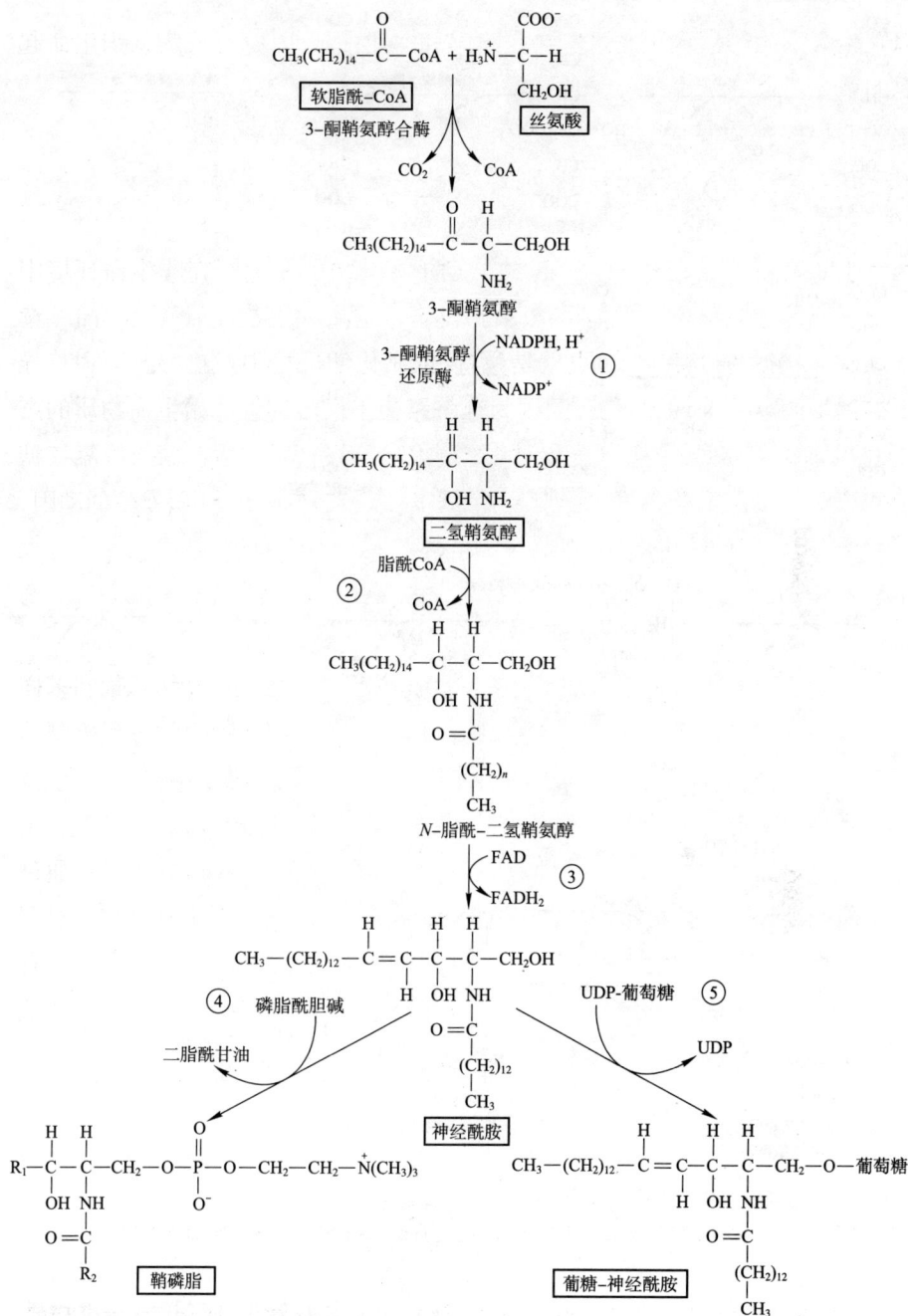

图 2-5　脂质合成过程中的无序与有序偶联现象

从软脂酰 CoA 和丝氨酸起始到鞘磷脂和葡糖 – 神经酰胺途径中多次（①～⑤）利用偶联机制。（引自王镜岩等, 2002）

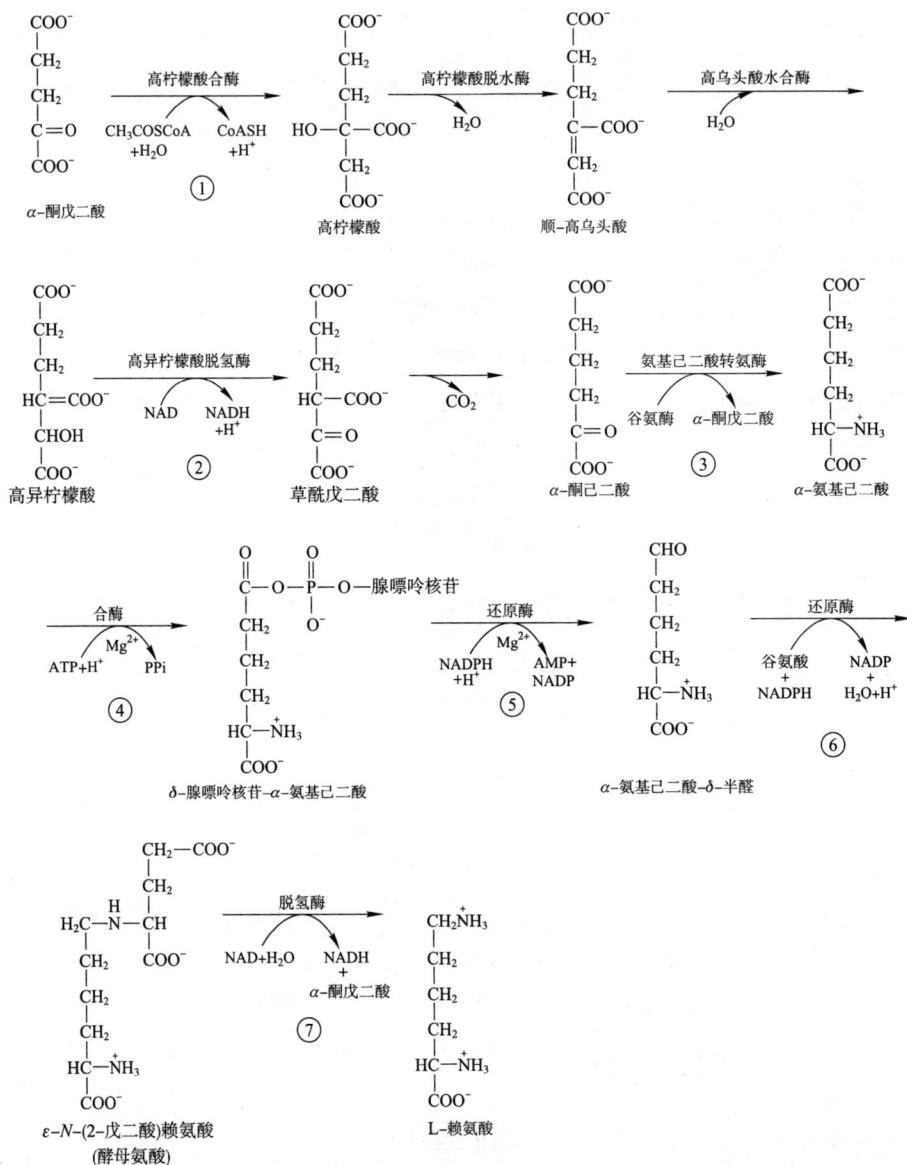

图 2-6 氨基酸合成过程中的无序与有序偶联现象

蕈类和眼虫 L- 赖氨酸生物合成途径中多次(①～⑦)利用偶联机制。(引自王镜岩等,2002)

早期发生的机制可能是什么呢? **我们假设,如果自然界出现了这样一类物质, 它们可以容易地与环境广泛存在的不同熵增过程偶联进入激发态,继之又以 偶联的方式驱动多种原始生命物质的形成,自身再回复到准激发态,那么,在**

这类物质的中介和反复操作下,有着较高有序度的原始生命物质的积累就不再是一种仅服从于统计学规律的、偶然的热力学现象,而是:①程序性地纳入到环境长期存在的某些熵自发增加的过程之中,奠定了原始生命物质持续发生的基础;②这一动力学过程同时获得了一种程序的方向性,形成了对动态平衡趋势的拮抗,并奠定了生命物质多样发生的基础。设想,在有这类属性物质的不断开发和中介下,原始生命物质的积累,无论在数量还是多样性方面,都会大大加快。这时,原始生命物质的积累就不再是一种仅仅服从于统计学规律的随机性的热力学现象,而是程序性地纳入了环境熵自发增加的进程之中,熵增加对生命有序产生的推动作用将会压倒它对原始生命物质的降解作用。作者认为,只有在这时,自然界才开始了真正意义的原始生命物质的积累。

如果这一分析是合理的,什么是生命早期可能出现的与环境熵增过程偶联进入激发态,继之又以偶联的方式驱动原始生命物质的形成,自身再回复到准激发态,以此程序性地推动原始生命物质持续积累的成分呢?在自然界找到有这一性质的分子并不困难,但是要判定它与当时可能提供的能量转化和物质供应的环境条件相互匹配,将是一项艰苦的探索工作。设想今天的生命和生命诞生初期发生的同类过程,在参与成分、程式采用、环境利用等方面,可能有着巨大的不同,但是它们的基本原理应该是一致的,这是生命系统诞生应具备的前提条件,也是生命生存维持的必然需求。那么,原始生命分子持续积累利用的环境物质和能量形式又是什么?它是单一类型还是多样类型呢?对此,有人根据当时地球所处的理化状态,提出了不同的思考,如硫化氢、强辐射、纳米材料的存在、地壳剧烈运动形成的热液通道、海洋中形成的离子浓度梯度、海底火山喷发造成的黑烟囱(见图3-4),等等,其中赵玉芬提出的对磷酸基团的分析与当今的生命结构间有很强的可比性。要特别说明的是,对于原始生命系统的形成,人们似乎修正了一个重要的传统理念,就是这个过程并不是发生在十分温和的环境中,而很可能是发生在今天看来是相当激烈和多样的背景中。当然,仅建立了有序-无序偶联程序还不能看作是生命诞生。但是,它在非生命环境中持续发展推动多样生物分子的积累,无疑为生命的创立奠定了物质和程序的基础,成为原始生命系统建立的先决条件。

原始生命动力学过程的启动,要求原始生命物质在种类和数量上的积累要达到一定的程度,才可能出现。这个过程可能需要漫长的时间,而使之得以发生的是,在上述机制驱动下,生命物质的积累和生命程序的发展不仅获得了克服自然界熵增压力而存在的合理性,而且由于环境熵增的驱动,这种积累和发展反而会加速进行。实际上,生命的诞生是从原始生命物质积累起步,而伴随生命的形成和发展,在有序与无序偶联机制的作用下,新的生命物质的出现一直没有停止过,这个过程一直延续到今天,这也是生命得以持续存在和演化的基础之一,区别的只是在不同的阶段,新的生命物质形成的程序不同。

构成今天生命的基础成分具有特定的旋光性选择,即它们是 D- 构型核糖与脱氧核糖和 L- 构型氨基酸。给这一现象发生的原因一个合理的解释是探索生命起源不能逃避的重要课题之一,而至今仍没有一个公认的答案。对此,我们可以猜想,可能有两种基本思路,一是起因于一种与生命过程并不直接相关的理化属性偏好(王文清,2004),另一个是起因于原始生命系统创建过程中的选择作用,即生物大分子的旋光偏向性在原始生命物质生成和积累阶段并没有呈现出来,而是在随后的生命程序发展过程中,因某些动力学原因而通过选择逐步确立下来的。

在讨论生命起源时,有一种观点,即认为地球生命可能来自于地外,其可能被接受的依据是,人们在一些陨石或者彗星中探测到一些简单的有机物分子。如果不考虑地球巨大水体的起源,对于原始生命分子的形成,无论在种类还是数量上,跨越星际的“运输”都远远不可能满足具有基本生命特征的复杂系统构建的需求,因此作者认为,真正意义的地球生命的诞生只能产生于地球自身的条件和环境。其实,星外有机分子的存在,也旁证了在地球上生命发生的可能性。

第三章 原始生命复杂系统的创建

原始生命物质的持续形成不断带来新的自组织操作信息,它在种类、数量上的积累必然加速某种动力学程式的建立,因此为生命复杂系统的发生创造了条件。那么当今生命所体现的结构是如何在这一过程中一步步建立起来的呢?求解这个难题,我们需要从动力学的角度对生命复杂系统进行解析,以此探寻生命体系建立的可能途径。

生命系统中的两类动力学程式

人们对生命现象的解读是从多种不同层面来进行的,包括其动力学结构。仔细推敲生命的系统构成,作者认为,**就动力学过程而言,我们可以将生命大致解析为两个大的基本程式:第一个是生物的代谢(图 3-1)和围绕代谢而进行的一系列生化、生理、行为活动;第二个是通过 DNA–RNA– 蛋白质中心法则(图 3-2)实现对生命过程的核心控制,其中包括细胞分裂、发育程序设定、生物个体世代更替。第一个程式范畴集中体现的是生命与环境间的物质和能量交流,以及生物体中的物质转换和自身构建。第二个程式范畴集中体现的是生命有序结构的稳定和遗传。两大程式的综合与协调,不仅确立了生命在自然界存在的合理性,也奠定了生命发展的基本动力学模式。**比较生命系统中的这两种程式,我们不难看出,代谢比稳定遗传对于生命的发生来说更为基础,虽然遗传稳定性对于生命是重要的,但是严格地说,DNA–RNA– 蛋白质秩序代表的更像是一种动力学框架结构,只有当它容纳了生命的代谢属性,才

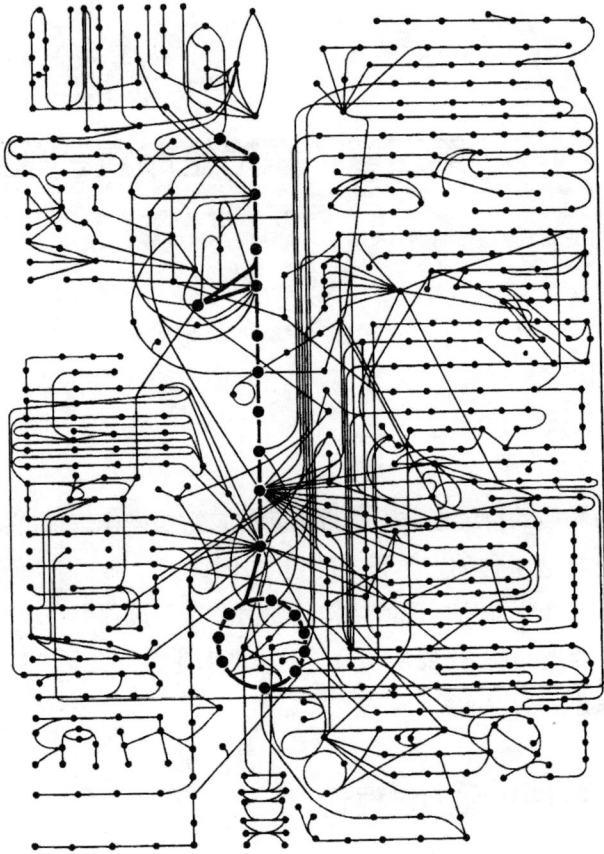

图 3-1　代谢程式图

图中各点表示不同的代谢中间产物,它们之间的连线表示各代谢产物衍生的路径,中央的环形结构为三羧酸循环,从图中我们可以清楚地看出代谢程序的超循环结构。(引自 Kauffman,1993)

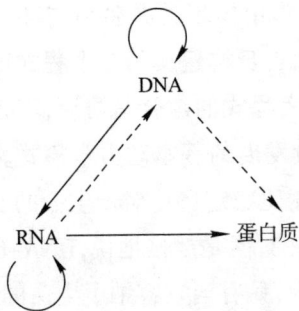

图 3-2　中心法则

图中实线箭头显示基本的生命信息流方向,环形箭头显示自我复制,虚线箭头显示次要或者可能存在的信息流方向。

获得了它的存在权利。

基于这一分析,作者认为,在生命诞生的开始阶段,在原始生命物质产生和积累的基础上,原始生命系统的形成,首先启动和构建的是第一类生命程式,而不是第二类生命程式。为什么这样说呢?其原因归纳如下:①从动力学的角度分析,第一类生命程式具备在原始生命物质积累和自组织作用下自发形成的原创力,即各种原始生命物质在生存法则的作用下,可以通过各种程序的连锁和综合,逐步建立起一种自我维持和发展的系统结构。②考察 DNA-RNA-蛋白质秩序中三类主要成分的关系,明显地表现出这个秩序在总体上是一个有起始和终止的向量过程,即 DNA 向 RNA 传递有序信息,RNA 向蛋白质传递有序信息,而 DNA 的有序信息并不获自于蛋白质。因此,即使三种物质存在,并有建立三者相互关联的可能性,但由于 DNA 的自组织操作信息量很有限,想单纯通过随机性的 DNA 序列改变实现 DNA-RNA-蛋白质生命秩序的建立几乎是不可能的。显然,从动力学角度看,这样一个复杂的系统框架将很难从非生命状态的原始生命物质中,依靠 DNA 随机突变和自组织作用直接产生。③进一步分析当今生命 DNA-RNA-蛋白质法则中三种物质的关系,不难洞察到,它们的建立经历过前期有序构建与程序的简约和综合(如以核糖体为载体的 mRNA 向蛋白质生成的信息传递方式的高度特异性)。这暗示,在历史上,DNA-RNA-蛋白质法则的出现和形成是建立在前期复杂、多样的生命动力学程序的基础上,经历过多次突变、自组织和综合后形成的。其实,当前关于 DNA-RNA-蛋白质法则的不同起源论点的各自依据,正影射了这一框架建立时可能经历过深刻的有序构成的改造,强烈地暗示了前期生命复杂系统的存在。由此可以设想,在今天 DNA-RNA-蛋白质法则中,各类生命物质所处的地位和作用是本源于它们自身的属性,也就是说,从本质上讲,在这一法则建立时,它们是在先期存在条件下被录用而不是被这一法则依次创建(这并不与在 DNA-RNA-蛋白质法则建立之前,三种生命物质间存在着某种主从的形成关系相矛盾)。④遗传稳定性对生命是重要的,但是严格地说,即便 DNA-RNA-蛋白质秩序出现,也并非等同于生命,它代表的更像是一种动力学系统的框架结构,只有当它获得了对环境能量与物质的主动获取和自我构建能力后,才具备了生命最基本的属性。有一个生动的例子,植物与动物的一个重要区别是,植物有着远为丰富多彩的次生代谢,并且不同植物,其次生代谢内容可能很不一样。同样是高度进化的多细胞生物,同样都严格地遵循着 DNA-

RNA– 蛋白质法则,在代谢属性上却表现出如此显著的差异。合理的解释是,生命的活力更多地表现在代谢方面,而 DNA–RNA– 蛋白质秩序的功能是确保生命程序的稳定,这一原理应该同样反映在生命诞生的初期。从后面的讨论中我们将会更加深切地体会到这一点。

当今许多对生命复杂系统起源的探索都锁定在 DNA–RNA– 蛋白质秩序如何建立的前提下。从动力学的角度看,这种理念显然包含着一种逻辑上的悖论。作者认为,**在生命的诞生过程中,代谢程式先于 DNA–RNA– 蛋白质秩序建立,即原始生命动力学系统首先建立的是以代谢为核心的动力学结构,而并非是有稳定遗传属性的 DNA–RNA– 蛋白质生命秩序,即从历史角度看,在生命的诞生中,代谢程式的首先创立要比满足稳定遗传的要求更为现实,并也由此奠定了 DNA–RNA– 蛋白质生命秩序建立的基础。**

以自建为核心的原始生命动力学程式的创立

如果上述分析和猜想是合理的,即生命复杂系统的诞生起始于第一类生命程式的创立,那么我们怎样来认识这个生命早期曾经发生的动力学过程呢? 作者不禁想起美国麻省理工学院威曾鲍姆教授(Joseph Weizenbaum)(图 3-3)曾说过的一个寓言。在他的《计算机的威力和人类的理智》(*Computer Power and Human Reason*)一书中讲述了这样一个故事:一个醉汉在路灯下寻

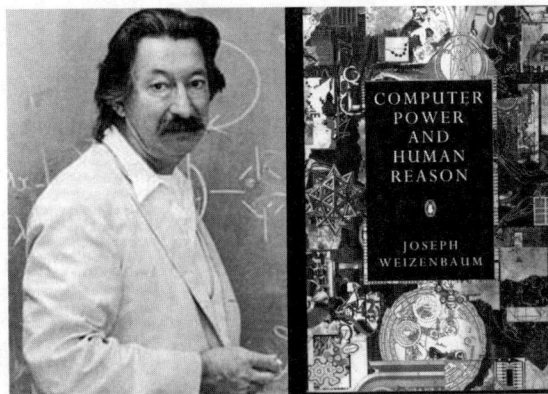

图 3-3　威曾鲍姆(Joseph Weizenbaum, 1923—2008)
德国、美国计算机科学家威曾鲍姆和他的著作《计算机的威力和人类理智》(1976)。

找失物。当警察得知他丢失了钥匙,并且是在黑暗的地方失落的,就问这个醉汉,为什么要到路灯下来寻找呢?醉汉回答说,因为只有这里能够看得见。与这个寓言故事描述的情景极为相似,今天我们已经不可能再看到当初的生命诞生,我们只能从现今的生命中去分析和猜度当时可能发生的事件和它的演变过程。可能执行的办法是,调动和发挥我们人类的思辨能力,力图给出一种可能最终引导产生现今生命秩序的、带有全局性的、符合逻辑的假定和模型,并从不同的层面分析和检验它的合理性。当然,这种假定的容纳性越广,矛盾性越小,正确的可能性也就越大,并不应排除尝试设计出某些实验,在一定程度上对这一假设给出直接或者间接的佐证。总之,面对生命起源和生物演化这样一个总命题,在进行假设的时候,有两种不同的设计路线:一是关注某局部细节而不涉及其他(如只考虑从 DNA 向 RNA 信息传递结构建立的可能途径);二是力求整体合理而先将局部粗化,然后再逐步精细。对此,作者偏好的是后者。

受威曾鲍姆寓言的启发,我们只能从现今生命中寻找生命早期发生可能遗留下的蛛丝马迹。

原始生命物质的积累是原始生命动力学系统出现的先决条件,而它的动力学程式的启动和发展根源于原始生命物质丰富的自组织操作信息。显然,这一自组织过程兼有组织结构和程序构建两方面的内容。更为重要的是,因为这种自组织操作信息的实施,基于有序 – 无序偶联机制,在环境熵增加的推动下,这个过程产生的效果必然是,新的生命大分子物质不断地出现,新的动力学程序不断地级联,也就同时使这个系统持续地处在不断产生新的自组织操作信息的推动之下,以此往复进行下去。

当然,这是一个秩序与紊乱反复博弈的过程。那么,这个过程是否有趋向性呢?或者用系统理论的术语说,什么是这一混沌过程背后的秩序性或吸引子呢?这显然直接影响着这一过程的走向和它的未来。对此,我们可以暂时抛开对具体分子事件的思考,首先从系统整体动力学属性的层面进行分析。①原始生命物质的积累和自组织作用能够启动不同动力学程序的建立,并且如果没有出现环境理化条件的巨大阻碍(如干旱、极高温),在有序与无序偶联和环境熵增的推动下,这个动力学过程必然会长期进行下去。②**这个由于原始生命物质自组织作用推动而建立起来的动力学系统,其程序所展示的不是单纯的物质物理状态的转换(如液态、固态、气态),也不是简单的物质运动模式或者能级状态的变换(如大气环流、海洋潮汐、激发态与准激发态),它是一**

个不同生物大分子级联衍生持续发生的过程。那么,由此产生的动力学效果是什么呢? 可以想见,由于生存选择原理,这一系统必然朝着形成和强化自我构建的方向推进,而生物大分子普遍具有自组织操作信息的多样性和可塑性,以及它们之间可以建立广泛的级联与衍生关系,使这一秩序建立成为可能。③伴随上述过程的进行,系统逐步由完全依赖于环境熵增的推动,通过逐级偶联程序的建立,向主动利用环境熵增潜能的方向发展。自我构建能力的不断加强不但表明其存在合理性的逐步提高,一种基于环境的"原始生命动力学系统"在原始生命物质的基础上也逐渐独立出来。④可以想见,这个系统必然处在各种程序创建、连锁、归纳、套叠不断发生和相应地在组织结构上不断变化的状态之中,并由此推动着这个动力学系统不断向复杂的程序网络结构的方向发展。因此,由原始生命物质和自组织作用形成的这种原始生命动力学系统应不具有稳定的结构,而是明显地表现出"发育"的特征。

　　显然,这种在原始生命物质发生和积累基础上通过自组织建立起来的动力学系统,具有明显的第一类生命程式特征,即通过与环境间的物质交换和能量转换实现系统的维持和发展,展现出一种自身扩展和生长的特征。虽然这样一种动力学系统尚不具有结构复制的能力,但是它已具备了通过持续性自身有序构建抗衡熵增压力破坏其有序结构的属性,从动力学层面实现了向复杂生命系统创建的重要跨越,作者将这样一种系统称为原始生命系统,它体现了遵循着当年薛定谔所说的,从环境中不断地汲取"负熵"是生命摆脱死亡的唯一办法这一基本原理。

　　那么,这个以自建和生长为基本特征的原始生命系统,从分子层面当初又是如何建立和发展起来的呢? 这无疑是一个艰难的研究课题,犹如威曾鲍姆的比喻,作者尝试对它进行一种"粗糙"的猜测。①从现今的生命看,原始生命动力学系统的物质构成应该不会超出核苷酸、氨基酸、糖类、脂质和其他一些介入生命过程的物质,其中也可能有 RNA 分子加入。DNA 虽然可以说是迄今发现的自然界最漂亮的信息载体物质,但是由于其自组织操作信息量十分有限,它的信息载体功能的获得强烈地依赖于某种成熟的动力学系统的整体存在。尽管可以设想在生命开始的时候,可以产生四种核苷酸(G、A、T、C),并且在某些物质(如一些非生命矿物质)的介导下可以形成 DNA 链,但是,如果没有密码子工作系统,它有限的自组织操作信息量,将很难启动由 DNA 序列变异主导的、具有自建和生长属性的系统创建。相比较而言,肽类、糖类、脂质、RNA 分子则不同,它们具有极大的空间构象的可塑性,具有多向的功能变换性,以至于有的还具有强力推动秩序构建的酶的活性,并且它们还可以实现自身合成(如形成肽键),这些都提供了极为丰富的自组织发生的机遇和以自建与生长为主要特征的代谢结构形成的潜在性。此外,脂质分子又是膜结构、生物形态构建、营造多种微环境和能量储备转换的上好材料。因此,在无序与有序偶联程序的推动下,具有自建能力的动力学系统,通过它们首先建立的可能性极大。对此,我们可以将以下事实作为旁证:今天我们找不到孤立的体现出生命活性的 DNA 动力学系统(病毒只有进入细胞才体现出生命的活性),而以蛋白质为主导成分的生命系统天天在我们身体里发挥着重要的生理功能(如红细胞);再有,生命过程中的一些重要成分,如糖类、脂质,它们在生命形态构建、能量传递、信息识别方面都发挥着重要的作用,它们的分子并不靠 DNA、RNA 来编码,反而是蛋白质与它们有着密切的联系。②从理论上讲,生命系统表现出的主动摄取和利用环境熵增加潜能的性质,是以生命系统生存的必要条件而被首选和保留下来的。对于此,应当给予原始生命系统以相当的宽容度,就是允许在生命创建的初期,在利用环境熵增加潜能时,对环境条件的要求远比现在要苛刻,并且不同的代谢程序环节可能在不同的环境条件下分别建立,之后才是它们之间的相互协调与整合。但是,由于有序和无序偶联过程的存在、原始生命物质积累的持续进行、原始生命物质自组织作用时有发生、新的生命动力学程序不断形成,这些都为原始生命动力学系统能量、物质吐纳程序的建立和发育创造了有利的条件。③原始生命系统的自身构建不是物理 – 化学意义上的动态平衡过程,也不是以旧体系为模板进行的整体拷贝过程,而是一个以持续扩张为主要内容的、依赖于开放与耗散结构的建设过程。这一过程表现出一种生长和印记的特征,而并不具备实现全系统精确复制的动力学基础。当今,人们在谈论生命的时候,常常应用复制的概念,并把它引入到对生命起源的思考之中。作者认为,对此应当采取慎重的态度,不能要求在生命诞生的初期便具有今天所说的自我复制的能力,更不能要求这种复制要以 DNA–RNA– 蛋白质秩序为基础。反而是,从已有的知识看,DNA–RNA– 蛋白质秩序的建立需要有前期的生命秩序存在为先导。尽管在历史上,DNA–RNA– 蛋白质秩序中一些环节的建立可能与生命的创建过程密切相关,但是,一些环节的建立与必须有 DNA–RNA– 蛋白质中心法则的先期存在之间是有着本质区别的。实际上,谈到生命的复制,即使对于今天的生命来说,除了 DNA 分子的半保留复制外,严格意义上讲,细胞分裂并不是复制。因此,生物学中,复制的概念更多的是指有序结构和程序的重复建设。总之,自我构建和复制应是有明显区别的两个不同的概念,原始生命系统具有自我构建的能力,但还不具备自我复制的能力。④在研究复杂系统发育的时候,考察其动力学过程的方向性非常重要,因为它揭示着这个系统有序构成发展的趋势和前途。如果说在原始生命物质积累阶段,其向量性体现在有序与无序的级联和对环境熵增潜能的利用方面,这是生命有序构建方向性的最初表达,那么,在第一类生命动力学程式形成阶段,它的方向性则主要表现在代谢程式不断向复杂化、主动性的方向发展,这是在生存选择下,原始生命物质持续积累、动力学程序自组织过程不断发育的必然结果。原始生命动力学系统的发展不仅使之获得了越来越完善的自我构建能力,并且它们将会以加快的速度不断地创造出巨大数量和更多类型的生物大分子和生命程序。伴随这一过程的进行,系统的维持逐步由被动依赖于环境熵增过程,向着主动利用环境熵增的方向发展,即能量获取和利用方式发生着改变,生命开始逐渐以独立系统的姿态出现,也为以后 DNA–RNA– 蛋白质秩序的建立奠定了基础。⑤显然,这样一个不稳定的、处在持续发育状态之中的生命系统,它有着不定型的结构特征,而伴随这个系统对于环境独立性的逐渐凸显,以及其形态和程序结构复杂性的不断提高,依据生存原则,对系统稳定性的要求和经受的选择压力会变得越来越大。

来自对古地球气候、环境的分析,推测原始生命物质的出现和原初生命动力学过程的启动大约开始于 40 亿年前。可以想见,原始生命系统的建立和发展必经过一个漫长而艰难的探索历程。设想以原始生命物质的积累和自组织过程为基础,由于有序与无序程序的偶联和系统发育的推动,这一动力学系统不断地"试探"和改变着自己的程序途径,经过程序的连锁、叠加、综合、约简等等,在生存选择的作用下,具有自主摄取和利用环境熵增潜能,并通过自建维护整体系统生存的动力学结构逐渐形成。今天,最早的地球生命存在的证据不是直接来自于生物体的化石或者其造成的印痕,而是来自于对生命代谢产物痕迹的发现,这在一定程度上暗示了具有代谢特征和无定型结构的原始生命系统的先期形成。这方面,也有待于对地球早期的理 – 化条件,以及相关的热力学和化学进化的动力学研究,给出更多的理论支持。

在热泉、地壳深层环境和海底"黑烟囱"(图 3-4)等高压、高温的极端条

图 3-4　黑烟囱
深海底火山口,因大量硫化物的堆积,
形成了"黑烟囱"的结构。

件下,人们意外地发现了生命的存在。由于这些地质环境条件与早期地球表面的理－化状态更为接近,人们修正了以往的、认为原始生命只能在极为温和的环境中诞生的猜想。作者认为,无论是高温、低温,高压、低压,强辐射、弱辐射,黄铁矿、硫化氢、岩石圈中的热液通道、潮汐引起的沿海盐浓度周期变化,这些多变或者极端的环境条件对于不同的代谢环节的建立是极为有利的,而且对于程序发生来说,也只有代谢对环境才可能有这样大的承受性。原核生物代谢类型的多样性生动地说明了这一点,它代谢所采用的能源有光能也有化学能,代谢中产生的电子受体可以是有机物也可以是无机物,代谢需求的环境可以有氧也可以无氧,它们能够耐受沸水(105℃)、冰冻、强酸(pH 1.8)、强碱(pH 11)、高盐(5.2 mol/L)、营养极度有限等恶劣环境,如果要把这一切都规范到DNA-RNA-蛋白质结构的生命起源模式中,不要说生命自身程序建立的可能性很低,就是对于当时的环境恐怕也难以承受。

概括地讲,作者推测,原始生命动力学系统与现今的生命系统很可能有三个重要的区别:①它与现今生命的构成成分以及程序可能很不一样;②它不具有 DNA-RNA-蛋白质的骨干结构;③它有明显的结构多态性和不定型的特征。但是,无论如何,因为它们获得了系统自身构建和维持的能力,即具备了生命首要的也是最基本的属性,表明它已不是简单地从物质成分上,而是从系统结构上宣告了生命的诞生。

虽然,今天人们对生命起源的真实过程仍不清楚。但是,由于贝塔朗菲、普利高津、艾根等人杰出的、开创性的工作,从理论上讲,生命从非生命的背景环境中诞生的道路应该说已经基本打通。在此强调以下几点:①有序和无序的偶联在利用环境熵增加潜能,并方向性地推动原始生命物质积累和有序自组织构建方面发挥着重要的作用。原始生命物质的主要贡献在于它具有极大的自组织操作信息量,这为系统超循环结构的建立,并进而为引导系统通过自组织实现自身构建奠定了基础。②自组织作用是耗散系统有序构建的依据,应属于动力学程序范畴的现象,而只有来自对其混沌和其深层结构性的分析,才实质性地触及系统的演变和演变过程中有序构建趋向性的问题,因此对于原始生命系统的创建,只停留在自组织的认识水平上是不够的。③艾根建议在化学进化和生物进化之间存在一个分子自组织进化的阶段,这不是有意回避 DNA–RNA– 蛋白质中心法则起源的难题,而是来自于对系统属性和其发展规律认识基础上的合理猜测。

第四章 DNA-RNA- 蛋白质秩序对原始生命系统的归纳与重塑

按照前面分析的思路,具有自我构建能力的原始生命动力学系统的出现宣告了生命复杂系统的诞生。但是,这样一个系统强烈地表现出不稳定和不定型的特点,并且从物质、能量交换程序看,它与环境的界限还是含混的,生命系统在自然界中的最终确立还有待于一种稳定结构的形成,DNA-RNA- 蛋白质秩序的建立应运而生。

DNA-RNA- 蛋白质动力学结构在原始生命系统中的孕育

至今,人们对于 DNA-RNA- 蛋白质秩序建立的历史过程仍然不清楚,一些相关的假说都没有得到公认,例如,DNA 起源说(矿物质介导)、RNA 起源说、蛋白质起源说。作者认为,在这个问题上,合理的分析路线不应该是寻找在 DNA-RNA- 蛋白质秩序中,DNA、RNA、蛋白质哪一个先起源,这样只能又走到提问是先有鸡还是先有蛋的怪圈之中,这种还原论的思维模式将会把我们带入逻辑困顿的泥潭之中不能自拔。作者认为,应该采取的方法是,寻找和回答是什么样的条件和动力学原因,以及经过什么样的发育过程,使这一秩序在原始生命系统中孕育,并通过选择必然性地来到生命的 DNA-RNA- 蛋白质结构。也就是说,提出生命是由 DNA、RNA 或蛋白质起源的问题,是一个科学的伪命题。

根据对现今生命分子过程的了解,可以很容易地想到,在以自建和代谢为中心的原始生命系统发育过程中,伴随各种生物大分子的衍生和生命程序网络结构的发展,不仅脱氧核糖核酸、核糖核酸、氨基酸等生物分子的出现不是一件困难的事情,而且在自组织原理的驱动下,基于它们各自的理化属性,聚合形成 DNA、RNA、多肽大分子,以及出现它们之间衍生上的程序级联也是完全可能的。

那么接下来,虽然这些成分和程序在开始的阶段,可能对于原始生命系统的自我构建和生存并不是必需或者十分重要的,但是由于这种秩序具有更强的动力学结构的稳定性,它们一旦出现,不仅不会轻易地被发育中的原始生命复杂系统所淘汰,反而犹如是在原始生命系统中产生的一种不可摈弃的副产品和寄生程序,并在原始生命系统环境的滋养下,通过自组织作用,不断朝着程序整合的方向发展。当然,在初始阶段,这一过程对原始生命系统的存在和发展可能并没有什么生命价值,以至于还可能会给原始生命系统的自建和维持带来扰动和破坏作用,但是由于这一程式动力学结构的稳定性,它不仅获得了与以代谢和自建为核心的原始生命复杂系统相伴存在和发展的权利,而且在原始生命系统动力学发展过程的推动下,在原始生命系统中逐步形成了一个以 DNA-RNA- 蛋白质为核心的动力学程序结构。

基于以上分析,作者认为,**从理论上应该说,DNA、RNA、蛋白质,在历史上不是依照当今它们有着明确生命定位的因果关系依次而生,DNA-RNA- 蛋白质秩序的首创也并非来自于生命意义的驱动,它很可能只是在原始生命系统内部,通过自组织和结构稳定性选择出现的一种"非生命功能"的动力学结构,也就是说,DNA-RNA- 蛋白质秩序是原始生命复杂系统中各自成分因其不同理化属性通过自组织构建出来的、"寄生"于原始生命系统中的一种动力学框架结构,而这一历史性选择的生命价值应该获自于未来它对原始生命系统代谢和自建属性的归纳。**

总之,在原始生命物质积累的过程中,有序与无序偶联程序的发育给生命的发生奠定了基础,具有代谢和自我构建能力的原始生命动力学系统的形成宣告了地球生命的诞生,原始生命复杂系统的发展逐步孕育了 DNA-RNA- 蛋白质动力学结构的出现,接下来 DNA-RNA- 蛋白质秩序对原始生命系统的归纳,最终实现了生命稳定结构的建设,这将是本书在思考这个问题时的一条主线。

原始生命系统中两种动力学程式间的博弈与磨合

如上所说,原始生命物质和相关程序的积累,以及以自建和代谢为中心的动力学系统的建立,为 DNA–RNA–蛋白质秩序中一些成分和环节的出现奠定了基础。通过自组织,逐渐实现了生命初始的 DNA–RNA–蛋白质框架结构建设,并依赖于原始生命动力学系统,这一框架结构不断地完善和发展,推动了生命第二类动力学程式的建立。

DNA–RNA–蛋白质框架结构的形成给生命的发展带来了深远的影响。概括而言,**由于 DNA–RNA–蛋白质框架结构的出现,使原始生命动力系统的生命活动同时经受着来自两种不同动力学程式的规范,第一,来自于以代谢为主要内容的结构自建选择,第二,来自于 DNA–RNA–蛋白质框架秩序的规范,由此形成了原始生命系统中两种动力学程式博弈和磨合的局面。作者认为,在这种双重压力的选择作用下,系统结构发展必然走向 DNA–RNA–蛋白质秩序对生命代谢和自建能力的归纳,最终使孕育在原始生命系统中的 DNA–RNA–蛋白质动力学结构获得了参与代谢和系统自建的属性,从而确立了一种新的生命秩序,即 DNA–RNA–蛋白质生命秩序。从系统理论的角度看,DNA–RNA–蛋白质秩序对生命代谢和自建秩序的归纳,不是一种动力学程式对另一种程式的并吞或者取代,而实现的是一种相互契合的、本质上属于协同系统的建立。**

以下是作者对这一概括的分析。为什么说一旦 DNA–RNA–蛋白质动力学框架结构出现,它必定朝着容纳原始生命系统代谢和自我构建属性的方向发展,并最终完成对它们的归纳呢?这一过程可能很曲折和艰辛,但它的原理其实很简单。如果在 DNA–RNA–蛋白质的框架里包含了某种虽然不精确但是可能介入系统代谢和自建程式的分子成分,由于 DNA–RNA–蛋白质结构稳定性的原因,必定会促进与此成分相关的代谢与自建程序的发展,大大增强了这一环节的竞争力。强化了的、在 DNA–RNA–蛋白质秩序"指导"下的代谢和自建程序的优势运行,必然会对系统带来一种整体性的挑战,它可能强烈地干扰和改变原有的程式结构,有利于代谢和自建的结构将推动生命复杂系统的发展,而其中任何给系统以致死性影响的结构一旦出现,也必然会因生存法则而被淘汰。反之,因代谢与自建程式改变造成的分子组成和程序变化又会给 DNA–RNA–蛋白质秩序的构建带来影响。这将出现这样一种局面,即

DNA-RNA-蛋白质秩序和自我构建及代谢程序都在这个过程中获得了更多的变更机会,并使两种程式之间产生一种相互磨合、互相丰富和生存选择的效应,也就推动了它们之间契合程度的不断提高。显然,由于这样一个动力学过程的持续进行,其结果必然是,DNA-RNA-蛋白质秩序对生命代谢和自建属性的归纳,即实现着 DNA-RNA-蛋白质与代谢自建之间的协同系统建设,最终导致具有生命意义的 DNA-RNA-蛋白质秩序的出现。

可以想见,在 DNA-RNA-蛋白质框架结构对原始生命系统归纳的过程中,要求原始的生命体系处在相当多样和宽松的内外环境之中,包括赋予 DNA-RNA-蛋白质秩序构建以较好的存在和发展条件,即使 DNA-RNA-蛋白质生命秩序的核心程序已建立,如果它还有诸多的不完善之处,它对于环境还没有实现真正的独立,必定会在相当程度上还是要依赖于共生的原始生命系统的支持。但是,DNA-RNA-蛋白质有序构成一旦出现,它就会像生发中心一样,在原始生命系统的"滋养"下,开始改造和容纳着周围的生命秩序,并使它们逐渐都归纳到 DNA-RNA-蛋白质的框架之中,这是由于它高度稳定性的优势所决定的。

当然,通过归纳和选择建立起来的、在 DNA-RNA-蛋白质秩序指导下的生命的代谢和自我构建结构,与原始生命系统的代谢和自建结构相比较,它们在物质组成、动力学程序方面可能会有很大的不同。并且这个过程应该始终是在新的生命物质不断形成、原始生命动力学系统发育过程持续进行的条件下实现的,这是 DNA-RNA-蛋白质秩序对生命代谢和自建属性归纳得以完成的基础。如前面提到的,从初始的生命动力学程序启动,到原始生命动力学系统出现,生命就开始了它的形态构建。显然,伴随 DNA-RNA-蛋白质秩序对原始生命系统归纳的出现和不断深入,新的生命形态结构建设也同时不断地发生,并向着更加程序化的方向发展,比如,生物膜结构的采纳和发展,支撑和介导生命活动的骨架结构的建立,依存这些结构而形成的对生命活动及有序组建的不同微环境划分的出现,等等。它们在自组织作用下逐渐形成、相互联系,发展出越来越复杂的生命结构。因此,DNA-RNA-蛋白质秩序对原始生命系统的归纳应同时表现在组成、程序、形态结构诸方面。

长期以来,人们习惯于还原论的思维模式,并总是企图从现有过程的因果关系中去寻找它的最初成因,蛋与鸡之争便是典型的例子。由此,往往忽视了从整体的角度对一种关系建立的必然性进行思考,也没有充分重视到物质世界潜在的自组织的巨大能力,以及生存合理性选择的巨大作用,而这些对于生命的发生和创建来说尤为重要。

在我的桌案上放着一种叫作 Tangle 的小玩具,它是由 18 个同样的硬质小塑料曲柱连接而成的单环结构,Tangle 的每个小柱是一个平面走向的 1/4 圆弧,圆的外径大约 8 cm,柱直径大约 1 cm,小柱与小柱之间相互插接在一起,并可以做轴向的自由旋转。将 Tangle 放在手中把玩,它可以变幻出各种形状来。但是,当力图把它摆成一个平面图形时(如梅花形、葫芦串形),我失败了。我转而寻找落在同一个平面上有最多小柱的摆法,获得了唯一一种结构。这就是说,即便是无穷多样性,当某种制约因素被调动出来时,无穷便转化为有限。在 DNA、RNA、蛋白质的长链分子中都存在有许多的活动关节,再把序列的长短、核苷酸、氨基酸的种类,电荷分布,线形、环形或拟环形(如二硫键的作用)结构,以及它们的拓扑性质考虑进去,生物分子提供的各种结构,以及由此提供的功能可能性是巨大的,它们包含的可供选择的各种制约因素也会是相当可观的。因此,重要的往往并不是机遇和它所提供的结构的可能性(我们不必担心它们的丰富性),重要的是确定对结构的选定原则。当然,对 Tangle 来说,上述特定结构的选定来自人为因素,而对生命来说,则只能从稳定性和生存法则中去寻找。在一个复杂的动力学系统之中,特别是在这个系统中存在有不同的子系统,它们之间必然会出现相互间的制约、博弈、磨合,而寻找这一过程所执行的选定原则是判定这一系统发展取向的最重要依据。上述讨论的 DNA–RNA– 蛋白质秩序对生命代谢和自建属性的归纳体现的正是这一理念。

RNA 与蛋白质信息专一性传递的建立

如果说今天的 DNA–RNA– 蛋白质生命秩序,来自于初始的 DNA–RNA– 蛋白质框架结构对原始生命动力学系统代谢和自建能力的归纳,并且这种结构不是泛泛的而是具有信息传递的专一性,那么这一属性又是从何而来的呢? 显然,这一点十分重要,没有这一条件,生命系统面临的只能是毫无章法的紊乱和死亡。因此,在思考 DNA–RNA– 蛋白质结构对原始生命动力学系统归纳问题时,不可回避地必须要面对信息专一性传递结构是怎样建立的问题。

根据当前对 DNA–RNA– 蛋白质结构的了解,RNA 碱基序列向蛋白质氨基酸序列信息传递专一性的建立应该是其中的关键。如果没有此,DNA–

RNA− 蛋白质秩序对原始生命系统代谢和自建的归纳只能是空中楼阁,而如果有了此,其他问题就相对要简单得多。从现代生物学知识看,只要有氨基酸和 RNA 分子存在,在它们之间建立某种动力学程序联系其实并不十分困难,而要这种联系向专一化方向发展就不那么容易了。作者认为,解决这一难题的出路也只能是来自选择作用。设想,在开始的时候,可能会出现这样的情况,在这种关系中,同一种 RNA 分子可以关联着不同的蛋白质分子,而同一种蛋白质分子又可以对应着不同的 RNA 分子。如果这种非专一性仅存在于 DNA−RNA− 蛋白质动力学框架之中,而和生命过程无关,它无碍大局。但是,一旦这种关系介入到具有代谢和自建的动力学过程之中,RNA− 蛋白质信息传递非专一性的存在将会引发整个系统出现混乱。由此,面对生存的压力,必定启动整体系统对特定结构(即专一性)的选定,氨基酸分子和 tRNA 分子的专一关系由此而逐渐获得确立。虽然我们还不了解现今氨基酸分子和 tRNA 分子高度专一性建立的具体过程,但是可以想见,这种专一识别关系的建立,应该是在 DNA−RNA− 蛋白质框架对原始生命动力学系统归纳过程中,通过生存法则选择而实现的。因此,在 DNA−RAN− 蛋白质秩序对原始生命动力学系统归纳的过程中,原始生命动力学系统绝不是完全被动的,它与 DNA−RNA− 蛋白质秩序之间经历的必然是相互的改造和磨合。

现在,人们对 tRNA 分子和氨基酸之间的对应关系已经很清楚了,并被总结在 DNA 碱基组合和不同氨基酸的遗传密码表中。人们已经知道,tRNA 分子对氨基酸分子专一性的执行者是 20 种氨基酸分子各自特异的氨酰 tRNA 合成酶(aminoacyl tRNA synthetase)。而正是从遗传密码表的分析中,我们可以明显地察觉到这种关系的确立来自于历史选择的印记。为什么这样说呢?密码子中,前两个特别是第二个核苷酸的特异性极强,而第三个核苷酸有很大的变通性(图 4−1)。值得注意的是,绝大多数氨基酸分子都对应着数种不同的密码子,而不是相反的同一种密码子对应着数种不同的氨基酸分子。这些现象不仅强烈地暗示,氨基酸分子和 tRNA 分子间的专一性来自于一个复杂的选择过程,而且也表明,在这一过程中,氨基酸的生物学功能发挥着关键性的作用。目前,对于 tRNA 分子与氨基酸之间专一性起源的问题,已有人在进行探讨和研究。在"偶然事件的冻结"和"进化与选择的结果"两种假说之间,作者赞同后者。

丙氨酸:GCU,GCC,GCA,GCG   精氨酸:CGU,CGC,CGA,CGG,AGA,AGG

天冬酰胺:AAU,AAC   天冬氨酸:GAU,GAC

半胱氨酸:UGU,UGC   谷氨酸:GAA,GAG

谷氨酰胺:CAA,CAG   甘氨酸:GGU,GGC,GGA,GGG

组氨酸:CAU,CAC   异亮氨酸:AUU,AUC,AUA

亮氨酸:UUA,UUG,CUU,CUC,CUA,CUG   赖氨酸:AAA,AAG

甲硫氨酸:AUG   苯丙氨酸:UUU,UUC

脯氨酸:CCU,CCC,CCA,CCG   丝氨酸:UCU,UCC,UCA,UCG,AGU,AGC

苏氨酸:ACU,ACC,ACA,ACG   色氨酸:UGG

酪氨酸:UAU,UAC   缬氨酸:GUU,GUC,GUA,GUG

图 4-1 遗传密码子

    对于 tRNA 分子与氨基酸之间信息传递专一性的研究,作者还注意到以下发现:各种不同的 tRNA 分子之间可能存在有进化关系,构建的 tRNA 进化树与 16S rRNA 的进化有很强的一致性。进而,联系对密码子的分析,有人提出了前体氨基酸(Gly,Ala,Ser,Asp,Glu,Val,Pro,Thr,Leu,Ile)和衍生氨基酸(Phe,Tyr,Cys,Lys,Arg⋯⋯)的概念,认为前者是生命起源过程中早期形成的氨基酸,而后者是以后演化的产物。更有意思的是,2004 年,在香山科学会议第 223 次学术讨论会——"生命起源与太空生命"期间,有人提出,用四进位制对密码子进行重排,发现进化上最古老的氨基酸的密码子和认为是以后衍生的氨基酸的密码子呈规律性的分布,而全部密码子的排列又显现出与核苷酸分子中原子数目的一种对应关系。这些发现的启示是多方面的:tRNA 分子与各种氨基酸关系建立的可行性及其规模,可能还受着某些非生物学规律的影响,并存在有饱和现象,而它的实现又必然依托于生命过程的操作;tRNA 与氨基酸之间特异关系的建立来自于一个发育的过程,并形成与氨基酸家族协同演化的势态;在生命诞生初期和以后的发展中,由于参与的氨基酸种类有先后的区别,它们对 DNA-RNA- 蛋白质生命秩序建立的贡献应该存在有差异;暗示了在 tRNA 与氨基酸专一性建立的过程中,DNA-RNA- 蛋白质秩序与生命的代谢和自建程序协同演化现象的存在。总之,这一分析进一步表明,具有代谢与自建属性的原始生命复杂系统是 DNA-RNA- 蛋白质生命秩序形成的土壤,DNA-RNA- 蛋白质生命秩序的建立必然经历过一个两种生命程式协同发展的阶段。

DNA 信息对代谢和自建程式的调控

在讨论生命起源时,人们常常会把注意力集中在原始生命物质出现和 DNA–RNA– 蛋白质结构形成方面。作者认为,**如果真的能够对生命的诞生全过程进行追踪,人们可能会发现:原始生命物质的出现和积累并不甚困难,原始生命动力学程序的启动也是有着丰富自组织操作信息引发的生命物质自组织作用的必然结果,而代谢和自我构建能力的获得则主要来自于不断发展的原始生命动力学程序间的级联和生存选择,至于系统中 DNA–RNA– 蛋白质结构的建立,如上所讨论,核心任务是 RNA 与蛋白质之间特异性关系的建立,这也不见得是一件十分困难的事。比较上述生命诞生所必须解决的一系列难题,恐怕在 DNA–RNA– 蛋白质秩序对原始生命系统归纳的过程中,实现对代谢与自我构建活动的 DNA 信息调控体系建立,才是生命诞生过程中最为艰难的系统工程。**

从今天分子生物学和生物化学研究成果来看,对生命活动调控的 DNA 信息体系包括一系列精密的生命组织形式和复杂的机制过程,例如染色体的结构(环形、线形、折叠)、基因的组织设定(内含子、外显子、基因的编码序列)、基因的表达调控元素(启动子、调控元件和各种调控因子)、基因表达与功能发挥的联手(mRNA 的成熟发育、不同基因间的协调表达),等等。尽管我们可以设想,在生命诞生的初期,这些方面的内容要比今天简单得多,但是,面对哪怕是最基本、最简单的生命活动,要克服 DNA 自身序列的高度保守性,以及它的自组织操作能力相对低下的困难,建立对生命活动的 DNA 信息控制,必然是一项十分艰巨的任务。对此,绝不能一言以蔽之,简单地以 DNA 突变和筛选的模式来给予解释,必须探讨它得以发生的深层的动力学原因。今天,人们在这方面的认识可以说是微乎其微的,作者在此尝试做一些初步的探讨,包括有以下三个方面的思考:代谢与自建和 DNA–RNA– 蛋白质动力学程式的向量性是 DNA 生命信息载体系统建立的基础;DNA–RNA– 蛋白质结构对代谢与自建程式归纳执行的不是简单的程序兼并,它的真正含义是对生命基本属性的获得;DNA–RNA– 蛋白质结构对代谢与自建程式的归纳也不是简单的对已有程序的重排,而是一个在成分和程序上新秩序的创建过程。显然,这属于对生命复杂系统结构和动力学属性的一种深层考察,对它的研究,对复杂系统现象的深刻理解同样有着重要的意义。

代谢与自建和 DNA–RNA– 蛋白质程式的向量性是 DNA 生命信息系统建立的基础 系统论研究表明,开放动力学系统在远离平衡态时具有自组织的能力,并且在这一作用的推动下,系统可建立新的有序结构。显然,如果一个动力学系统持续处在非平衡状态之中,它必将引导系统有序结构的不断改变。自然界存在许多有复杂结构的动力学系统。例如,水在地球上的存在方式,它包括海洋蒸腾、云雾迁移、雨雪降落、江河奔流、土壤蕴含,其中容纳着无数大大小小的运动程序,如阻尼、湍流、升华、结晶等等。这个系统无疑是一个开放的系统,它的构建和运行的许多环节关联着与外界能量的交换,它们也体现出耗散和自组织属性,如洋流的建立、龙卷风的形成、厄尔尼诺现象的周期出现。但是,亿万年来,这一系统并没有表现出结构递进演化的趋势,这是为什么呢? 反复思考,作者认为,这是因为它们的动力学结构缺乏持续发展非平衡态的向量性,因此难以使其有序结构不断复杂化,即这个系统的演化潜力是相当局限的。类似的例子还很多,如地球的大气环流,它呈现出的是有如潮汐一样的规律性更替过程,虽然它也时时会出现波动,但在总体上,它们是处在一种动力学平衡漂移状态之中。

但是,生命系统在它的有序构建方面的表现却很不同。第一,就 DNA–RNA– 蛋白质秩序本身而言,虽然从表面上看,似乎 DNA、RNA、蛋白质之间形成的是一种相互制约的环形结构,但是认真考察不难发现,实际上,这一秩序是单向性的,这也正是这一秩序被称为“中心法则”的原因。虽然 DNA 的复制与合成离不开蛋白质,但是蛋白质并不直接承担向 DNA 传递序列信息组建的责任。第二,生命的代谢和自我构建过程同样表现出强烈的方向性,它集中体现在生命体的生长与扩张,以及相关生命程序的级联递进方面。

显然,当上述两个程式具备了生存合理性和相互整合发生的条件,必然会对因高度稳定性给 DNA 信息系统建立和发育带来的阻碍作用造成持续性冲击,克服 DNA 序列信息自组织能力相对低下的弱点,使占据中心地位的 DNA 信息系统直接或间接地处在不断被胁迫和选择的状态之中,加之 DNA 自身具有的多拷贝、重组能力和热力学不稳定性,由此不仅获得了 DNA 信息系统快速发展的驱动力,也奠定了不断向复杂结构推进的基础。只有在这一前提下,讲 DNA 信息调控体系的建立来自于长期的选择作用才有了它的可信性和逻辑上的合理性。

DNA-RNA-蛋白质结构对代谢与自建程式归纳的真正意义是对生命基本属性的获取　可以想象到,由于两种程式动力学方向性的存在,在DNA-RNA-蛋白质结构对代谢与自建程式归纳的过程中,DNA信息结构和组织的发展会表现得异常活跃、多样,如上所说,包括DNA序列改造、重组、倍增手段的实施,以及多种"调控元素"和蛋白质、RNA因子的出现和录用,使DNA分子开始走上了一条生命信息载体的发展道路。因为此时,生命系统的有序结构处在剧烈动荡的状态之中,这为调控系统的建立创造了极为有利的条件,不仅提供了大量新的生命分子变异和程序组建的机会,也给出了各种机会和选择以相当宽容的发展环境。由此看来,所谓的DNA-RNA-蛋白质结构对代谢与自建程式归纳,它绝不是对原始生命系统已有的生命程序照单全收,而是在双重方向性的逼迫下,使DNA-RNA-蛋白质程式逐步获得了指导代谢和自建的生命属性,也就是说DNA分子逐步演变成为生命代谢和自建信息核心载体的角色。

DNA-RNA-蛋白质结构对代谢与自建程式的归纳不是简单的对原有程序的重组,而是一个在成分和程序上新秩序创建的过程　当DNA分子开始逐步成为生命信息核心载体的时候,利用DNA-RNA-蛋白质秩序和代谢与自建的双重方向性优势,极大地推动着生命系统向复杂的结构发展,包括DNA分子中蛋白质序列信息的设定,基因表达调控元件的出现,RNA分子层面对生命过程的活跃参与,各种新的蛋白质和其他生命分子在自建和一系列生理过程中产生和"录用",不断完善的代谢程序核心与网络结构形成,生命系统中大量微环境和相应形态结构建立。显然,这绝不是一个对原始生命系统中旧有程序的简单排列和组合,而是一个在成分、程序、形态结构上新秩序创建的过程,这也是作者强调,DNA-RNA-蛋白质秩序对代谢与自建程式的归纳,很早便与原始生命系统的发育相伴而行的原因所在。对于这一过程,我们还可以想到,也必然是一个极其艰辛和漫长的探索之路,但是在因代谢和自建获得了生存权利和DNA-RNA-蛋白质秩序加入的条件下,由于动力学方向性的驱动,这一过程一旦启动,生命便会"义无反顾"地沿着这个方向走下去。对此,我们可以想到,到了DNA信息调控体系基本形成后,早期发生的某些过渡性程序将可能被整合、重建、替代,或者湮灭而永远消失在生命演化的历史长河之中。伴随着这一动力学过程的深化,独立于DNA-RNA-蛋白质秩序之外的原始生命动力学系统也就逐渐失去了它的生存条件,最终将被 DNA–RNA– 蛋白质生命秩序完全取代而退出历史舞台。回顾而望,也只能是发出一声赞叹,"轻舟已过万重山",而今天我们在生物体中看到的相关机制,都是生命诞生初期众多试探性程序结构的叠加、约简、重组、延伸、提升,以及生存合理性的选择性遗留。

通过以上分析,表述和传达了作者这样一些重要的理念:**DNA–RNA– 蛋白质秩序,由于其结构上的高度稳定性和信息负载的巨大潜力,使它获得了归纳原始生命动力学系统、并最终成为生命过程核心程序的权利。但是,DNA–RNA– 蛋白质秩序的稳定性绝不等同于它是生命力的原初体现,DNA–RNA– 蛋白质秩序信息负载的巨大潜力也绝不等于它天然具有自发获得这一职责的能力,这一切还要靠它在与生命代谢、自建过程的撞击与磨合的过程中,DNA 信息对生命活动调控体系建立后才能获得。而在这项艰苦的生命秩序建设过程中,作为被调控和归纳的对象,具有代谢特征和自我构建能力的原始生命系统同样做出过巨大的历史性贡献。**实际上,以后漫长的生物演化历史不断地证明了这一点,尽管 DNA 由于它在生命系统中的信息中心地位,对于生命的存在和发展至关重要,但是它的结构和走向最终还是要服从于生命代谢和自建活动的诉求。从这个角度看,认为生命就是 DNA–RNA– 蛋白质秩序,生命的诞生就是 DNA–RNA– 蛋白质秩序的诞生,这一观点显然有失公允。

尽管,我们对生命代谢和自建调控体系的建立过程,还基本处在茫然不知的状态之中,上述讨论也还只是停留在思辨和理念的水平,对它真实性的判断还有待于未来的深入研究。但是,有一点是确定的,即正是由于这一信息调控体系的建立,使生命系统纳入 DNA–RNA– 蛋白质秩序框架成为现实,并使生命过程具备了程序展示的属性,这对于生命来说,其意义是重大和深远的。**经过一个漫长的 DNA–RNA– 蛋白质秩序对原始生命动力学系统的归纳过程,不仅使 DNA 信息系统获得了对复杂的生命代谢和自我构建活动的控制能力,更重要的是,这个系统建立了一种程序化的生命有序结构。从此,生命获得了一种新的发展依据,体现在其有序构建是以信息库保存和程序展现的方式进行,并具备了可被稳定遗传的条件。这时,生命动力学系统的自组织过程不再局限于维系生命的生存,而为生命向多元和高级方向发展奠定了坚实的结构基础和提供了可执行的操作手段。**

讨论到此,我们可以更深刻感受到,认识生命复杂系统的方向属性十分重要。其实,纵观生命的诞生和它的早期发展,我们或许可以这样推演:在原始生命物质形成和积累阶段,有序与无序的偶联便是一个有方向性的动力学过程。在它的推动下,原始生命物质经过积累和在自组织作用下,开始了早期生命动力学程序的建设。生命代谢程序的方向性和生存选择,推动着原始生命系统自我构建程序的建设。但是这时,这个系统的稳定性还很差,它还没有形成一个可能引导生命向高级秩序发展的核心结构。而一旦出现了孕育在原始生命系统中的 DNA-RNA-蛋白质秩序,并开始了它对原始生命系统代谢与自建属性的归纳,由于 DNA-RNA-蛋白质秩序方向性的介入,使生命完成了一次有序构建能力的飞越。这一次的难度在于它必须克服 DNA-RNA-蛋白质秩序高度稳定性的阻碍,才可能实现对生命活动的信息控制和调节。但是,也正因为此,它直接推动了生命复杂系统的最终确立,并从结构的层面为今后生命在地球上的蓬勃发展奠定了基础。尽管在以后的生命演化过程中,最活跃、最能体现生命活力的仍然是生命的代谢与自建属性,但是由于完成了 DNA-RNA-蛋白质秩序的归纳,它的价值只能在 DNA-RNA-蛋白质的框架下体现出来。从此,虽然新的生命物质和程序没有一天停止过它不断形成和演化的企图,代谢仍然是最基础、最活跃的生命过程,但是它们的存在只能听从 DNA-RNA-蛋白质秩序的"审判",也就是说,生命以一种全新的结构模式开始了它未来的生存和发展。

在此,特别要提出的是,总括上述的讨论,解析 DNA 信息系统建立可能走过的艰辛历程,还可以引导我们从复杂系统的层面对生命现象获得进一步的认识。在前面的讨论中,以代谢和自建为核心的原始生命动力学系统的建立和 DNA-RNA-蛋白质秩序对原始生命动力学系统的归纳,似乎被看作是生命早期发展的两个不同阶段。但是通过对 DNA-RNA-蛋白质秩序归纳过程的深入分析,我们又感到,这种阶段的划分又绝不是完成一个再开始另一个的过程,它应该是在原始生命动力学系统发育到一定规模,当 DNA-RNA-蛋白质动力学结构开始在其中孕育时,它对代谢与自建程序的归纳便萌动了。也就是说,以代谢和自建为核心的原始生命系统的建立和 DNA-RNA-蛋白质秩序对原始生命系统的归纳,它代表的只是一种程序层面的递进关系,实际上它的呈现不是先后的更迭,而更多的是协同共进,DNA 信息调控体系的建立也只能诞生于两种程序之间的互动与磨合过程之中。归根到底,这一切发生的始作俑者是生命从它诞生开始就蕴含着的强大的系统向量属性。通过这一分析,我们可以明确,这其中体现的是对一个复杂系统形成和发展路线的探索,而不是侧重于具体环节考量的还原论解析方法。显然,对于生命这样的复杂系统,不从整体属性上进行分析和把握,而试图单纯用还原论的方法解开它的形成之谜,恐怕得到的只能是"剪不断,理还乱"。有意思的是,从系统的角度看,对于生命的 DNA、RNA 或者蛋白质起源说,它们的一系列假说和分析,以及把生命的起源定位于 DNA-RNA- 蛋白质结构创立的观点,也都在一定程度上获得了它们各自的合理性和价值体现。

对 DNA-RNA- 蛋白质生命秩序多态发生的讨论

上面,我们讨论了 DNA-RNA- 蛋白质秩序对原始生命系统的归纳。那么,在这个过程中,是不是存在有多态发展的可能性呢?

从今天的生物看,同在 DNA-RNA- 蛋白质中心法则的指导下,生命有多种结构模式,显著的例子是原核生物和真核生物的区分。作者认为,在 DNA-RNA- 蛋白质框架结构建立的初期,由于它突出的是系统的稳定性选择,而在实施对原始生命系统归纳的过程中,它面对的是代谢和自建层面的多样性和缺乏统一规范的原始生命系统环境,由此选择和产生出不同的结构创建路线是完全可能的。可以想见,这种多态性可能表现在以下一些方面,包括有 DNA 链的结构、DNA 载体中基因信息的组织和表达方式、生命活动的调节控制模式、生命代谢和自建程序的路径形式等。因此,作者认为,今天生命体系中存在的许多重要类别及它们呈现出的演化图案差异,例如原核生物与真核生物、原生生物(单细胞真核生物)各种奇特的生命结构,很可能是远古年代 DNA-RNA- 蛋白质生命秩序构建初期多态性的投影,而生命信息载体在不同环节或系统间的穿梭则可以看作是移动元素或者"病毒"建立的始作俑者,它对生命系统构建的历史贡献也就包含在其中了。对于这个问题,在后面的章节还要作进一步的讨论。

总之,作者认为,从理论上讲,DNA-RNA- 蛋白质秩序对原始生命系统的归纳,它规定的只是 DNA-RNA- 蛋白质中心法则,而它的实施有赖于 DNA 载体的信息结构和它对生命活动调控体系的建立,没有理由先验地认为它只能以一种模式来构建。作者期望这一理念的提出不仅对我们认识原核生物、真核生物的起源有帮助,因为,这些很可能正是造成古菌、细菌、真核生物分化的初始原因。而且同时意识到，它的影响还可能深入到真核生物内部，即今天看到的原生生物某些物种间的差异也可能源于此，只是它们之间的歧化发生的层次与前者不同。

在认识和分析这种多态性的时候，特别应该提及的是，系统论研究已经证明，复杂系统结构和动力学过程的分形现象在自然界普遍存在，而初始条件的些微差异可能带来后继过程的巨大不同。实际上，在生命这样一个高度复杂系统的有序构建过程中，如果没有歧化即分形现象发生，倒是一件不可思议的事，它对以后生命发展的影响也必然是深远的，在考察生命的诞生和演化时，采用系统论分形的理念更为合理，对此，在本书的后面还将作进一步探讨。

生命演化的不连续性

经历漫长而又艰苦的系统演化，最终实现了生命的 DNA-RNA- 蛋白质秩序建设，原始生命动力学系统的许多程序，连同其形态结构从此湮灭，但其基本的生命特征被传承下来，并且纳入到新的生命秩序之中。DNA-RNA- 蛋白质生命秩序容纳和取代了原始生命系统，从此原始生命系统也就同时失去了它在 DNA-RNA- 蛋白质生命秩序存在的环境下、独立发展或再次发生的可能性。旧有的生命形式消失了，生命进入到新的发展阶段。

可以想见，上述的生命演化不会像建筑过程那样，依次地将新的内容添加上去，而必然会不断地发生程序结构的改造和跨越，由此造成的是生命演化的不连续呈现。**我们可以设想，由于生命的动力学程序在演化中并非总是以叠加的方式进行，而是在某种内部条件具备和环境激发的情况下，常常会通过自组织作用，在结构上呈现出一种跃迁的方式，带来的是生命程序的重新"洗牌"，一些原有的生命程序可能从此湮灭，一些全新的程序会快速建立。例如，原有的单向因果关系可能被互为因果的环形结构所替代，原是两个独立的动力学过程也可能被镶嵌合并为一个综合的过程，凡此等等，这种动力学结构上的大变动带来的很可能是对旧秩序的全局性改造，这一特点在生命的早期演化中应该更为突出。其实，生命演化的这种不连续特征还有更为复杂的表现形式。由于生命过程高度复杂，往往使造成新的生命有序构成建立的先导或者核心因素在开始的时候，在整个生命体系中的结构和功能显现可能占有很小的比重，很难从外观形态和程序内容中察觉到它们的存在，其作用往往要假**

以相当长的时日才可能体现出来。很可能的情况是,一旦条件具备,它的作用便以极快的速度迅速发挥出来。**因此,要准确捕捉对生命产生重大改变的先导因素,并预测它们对未来生命的影响,这是一件非常困难的事,也就更强化了生命演化的不连续外观呈现。**总之,所谓生命演化的不连续性集中体现在两个方面,一是它的外观进程并非总是以渐进的方式呈现出来,形态结构和类群划分上的急速跨越也是它的一种常态现象,二是它内部的程序结构并非永远遵循一条逐级递进的演化路线,方向性的改造和重组会不断发生。

由于生命演化不连续性现象的存在,给人们探寻生命的演化带来巨大的困难,特别是生命的早期发生,姑且不说年代的久远,化石和印记的不可得,就是可能,恐怕也难于捕捉到或者重现其动力学程序跃迁的真实过程。因此有一点应该是明确的,就是在探讨这类课题时,如果以随后生命程序展现出的顺序来推断这一程序演化发生的因果关系,这种思考路线是有问题的,也使先有鸡还是先有蛋这类古老的质疑不断地以新的版本一再出现,而当今一些仍持反对生物演化观点的人,考察其给出的"科学论证",作者认为,他们也正是利用了这一认知漏洞的空子。

生命演化的不连续性带来了对它认识的困难,但是这并不意味着人们将无法解开许多生命演化之谜。例如,我们应该看到在生命起源和确立的过程中,虽然有些程序结构湮灭了,但是它们体现出的生命基本属性必定被保留并纳入到新的生命动力学系统之中,这也正是驱动生命演化发生的根源所在,它可以、也应该成为我们今天解析这一历史过程的重要线索和依据。实际上,这种认识方法早已被人们广泛采纳和应用,例如对天体、人类社会等具有历史发展特征系统的研究。因此,对生命演化的探索,认知理念上的慎重把握是不应被忽视的。

通过对生命早期演化的探讨,还引导作者对生命产生一种哲学上思考。**生命的概念本质上反映的不应是对某些特定动力学结构的限定,而是系统具有的动力学属性,而负载这些属性的物质成分和它们的结构并不是恒定不变的,相反,它们应处在不断发展和演变的过程之中**(本书将在第十一章尝试给出生命的系统论定义)。其实,在许多普通生物学教材对何为生命的描述中,都不同程度地包含了这一理念,即用生命的一些重要属性来定义生命。2 400年前,亚里士多德曾用生长、感觉、理性三种灵魂来概括世间的不同生物(植物、动物、人),如前面提到的,这一观点在理论上当然是不可取的,但是仔细品味,其中也确实体现出先哲具有的一种伟大的思辨精神。

第五章　生命的周期结构和迭代属性

　　以上我们讨论了,在原始生命系统的基础上,通过两类动力学程式的博弈和磨合,实现了生命的 DNA–RNA– 蛋白质秩序的建设。毫无疑问,这是生命诞生和早期发展中的重要事件。但是作者认为,仅此,生命还没有真正获得它的最终确立。为什么这样说呢? 因为生命系统还存在有另一个重要的动力学结构难题需要解决,这就是系统的周期结构建设。

生命动力学周期结构建立的必然性

　　前面曾一再提到,原始生命系统具有代谢和自我构建的能力。显然,这样一个系统必将产生使其结构不断扩张的效果(生长),并且这一属性也必为 DNA–RNA– 蛋白质秩序的归纳所继承。可以想见,这种物理性的延展必会反作用对系统本身产生影响。而由于原始生命系统缺乏稳定性,从物质和能量代谢的角度看,它与环境间的界限也还不明确,其整体的形态结构应基本为无定型的形式。在这种背景下,原始生命系统在规模上的延展和扩张对生命系统生存的威胁并不严重。这是因为,不定型结构本身对其扩张有很大的容纳能力,并且系统也会因环境和自身理化因素的作用,很容易地发生裂解和分离。但是,DNA–RNA– 蛋白质秩序对原始生命系统的归纳改变了这一切:①由于 DNA–RNA– 蛋白质秩序使生命的有序性大大提高,生命系统在形态结构方面变得更为精密和严谨,并出现区域分化现象。显然,这时系统对其自身延展和扩张的容纳能力受到越来越多的限制,而随机性的裂解和分离必然会造成系统程序的再度混乱。②生命与外环境之间的界限变得越来越清晰,系统的延展和扩张显然会影响到生命与环境间的物质和能量的交流。总之,生命系统的持续生长和扩展必然会给 DNA–RNA– 蛋白质生命秩序带来难以回避的破坏作用,对其生存造成致命的威胁。面对这一局面,生命必须为其生存寻找新的解决办法,唯一的程序途径就是通过生存选择建立周期性动力学结构。换句话说,获得了 DNA–RNA– 蛋白质秩序的生命系统必须要同时完成其动力学周期结构的建设,这一秩序才能稳定、延续存在下去。

什么是生命动力学周期结构呢? 简言之,就是在动力学程序上,生命执行着一种周期性的"归零"过程。通过这一过程,一个不断延展与扩张的系统又回到了它的初始状态,并通过这个过程,生命系统还可以消除可能产生的有害"印记"效应,使生命程序得以长期周而复始地进行下去。

从动力学的角度看生命的周期结构,它体现的是生命复杂系统获得了一种迭代属性,就是说,生命执行的是一个不断地将自己的"运算"结果,以同样的法则重复性地传递给下一代的程序过程,这一属性不仅使生命体现出了遗传的特征,也奠定了生物演化的结构基础。对于生命过程的迭代属性和它在生命演化中的作用,本书将在后面做详细的讨论。

生命动力学周期结构的建立是一项艰巨的系统工程

如果说,DNA–RNA– 蛋白质秩序对原始生命系统归纳的核心在于 DNA 信息中心对代谢和自我构建调控体系的建立。那么,系统周期结构建立的核心则在于实现对 DNA 复制和全套生命信息均等分配的周期控制。

可以设想,早在 DNA–RNA– 蛋白质秩序创建初期阶段,由于生命系统持续扩展和裂解过程的存在,DNA 链的复制和它的分离现象应该很早就出现了。这种随机、不规则的分离可能带来对系统总体程式的破坏,也可以起着推动系统生存选择的积极作用。但是,伴随 DNA–RNA– 蛋白质秩序对原始生命动力学系统归纳的深化,系统的结构变得越来越复杂和精密,与环境的界限也会变得越来越清晰,而随机性的分裂将可能严重威胁生命的存在,实现 DNA 的精确复制和信息的均等分配已成为确保生命系统持续生存和发展越来越紧迫的需求。那么,这样一个秩序是如何建立起来的呢? 显然,从动力学的角度看,只靠 DNA–RNA– 蛋白质结构对原始生命系统的归纳,并不具有实现这一秩序建立的内在驱动力,由此,可以很容易地想象到,这将是生命面临的又一次艰难的有序构建工程,如威曾鲍姆讲述的寓言,我们只能再次从现今的生命中去寻找解答这一难题的可能线索。

从今天的生命来看,原核生物的基因组采取的是环形的结构,也使其实现生命信息的均等分配比较容易,生物体的裂解和分离在很大程度上可以通过自组织或者通过环境因素的介入(如营养)完成,并且这个过程也不表现出那么严格的程序化,例如在基因组复制及分裂已完成,可能并不一定要求生命体的及时分裂,或者在其分裂尚未完成时,便可以开始下一轮的 DNA 复制与分离(这些在分子生物学中被称赞为原核生物细胞的高效增殖现象)。因此,我们设想,原核生物在其早期生命秩序建立的过程中,它们的周期动力学结构的建立相对比较容易,这也可能是它在生命界先期出现的重要原因之一。

我们再来考察真核生物。真核生物的基因组采取的是线形染色体的组织形式,并且普遍有不止一条染色体。这时,实现染色体的同步复制和整套基因组的均等分配,将是一个艰巨的有序建设任务,简单的自组织作用显然已经不能胜任,环境因素更是难于对此直接操控或施加影响。如果再将真核细胞形成中细胞核与细胞质的分化,以及各种细胞器的整体配置的因素也考虑进去,更增加了生命信息均等分配的难度。我们姑且假设这样的前提,即在真核生物动力学周期结构初期建立时,还没有出现 DNA 信息的双倍性,而且它们的分裂也不是通过中心体和有丝分裂的方式来完成,并且生命体可以在一定程度上容纳染色体重复拷贝的存在,因为在今天的真核生物中,仍还存在无丝分裂和细胞中多拷贝染色体的现象。那么,相对来说,实现这一条件下的生命动力学周期结构的建立,也就是说分裂起始于 DNA 信息多拷贝的情况,分裂后也仍可能维持一定程度的多拷贝状态,自然会使生命体信息的不均等分配对其生存造成的威胁减少许多,我们或者可以把它看作是一种准周期结构。如果这一准周期结构期阶段真实存在,当然仍会对生命的存在和发展带来诸多的不利,但是因为生存机遇的提高,也就在这一平台中形成了一种针对信息分配方面的自组织演变和选择压力,推动有丝分裂机制的逐步建立。显然,根据我们对当今生命有丝分裂机制的了解,一定要给予它在真核生物中的建立一个相当长的时间,即它在"痛苦的生存煎熬"中,等待各种机遇的积累和条件的成熟,以及相关程序的自组织叠加和系统稳定性的优势选择,最终实现真核生物有丝分裂的生命周期结构建设(图 5-1),可能这也成为真核生物的最终确

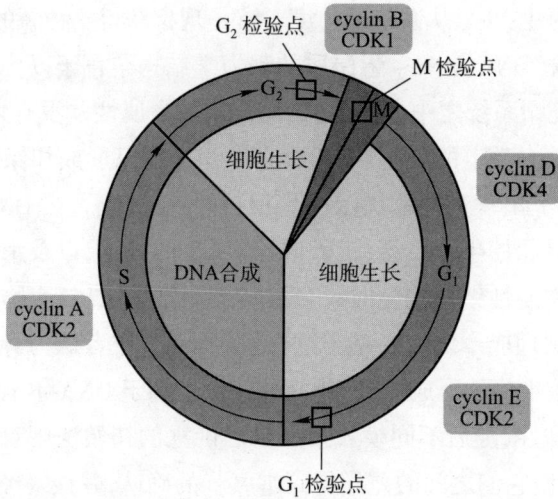

图 5-1　细胞周期

图示细胞分裂的 G_1、S、G_2、M 期，以及 3 个检验点（check point）和主要的参与因子。

立和规模发展要比原核生物晚得多的重要原因之一。

此外，我们还应该想到与生命系统程序性分裂密切相关的另一方面，就是伴随生命系统分裂周期结构的建立，还很可能同时发生着一种相反的程序建设，即不同生命系统间的相互融合。显然，在周期分离机制建立的筛选过程中，对生存不利的分割会经常发生，而两个系统的再次相互融合可能带来生存能力的恢复以至于强化，由此逐步建立一种生命系统间相互识别与融合的机制，相关的程序也相伴而生。

基于上述讨论，或许可以说生命动力学周期结构的建立应该不存在有理论上的障碍，但是也强烈地提示我们，揭示这一有序构建的历史过程也是一项十分艰巨的任务，而从现今生命程序中发掘解答这一难题的线索将变得十分重要。

由生命动力学周期结构建立引申出的值得关注的生命现象

今天，人们已经普遍有了这样一种共识，自然界存在有三大类生物，古菌、细菌、真核生物，它们从生命发生的早期便分道扬镳，一直延续至今，并且在以后几十亿年的生命演化中，也再没有新的原始生命发生。作者在分析生命复杂系统稳定结构建立时,从系统的角度对这一现象获得一种新的认识。

如前面所说,DNA-RNA-蛋白质的动力学结构孕育于以代谢和自建为核心的原始生命复杂系统之中,它的初始形成与生命属性并没有直接的关联,只是一种由于其动力学上的稳定性,通过自组织而得以形成和保留的"寄生性"秩序,它在结构上出现多样化展示也是很自然的。随后,当DNA-RNA-蛋白质结构经历了对原始生命系统代谢和自建属性的归纳,以及来自系统生存压力下实现生命周期性结构构建时,出现以古菌、细菌、真核生物为代表的不同生命秩序也是顺理成章之事。基于这样一种认识,作者认为有着明显区别的古菌、细菌、真核生物的形成,它们的分歧应该发端于DNA-RNA-蛋白质结构早期形成的多样性,随后不同模式按照自己确立的初始法则对原始生命系统的容纳和改造,使它们之间的差异得到进一步的确认,并最终经历各自的周期结构建设而得到确认。

这样一种假设是合理的吗?深入思考,人们不难发现其中潜伏着一个重要的问题,这就是,由于程序建设的难易程度不同,对环境的要求不同,原核与真核生命体系演化经历的时间长短出现差异,这是很自然的。但是,现有的研究表明,原核生物与真核生物在地球上的出现竟相差起码10多亿年以上(或者长达20多亿年),这就不禁使人们提出一个疑问,无论是由于系统秩序构建的艰难性所致,还是需要耐心等待环境条件的积累,既然真核生物在这样一个漫长的时间里不能实现自身的稳定结构建设,为什么没有出现原核生物将长期不能完成稳定结构建设的真核生命体系同化掉的现象呢?反而很可能是在经历了10多亿年以上的蛰伏后,真核生物最终以它强大的优势,大规模地登上了生命的历史舞台。面对这样一个事实,上面提出的设定能给出合理的解释吗?

作者设想,在以代谢和自建为核心的原始生命系统中一旦出现了DNA-RAN-蛋白质秩序,并开始了对原始生命系统的归纳,多样化的DNA-RNA-蛋白质秩序,在持续发育和演变的原始生命系统中出现了歧化的归纳路径,逐渐确立了原核与真核两大类不同的生命演化道路,就是说它们很快获得了各自的生存权利,并沿着各自的道路发展下去。当然,由于相关结构建立的易操作性和有利的环境因素,原核生物很快实现了它的两种生命程式的整合和周期结构的建设,而在这两方面的某些不利(如包括生命能量获取的内外条件),决定了真核生物实现这一目标延迟了很多。但是,因为在早期的演化阶段,真核生物体系已经获得了被原核生物体系"并吞"的拮抗能力,并利用它特有的优势,例如对代谢和自建程序的归纳有更强的灵活性和组建能力,使之可在不利的内外环境中长期生存下来,也度过了对有力环境因素(如环境中氧气的含量)的漫长等待,并且它的稳定结构迟迟不能实现反而使它获得了在一定程度上容纳原核生物体系某些环节的机会,给未来真核生物的辉煌发展奠定了基础。至今,没有线粒体的真核生物仍然存在,以及被认为是通过内共生出现线粒体结构的真核生物的建立,便生动地支持了这一分析的合理性。

从这一分析中,作者越发坚定了这样一种看法,即在真核生物与原核生物确立以前,两种不同的生命体系,在DNA-RNA-蛋白质秩序创立和对原始生命系统归纳的过程中就分道扬镳了,直到周期结构建立,两类不同的生命体系各自得到了最终的确立。这就是说,生命早期的发生不是完成了一类秩序的建设,再从头开始另一类秩序的创建,要那样解释的话,虽然表面看似乎更贴近常理,但从系统观点分析,将会发现这一路径实际上包含着许多难以回避的死结。进一步,按照这样一种思路,我们还可以很容易推理,在一个密切关联的整体环境中,生命的发生一旦跨过了DNA-RNA-蛋白质秩序创立和对原始生命系统归纳的阶段,由于这个复杂系统对周围生命过程的高度容纳能力,新的生命再从原始生命物质积累,以及以代谢与自建为核心重新发生,将几乎是不可能的,这也使我们可以更好理解,为什么在以后几十亿年的生命演化中,地球上就再没有发现新的原始生命诞生了。

生命系统周期结构的建立直接推动了真正意义的细胞现象的出现,并同时给生命秩序和它未来的发展带来了深远的影响。接下来,将转入对细胞的讨论。

第六章　生命细胞体系的确立

细胞出现的意义在于,它标志着生命在自然界中的最终确立,这是大自然的一项伟大创造。从复杂系统的角度解读细胞现象,是认识生命的重要内容,也是理解一系列生命现象的基石。

细胞的出现

细胞的形成是生命复杂系统发展的必然,它走过了一条漫长和艰辛的演化历程。

细胞的形成是生命复杂系统周期结构的必然归宿　近年,出现一种新的观点,即早在 38 亿年前,在地球还处在早期发展阶段,原始生命物质的积累和原始生命程序的建立就开始了。而来自化石的证据,最早的原核细胞出现大约在 35 亿年以前,真核细胞的出现则要晚得多,最早的真核细胞化石发现于 19 亿年前。

对于细胞的诞生,本书给出了这样一种描述,即细胞的出现是 DNA–RNA– 蛋白质秩序对原始生命系统的归纳和其周期动力学结构建立的必然结果。如此看来,如果将真核细胞的最终出现计算在内,这个过程很可能延续长达 20 亿年的时间,不仅远比原来人们想象的要漫长得多,也与早期提出的细胞形成于原始生命团聚体的假设有着很大的区别。其实,如前面讨论中所表述,虽然从理论上讲,细胞的出现经历的是一个、生命复杂系统按其方向属性实现稳定结构的演化过程,但是不难看出,面对前面讨论所谈及的众多新秩序建立的挑战,它的最终实现必然是一项极其艰苦的系统工程,必须要假以足够的时间,也需要等待特定的外界条件给以支持。

总之,**经过漫长的 DNA–RNA– 蛋白质秩序对原始生命系统的归纳和周期结构的建立,生命复杂系统来到这样一种状态:它在 DNA–RNA– 蛋白质秩序的框架下,获得了 DNA 信息对生命代谢和自我构建活动的指导和控制能力;它完成了一系列复杂、精巧的形态结构建设,出现系统内部多样微环境的划分;它与环境的界限明朗化,取代无定型生命形态的是明确的空间限定和与环境间的严格区分;它建立了生命动力学周期结构,以此克服了由于生长属性带来的对生命生存威胁的难题,在动力学上实现了程序性周而复始"归零"的生存模式。具有这样一些特征的生命形态是什么呢? 这就是细胞——自然界最伟大的作品之一。**

细胞的形成是早期生命复杂系统漫长演化的必然,也标着生命最终从形态和结构上与非生命的外部环境划清了界限,从此走上了一条以细胞为基石的发展道路。长久以来,人们已经习惯于还原论的思维模式,通过形态结构和化石地质年代的比较,对于细胞起源,普遍的认识是原核细胞首先出现,而后在此基础上再进化出现真核细胞。其实,从前面的讨论可以看出,细胞的形成、包括对不同类型细胞演化关系的分析,不能只是简单地依据形态结构的比较和它们出现的地质年代的早晚来推断它们之间的衍生关系,重要的是探察这些现象出现的系统原因,并以此来分析它们发生的可能历程和相互关系。

对细胞多起源的讨论 细胞是单起源还是多起源,这是生命科学研究中一个长期讨论的课题。古生物学研究表明:在 38 亿年前最古老的格陵兰西部沉积岩中,发现有原核生物存在的间接证据(来自含铁建造和稳定碳同位素的资料),而最早的原核细胞化石发现于 35 亿年前的澳大利亚太古代硅质迭层石中;最早的真核生物存在的间接证据(甾烷)来自澳大利亚西部距今 27 亿 ~ 25 亿年的沉积岩中,而显示出有真核细胞结构特征的化石发现于距今大约 19 亿年的加拿大冈福林特黑色燧石层中;在漫长的原核生物主宰地球生命史的 10 亿年时间里,由于生命活动的积累效应,使地球早期还原性大气圈逐渐转变成氧化性大气圈,为真核生物的大发展奠定了基础。这些发现似乎暗示,在起源上,真核细胞来源于原核细胞。但是,1970 年,马古利斯(Margulis)在前人研究的基础上,提出真核细胞线粒体和叶绿体来自于原始冠族(crown)真核细胞对原核细菌容纳(内共生)的观点,并得到越来越多的证实以后,人们自然产生了一种疑问,就是原始冠族真核细胞是如何发生的呢? 而原核生物与真核生物在结构和生命基本程序设计上的巨大差异,也给真核细胞是以原核细胞为起点接力演化发生的设想以很大的挑战。实际上直到今天,没有线粒体的冠族真核细胞仍然存在于生物界。

对此,基于前面关于 DNA–RNA– 蛋白质秩序对原始生命动力学系统归纳路径歧化现象的讨论,作者不仅认为从系统的角度看,原核生物和真核生物在演化上是各自独立发生的事件,而且尝试给出真核细胞迟后出现,以及在生命程序上真核生物对原核生物容纳现象发生的合理解释。就是说,原核生物与真核生物远在 DNA–RNA– 蛋白质秩序对原始生命动力学系统归纳过程中,两种不同的生命构建模式就分道扬镳了,在完善的细胞体系建立以前,两条不同的生命构建路线独立存在和发展了相当长的时间,而由于动力学结构上的原因,以及对环境要求上的差异,到条件成熟以后,才分别最终完成各自的细胞体系建设,并开始其规模发展。

DNA–RNA– 蛋白质秩序对原始生命动力学系统归纳路径的分析,不仅支持了原核生物与真核生物细胞独立发生的现象,也引发出对相关问题更深入的思考。因为由此出发,我们又会自然想到,细胞的多起源现象是不是仅仅体现于原核细胞与真核细胞(或者说古菌、细菌、真核细胞)的层面呢? 作者对此提出质疑,为什么这样说? 其实,上述原核生物与真核生物歧化的机制和原理应同样适用于真核生物内部,差别的只是在演化中,DNA–RNA– 蛋白质秩序对原始生命动力学系统归纳歧化发生的层次不同,这也是复杂系统动力学分形属性的必然表现。带着这个问题,接下来,我们不妨仔细考察一个庞大的单细胞真核生物群体——原生生物。

每一个对原生生物有所了解的人都会为它们的形态结构,以及 DNA–RNA– 蛋白质秩序组建方式的多样性所惊叹。历史上,生物分类学家曾将原生生物归纳为一个门,两个亚门,六个纲。但是,随着研究的深入,现在已经普遍接受把它们提升为六个门,并把原生生物作为一个独立的界来看待了。原生生物不同类群之间在形态结构上存在有许多显著的差异,例如,四膜虫(*Tetrahymena thermophila*) 有大核与小核的分化(图 6-1);游仆虫(*Euplotes woodruffi*)有巨大 T 形大核和特有的 DNA 复制方式(复制带);许多过去被认

为是近缘的原生生物物种之间,其同源基因 DNA
序列的分歧甚至大于酵母与人之间的差异;更让
人惊叹的是,在原生生物中还存在有非通用遗传
密码子的现象(如四膜虫),等等。此外,应用基因
DNA 序列分析的方法,在建立原生生物类群进化
树的工作中遇到了极大的麻烦,许多迹象显示似
乎只有采纳多起源的观点才能较好地解释这一
生物群体所展现出的多样性现象。因此有人提
出,从进化的角度看,原生生物界的各类群有单
系的、并系的,还有少数是多系的。对于这种现
象,作者的分析是,今天看到的众多原生生物,除

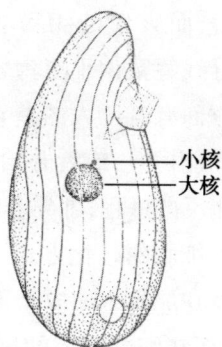

图 6-1　四膜虫(*Tetrahymena thermophila*)的大核与小核(引自沈韫芬,1999)

了包括有同一始祖细胞形成后在漫长历史演化中产生的物种分化外,有些演
化谱系的歧化很可能实际上是发端于细胞形成前 DNA-RNA- 蛋白质秩序对
原始生命系统归纳的过程之中,即有些原生生物的不同谱系多起源地发端于
不同的始祖细胞。

　　如果这一推测是成立的,即细胞的多起源也可能发生在真核生物内部,那
么对这种现象是否能从复杂系统的角度给出合理的解释呢? 讨论这个问题需
要从细胞的构成谈起。作为一个独立的生命系统,人们可以很容易察觉到,有
些结构和程序可以从一个细胞开始,通过演变派生出不同的细胞类型,而有些
结构和程序,它们之间的差异则很难通过细胞形成后的内部分化来实现,只能
从细胞的创建过程中寻找其根源,也就是说这些差异在细胞演化的层次上具
有不相容性。显然,上面讨论所谈的原核细胞与真核细胞的区分就是这一不
相容性的典型代表。那么,这种情况是否也存在于真核生物内部呢? 从对均
属于真核生物的原生生物多样性的分析中,作者确实感到这一可能性的存在,
并且这种不相容性可以体现在两方面,一属于 DNA-RNA- 蛋白质结构方面,
二属于生命代谢类型方面。我们先分析第一方面,显然,DNA-RNA- 蛋白质
结构体现的是对生命系统稳定结构的高度概括,它在细节上会发生许多的差
异,如果说染色体的长短、数量,调控因子的多少等变化,它们发生在细胞生成
以后的演化,这是可以理解的,但是遗传密码不同、生命信息功能上的大核小
核分辖设计(纤毛虫)、染色体的推进式复制(游仆虫),把这些现象的出现也都
限定在同一始祖细胞形成以后的演化框架之中,从动力学的角度将让人很难

理解,而从 DNA-RNA- 蛋白质结构的创建和它对于原始生命系统的归纳过程中寻找答案似乎更为合理。再说细胞的营养类型,自养和异养两者在生命程序方面有着巨大的差异,当然不能绝对排除建立的始祖细胞同时具有两方面的功能模式,或者开始是自养,之后失去了叶绿体转而成为异养型细胞,或者是相反的过程,即异养细胞获得叶绿体转而成为自养型的可能性,显然无论是哪种细胞的歧化方式,都将要经历一个异常艰巨的系统结构重建过程。但是假设在原始生命复杂系统多样性的环境中,同时差异存在有异养和自养的程序,而在细胞形成的过程中,通过 DNA-RNA- 蛋白质秩序的分别归纳,逐步完成两种不同营养类型的始祖细胞建设,这样的路径似乎更为易行与合理。

如此分析,给我们描绘出细胞形成可能显示出的是如下这样一幅全景图:在原始生命物质和程序积累的基础上,首先形成了以代谢和自组织为核心的原始生命复杂系统,逐渐在这个系统中孕育了 DNA-RNA- 蛋白质秩序的建立,进而在 DNA-RNA- 蛋白质结构稳定性优势的作用下,开始了对原始生命系统的改造和归纳,形成了 DNA-RNA- 蛋白质秩序与自建和代谢程式的协同发展,并在整体系统稳定性需求的生存选择作用下,最终实现了生命的周期结构建设,水到渠成,细胞由此而诞生。显然,这样一个演化的过程极其漫长和复杂,它应该具有两方面显著的特征:第一,虽然这一过程有着程序递进性,但绝不是完成一个再开始另一个,而是一个长时间相互改造、磨合的过程,并且伴随这一过程,在构成上也同时会出现一些微环境的划分和亚细胞结构的形成,以及不同生命模式的歧化。由于这一时期生命处在大动荡、大组装的阶段,出现演化路径的差异,以至包括 DNA 信息的组建和编排方式的不同是完全可能的,并由此造成了它们之间的巨大差异也就不足为怪。考察现存生物,可以设想,这些差异可能涉及遗传密码的设定、DNA 的环形或线形结构、基因组的构建模式、DNA 的复制方式、基因的表达调控路线、生命的自养或者异养类型、对氧气的嫌弃或者喜好,等等。在这样一个过程中,自然造成了原核生物与真核生物,以及真核生物内部,不同细胞构建路线的发生。第二,在这一过程中,一些亚细胞结构会先期出现,它们对应着不同的生命环节,并且相互之间可能建立多样的联络与组合,而细胞的构建可以看作是对这些结构的逐级"总装",也就提供了细胞形成路线的多样性选择。在历史中,该过程必定经过一个漫长的发育阶段,在无定形的原始生命复杂系统的大背景中,通过 DNA-RNA- 蛋白质结构对原始生命系统不同的归纳路线和不同生命程序模块及微结构的相互磨合与组装,一种准细胞的生命系统会逐渐从周围环境中独立出来,并凭借自身周期结构的完成,最终实现了生命细胞体系的建立。在这样一个八仙过海、生存竞争的过程之中,构成简单、环境条件优越的必定首先脱颖而出,到达成功的彼岸,而构成复杂、条件暂不具备,但又如前所谈,因获得了自身的生存权利而不能被其他细胞形成路线所同化的体系,自然要假以时日才能最终实现自己的细胞构建。由此,基本依其有序构成的繁简程度和环境的许可性,在一个漫长的历史阶段中,出现了不同类型细胞先后发生或者先后获得规模上发展的现象是很自然的。捷足先登者,难免有先天不足的缺陷,限制和影响了它今后的发展,立足长远者,虽然细工慢活,却孕育着它未来的辉煌。

对细胞起源的讨论,也使作者意识到一点,用单一的参照来判断生命的演化轨迹并非稳妥。例如,置其他方面的极大差异于不顾,只从线粒体的存在就推断这类生物起源于同一个始祖细胞,又置没有线粒体真核生物的存在于罔闻,或者将它先验地看作是真核生物在以后的演化中丢失线粒体,以此来维持真核细胞起源于原核细胞的观点,这样的分析方法似乎是不恰当的。按照作者的理解,真核生物对线粒体的归纳只是细胞创建的环节之一,由于早期真核生命系统的高度容纳性,在历史上,这一归纳被多次采用是完全可能的,叶绿体在真核自养生物中的存在也可能会经历同样的过程。再如,用 DNA 同源性分析来探查原生生物的演化谱系结构,既然单起源模式遇到了极大的障碍,为什么不能改用多起源思路呢? 这样,许多难点便可以迎刃而解。由此设想,起因于 DNA–RNA– 蛋白质秩序对原始生命系统归纳过程的歧化和细胞建立过程的多选择性,再加入细胞形成后的谱系演化,使今天原生生物的 DNA 同源性分析呈现出"亲缘关系"的单系、并系、多系现象是很自然的。总之,作者认为,不要只从形态结构的比较中解读生命的演化,也不要只囿于有限的基因序列分析来绘制生物的演化图谱,而应该同时关注生命复杂系统的大背景,从动力学的角度来探查生命的演化轨迹,这似乎是更为合理的分析路线。

细胞的建立不仅完成了在 DNA–RNA– 蛋白质秩序规范下的生命代谢和自建系统的建设,而且通过细胞分裂的周期动力学过程,圆满地解决了因生命不断延展和扩张属性给生命生存带来威胁的难题,也就是说,**经过漫长的生存选择,通过利用各种基本的自然法则和遵循复杂系统的动力学规律,多种不同的生命程序陆续找到了自己最佳的生存模式。尽管它们在组织结构、调控模式、代谢路径、外观形态等方面可能相互差异,但是它们又都有着共同的基本**

特征,大致体现在以下几个方面:生命的代谢和自建属性被很好地传承;生命系统从形态和结构上与环境的区分和界定变得清晰和明朗;由 DNA-RNA-蛋白质框架建立起来的生命程序获得了可遗传的属性;生命的扩张和延伸能力通过细胞的分裂获得了它的发展空间。从此,依托于这种细胞的结构,生命以独立生物体的面貌,在环境的支持下,走上了一条辉煌发展的道路。

　　细胞分裂与细胞融合机制的相伴建立　　前面的讨论中,对于细胞的最终形成,作者强调了生命周期结构需求的原动作用,也就是说细胞分裂机制的建立是细胞确立的集大成者。但是,从复杂系统动力学的角度看,还有一个重要的生命现象不应该被忽视,就是不同细胞间的相互融合,它与细胞分裂应该是两个相伴而建立的生命程序结构,并同样给生命未来的发展带来深远的影响。为什么这样说呢?

　　对于细胞间的融合现象,容易想到或者说最可能被接受的看法是,其机制应与生命的性别建立相伴而形成,也就是说细胞间的融合是发生在细胞形成后性别现象出现过程中的事件,这也是作者原初的猜想。但是,经过反复思考,作者更趋向于这样的分析,即在细胞最终确立前的生命动力学周期结构建设过程中,生命体分裂与融合的核心机制应协同建立,都是细胞形成过程中发生的事件,而现代生物学意义的性别过程,则是在细胞形成以后,利用已建立的细胞分裂与融合机制而建造的又一个新的生命程序(关于性别的发生将在后面讨论)。

　　这一推断的道理何在呢? 可以设想,生命周期结构的建立绝不会是一蹴而就,它必然经历一个分分合合的漫长过程。无论起因于系统自身或者环境(如冲击)的作用,分裂可能带来的是系统新的发展空间,也可能因信息的丢失带来系统的凋萎,而融合的核心在于生命信息的加合,它可能带来对生命过程的阻碍,也可能因新信息的加入带来系统发展的机遇。在这一过程中,有两种推动生命体间相互融合的原因:第一,融合机制的建立偶联于分裂机制的建立,即由于分裂机制的不完善,造成分裂后生命过程的障碍,而它们之间的再融合可能带来系统生命力的恢复以致提高,从而形成了生命体间融合机制建立的选择压力。第二,生命体融合机制的建立与环境的影响密切关联,即在生命演化早期阶段,完善的生命程序链条还没有形成,生命系统对环境适应和利用能力方面尚很薄弱,生命体间的融合可能带来对环境应变能力的提高,从而也获得了一种融合程序建立的自然选择压力。显然,在漫长的 DNA–RNA– 蛋白质秩序对原始生命系统归纳和细胞分裂周期结构形成的过程中,推动生命系统间相互融合的驱动力也会相伴而长期存在。

我们不能囿于对今天生物结构的了解,认为 DNA 被深深地包含在细胞中心的细胞核内(原核生物也并非如此),造成了生命体融合的障碍。其实在细胞体系确立前,生命是以无定型的形式存在,DNA 间的接触应该并不是一件十分困难的事,而这一特征很可能带来多种生命程序相互融合的易发性。显然,这对初期生命动力学系统的发展是极为有利的,在这种情况下,生命发展出一种有利于系统间 DNA 成分相互整合的机制是完全可能的。但是,又应该看到,随着 DNA–RNA– 蛋白质秩序的不断完善和系统一体化程度的强化,任意性的 DNA 分子间整装会使生命系统陷入一种两难的处境,即这一过程可能因信息的丰富带来整体系统生存能力的提高,又可能引发系统的混乱,给生命带来致命的破坏作用。一方面,DNA–RNA– 蛋白质秩序求"生存",求"完善","欢迎"DNA 体系间的整合。另一方面,DNA 体系间的归并带来的不是简单的 DNA 信息的扩展,而是"拖儿带女"的一个大家庭成员和一个差异动力学程序系统的加入。显然,这种两难困境本身就意味着对 DNA–RNA– 蛋白质秩序构建发展路径的一种选择。所以作者猜想,在生命从无定型的状态中脱胎出来时,无论是来自于自身的原因,还是环境的影响,或者两者均有,生命系统分裂与特异性融合的最初机制很可能相伴建立。因此,作者认为伴随生命系统周期结构的建立,细胞分裂程序与同类细胞间接合程序相伴建立,应该是一种合乎逻辑的猜想,而性别分化和结合则是对这一先建程序的利用。

病毒 病毒在生命系统中的地位是生物学家们长期讨论的问题。从生活史看,病毒的生存有赖于它进入某特定的生命系统,包括其核酸片段在宿主基因组中的插入、反转录(RNA 病毒)、基因的活化和表达、子代核酸片段的制备、病毒的包装等一系列程序的执行。根据前面的分析,作者认为病毒的诞生,有两种可能性:①病毒的出现是 DNA–RNA– 蛋白质秩序对原始生命系统归纳过程中的"副产品",它代表了 DNA–RNA– 蛋白质秩序对原始生命系统归纳过程的一种遗留,即在细胞创生的生命系统分分合合的动荡过程中,演化出的一种 DNA 片段在不同生命体系中穿梭的机制,其中自然也包括系统内部形成 DNA 移动元素的现象;②病毒是在生命完成细胞建设以后,来自偶然的机会,病毒的前体成分从细胞中"逃逸"出来，从此，经过演化选择，病毒以其特殊的方式存在于生命体系之中。作者认为，尽管不能排除病毒出现的第二种可能性，但是从系统和动力学的角度看，第一种可能性更为合理，也由此对病毒在生命中的地位和它对生命演化的贡献产生一种新的认识。可以设想，如果病毒的形成发端于 DNA–RNA– 蛋白质秩序对原始生命系统归纳的阶段，它必然对生命的早期发展曾做出过重要的贡献。

人们长期议论的一个话题，病毒是生命吗？或者说病毒是不是生命存在的最小形式？基于以上的讨论，作者的认识是，作为一个完善的复杂系统，对于周围的环境，它必须具备自己生存和动力学程序上的独立性。在生命演化进入细胞形成以后，原始无定形的生命形态已经成为历史，地球上生命的存在被可以遗传更替的细胞形式所取代，即从系统生存独立性的角度看，不仅出现了生命单位的现象，而且只有在结构和功能上完整的细胞才可以看作是生命的最小单位。显然，必须依赖进入细胞才能完成其生命过程的病毒，只能看作是生命中一种可以暂时脱离系统并再回归的组成环节，而不应看作是生命存在的最小单位。其实严格地说，生命演化未来出现的许多现象，例如人类的红细胞，虽然它有着细胞的形态，但并不具备上述独立的生命系统的条件，也就不能称其为生命的单位。

以上，从生命复杂系统秩序周期结构建立的必然归宿、细胞发生的多起源、伴随细胞形成而建立的细胞分裂和融合两种反向的生命动力学程序，以及病毒的生物学地位几个方面，讨论了细胞在早期生命系统演化中的起源和确立。本书分析与侧重的是，在生命诞生的过程中，依次所需实现的程序建设，并以此探讨生命建立可能经过的发展历程。不难看出，这里所做的更多的是一种逻辑推理，如果它基本合理，也极为概括和理想化，它的真实路径应远比这里描述的要复杂得多。在作者对这一问题思考和分析的过程中，起初力图采取一种最简单的解读模式，但是随着思考的深入，不得不把一些传统的被认为是细胞诞生以后的演化事件提前为细胞诞生必须经历的过程来看待，并也因此对一些生命现象获得了新的认识。由此，作者越来越感到，细胞的确立在生命诞生历史中是一件异常艰难的事情，需要经历漫长的时间来完成，并且同时产生一种想法，对于细胞的概念，生命科学应该尝试给出一种更加准确的描述，**单纯从形态结构和功能上给出细胞的定义，这对认识生命的细胞现象是很不够的，尤其以此考察细胞的起源、判断原始细胞类型的衍生关系，以及探索**

细胞形成后出现的一些生命现象(如性别),这种定义将可能会带来误导。

细胞的诞生代表着地球生命的最终确立,也表明生命复杂系统的发展将进入到一个全新的历史阶段。如果将从原始生命物质积累到细胞的出现称为生命的前细胞时代,代表的是生命的起源,以后则可称为生命的后细胞时代,展现的将是生命系统确立后的辉煌发展。

细胞建立给生命带来了新的系统秩序

根据古生物学的研究,35亿年前原核细胞出现,19亿年前真核细胞出现,12亿~10亿年前多细胞藻类出现,6亿~5.5亿年前多细胞动物出现,表明单细胞生物统领天下长达23亿~25亿年。细胞不仅标志着生命体系在自然界中的最终确立,更为重要的是,它也在结构上给生命系统带来了重大的提升。对此分析,最突出表现在三个方面,即性别、世代交替和物种现象的出现。

性别程序的出现 根据已有的生物学研究,性别现象的生物学价值可以归纳为两个基本方面:一是通过性细胞的分化、配子的识别与结合、遗传信息的融合与重组,实现在新遗传背景下个体生命过程的再展现;二是通过性别过程在一个生物群体中的限定,构成了物种区分和生物演化单位。那么生命的性别程序是如何起源和建立的呢? 这是生命科学中一个古老而又长久以来悬而未解的课题。从系统的角度,对此问题是否可能提供给我们一种新的思路呢?

对于性别现象,作者认为,首先,性别现象普遍存在于单细胞真核生物之中,表明有性程序的酝酿和建立应该追溯到生命相当早期的阶段,也就是说性别现象两个核心程序——减数分裂和性别分化的实现,它的驱动应该从细胞层面来寻找。有如上面讨论所谈,在细胞形成的过程中,由于系统稳定周期结构建设的需求,可能带动两种相反的生命过程出现——分裂与融合。对于真核生物来说,作者猜想,在有丝分裂机制建立的过程中,可能会出现多种不同染色体倍性——单倍体、双倍体、多倍体并存的现象,这在细胞周期结构建立过程中是难以避免的,而与性别还没有关系。但是不难看出,当它和细胞的生命力及环境因素联系在一起的时候,就可能转化成为一种有利于生存选择和新程序创建的平台。例如,在良好的生存条件下,单倍染色体细胞有更快的增殖能力,而在恶劣的环境下,双倍染色体细胞有更强的应变和适应能力。再例如,面对 DNA 序列突变的压力和可能发生的染色体缺失,细胞融合使细胞得以复壮,以至获得更强的生命力,但多倍染色体的细胞又极易产生细胞分裂的障碍,等等。凭借这样一个平台,在选择作用下,一方面是,通过自组织作用出现了两次分裂程序级联,推动了减数分裂机制的建立,另一方面是,针对相互融合识别的细胞分化和择一选择,奠定了细胞性别区分和异性结合的基础,而两者的综合便构成了一个完整的生命有性程序。从此,有性过程逐渐以它的功能姿态登上了生命历史舞台。直到今天,原生生物中仍明显地存在着有性过程与环境条件密切相关的现象,例如饥饿可诱导原生生物的有性结合,而在良好的环境中,细胞则通过有丝分裂持续进行营养性增殖。因此,作者认为,**细胞形成时分裂与融合程序的先决存在是有性过程建立的基础,而细胞形成后,性别程序建立的动因来自于生命对环境的适应和生存选择,本质而言性别是一种因对生存有利而培植出的细胞学现象。**

按照这样一种分析,我们将可能更好地理解,为什么生物界除了雌雄性别外,还存在有多种性别的现象(如四膜虫有七种不同的性别),它应该起源于细胞性别分化和相互结合过程中的不同识别设计,并由此推论,考察未来生物发展建立起来的多种性别决定模式,究其始作俑者,似乎也应该追溯至此,当然,要解开这一演化之谜,还有漫长的路要走。显然,由于基因组倍性的限制,原核生物界中缺乏性别现象。总之,作者认为,性别现象的出现奠基于真核生命系统周期结构的建立,形成于细胞适应环境的生存选择作用。

性别的建立是生命系统结构上的一个重大进步,将给生命带来深远的影响。考察性别的发生不难发现,就整体程序而言,性别现象是从无到有,但是就已有性别机制中的不同性细胞发生而言,则是一种非此即彼的生命现象。作者认为,明确这一点十分重要,到多细胞生物出现以后,生命的性别表达模式变得极其复杂,并发展出副性特征、性别转化等一系列复杂的生命程序,究其根源均发端于此,这将是后话。

物种的形成 有性程序的建立直接推动了生命系统的另一项重要秩序的建立,就是物种的形成。

显然,在有性秩序的建立过程中,即便可能发生,差异生命系统间的融合也会带来一系列生命活动的障碍,并且这种障碍会伴随着有性程序的逐步完善变得越来越不可逾越,也就自然形成了所谓的生殖隔离现象。生殖隔离是物种形成的重要条件。今天,对生殖隔离机制已经有相当的了解。在单细胞生物中,表面看,这种隔离主要产生于配子之间的特异识别。在多细胞生物中,除了配子识别以外,还受到生殖生理过程的诸多限制,如不同物种间的配子因各种生理限制而不能相遇。但是,深入研究发现,问题并不是这样简单。极少数物种之间虽然可以进行交配并能完成后代的发育,但是,它们的后代往往出现生殖功能障碍(如驴和马,狮和虎)。利用现代生物学技术,将雄核移植到异种的卵细胞中,普遍出现发育失败,这些可能是由于染色体数目的不匹配、基因表达调控的冲突、发育程序的紊乱,等等。深入的研究还发现,在单细胞原生生物四膜虫极为接近的六个被称为姊妹种之间(*T. thermophila*,*T. malaccensis*,*T. australis*,*T. borealis*,*T. tropicalis*,*T. pyriformis*),存在着 rRNA 基因人为转导的障碍,而在同种内不同个体间,这一操作是很容易进行的,类似的现象在果蝇中也有报道。rRNA 基因是生物高度保守的看家基因之一,现在知道,它们的人工种间转导的障碍起码和 rRNA 基因转录起始序列有关。这些现象提示我们,不同物种间生物信息的相互匹配存在着广泛的屏障,而传统概念所指的生殖隔离只是其环节之一。这就是说,物种之间的区分不是简单地只通过一道精卵特异结合的"防火墙"形成的,它们之间的区分可能远比人们想象的要复杂得多,包含着广泛的历史印记和有着它们深远的历史渊源。

物种的出现对于生命有着极其重要的意义。从复杂系统的角度分析,**如果说细胞代表了生命存在的基本单位,那么由于有性程序的建立,通过生殖隔离形成了种群区分,又给生命带来了一种高阶于细胞的动力学单位——物种。**对于生命整体系统而言,我们可以将物种看作是建立了一种相对独立的子系统。实际也确实是如此,大量的事实和研究成果告诉我们,以物种概括的这个子系统,体现了它自己特有的动力学规律。就像每一个细胞都有它们自身的生命程序、不同细胞展现出差异分化一样,不同物种之间也同样表现出了它们的多样化发展趋向。物种的出现赋予生命演化以新的操作平台。

需要说明一点,由于原核生物(包括古菌和细菌)缺乏性别现象,作者理解,它虽然也采用了物种的概念,但更像是对不同形态结构的无性分裂菌株群体的划分,并被微生物学家划定为 26 个门和 5 000 个不同的种。

世代交替现象的出现 性别的出现还给生命带来了另外一种秩序,就是在系统运行的动力学过程中出现了单倍体细胞和双倍体细胞更迭的现象。当然,如果这一更迭仅仅和有性过程捆绑在一起,就如今天看到的许多原生生物那样,它只出现在有性程序之中,而在更多情况下,细胞执行的还是染色体倍性不变的营养性增殖,在它们的生活史中并没有真正形成单倍体与双倍体周期替换的体制。但是也是在单细胞生物中,如果出现了直接营养增殖的障碍,例如一些原生生物建立了发育程序(见后面细胞的演化一节),将产生这样一种生物学现象,即单倍染色体与双倍染色体规律性地通过配子或孢子介导的方式,在传代过程中交替出现,由此构成一种新的生命周期结构,生物学称之为世代交替。

　　世代交替秩序的建立对于生命来说是重要的,虽然它的意义对于单细胞生物来说还没有充分显现出来,但是它为未来多细胞生物的出现和辉煌发展埋下了一个惊人的伏笔。为什么这样说呢? **世代交替现象的出现给生命结构带来两个新的变化。第一,由于动力学归零过程对于生物的生存是必需的,具有发育特征的世代将不可避免地在许多物种中出现了被摒弃的威胁,世代交替成为实现生命持续存在的最好手段,生物个体死亡现象由此出现,生物繁殖的概念也随之产生。第二,因为世代交替的存在,原来生物的"单相"周期过程变成了"双相"周期过程,也就为生命的进一步发展创造了一种新的平台,特别是当多细胞生物出现以后,世代交替被采纳用以建设比细胞周期更高一级的生命动力学周期结构,并因此推动了生命发育程序的充分展现,为更加丰富多彩的生命有序构建奠定了基础。**对于生命系统发展产生的"相空间"现象,作者将在后面多细胞生物演化的章节中,给出更详细的说明和讨论。

第七章　单细胞生物的演化

细胞的形成标志着生命复杂系统在自然界的最终确立,但是这并不意味着生命演化的终结,而是开始了在新基础上的更加辉煌的演化征程,它是生命诞生和创建的继承和提升,这一演化将创造出生命更加丰富多彩的展现。今天,人们谈到生物多样性时,往往想到的是多细胞生物,并将这一现象看作是多细胞生物细胞分化和个体发育的结果。其实,生物在结构和功能上的多样性以至于发育的复杂展示,在单细胞生物中就呈现出来了,而且由于单细胞生物一个细胞就是一个独立的生命体,它的表达图案往往会更为精细,相关的有序创建也就更为艰辛。现今千姿百态的单细胞生物世界,特别是单细胞真核生物——原生生物,在这方面为我们提供了大量的研究素材。探索细胞形成后其演化的系统依据和规律也就成为继续认识生命现象的重要内容。

单细胞生物的演化图景

在细胞形成后的漫长时间里,各类细胞发生了巨大的分化,不仅深刻地影响和改造着地球的环境和气候,还为多细胞生物的出现准备着条件。如果说在细胞前和细胞形成的时代,生命发展的核心是获得系统的稳定性和生存的合理性,那么细胞体系建立以后,对环境适应能力的提高和相互间的生态协调成为生命发展的主要方向。

单细胞生物包括有原核生物中的古菌、细菌和真核生物中庞大的原生生物类群。其中,原核生物形态和结构上的多样性表现相对简单,人们大致按照它们的细胞外观和细胞表面抗原区分为杆状、球状、螺旋状三类和革兰氏阴性、革兰氏阳性两类,它们的繁衍通过裂殖方式完成,而在环境不利的情况下,可以形成芽孢。真核单细胞生物的生物多样性表现得十分突出,从演化历史全貌巡视,概括地说,在对环境适应的多样化过程中,作者认为存在有4种不同的策略,或者说演化方向。①对环境依赖的营养模式,如异养与自养(如单细胞藻类),独立生活与寄生生活。显然,当今看到的许多原生生物的生态格局,是在其演化中以至于在多细胞生物出现以后才形成的(如疟原虫)。②细胞内部出现精细结构和功能的专一分化。一些纤毛虫(如草履虫)几乎可以说在一个细胞里同时存在有消化系统、排泄系统、运动系统、防卫系统(图7-1)。这些结构,在细胞分裂过程中便同时或者很快完成它的建设和分配,并维持这一形态结构,直到下一次细胞分裂。③细胞可随着环境的变化出现不同形态结构和功能状态的变换。这种现象在寄生性的原生生物中十分普遍(如孢子虫纲的许多物种),它们往往建立有复杂的生活史(图7-2)。④表现出一种发育的特征,在它们的生活周期中,不仅出现编程性的形态结构发育现象,而且到发育的后期阶段,产生孢子或者配子,主体部分最终走向死亡。在地中海里生活着的一种单细胞藻类——伞藻(*A. acetabulum*),便是这类单细胞生物(图7-3)。当然,这4种不同的演化策略并不是相互排斥的,在不同物种中会存在有相互组合和协同采纳的现象,从而更加丰富了生物的多样性呈现。从中我

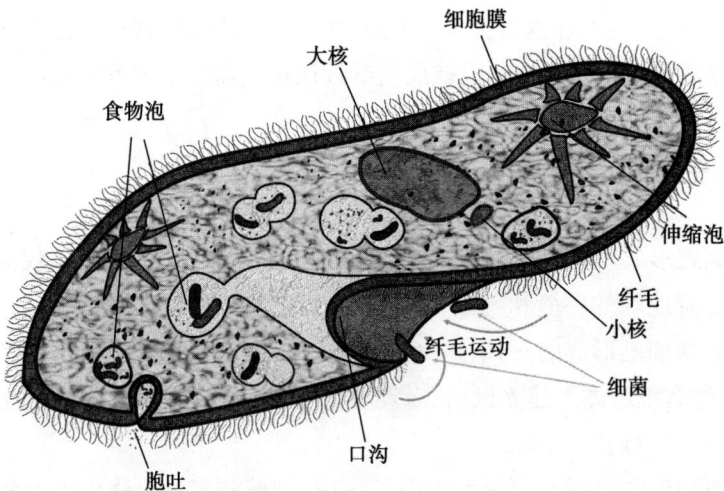

图7-1　草履虫结构示意图

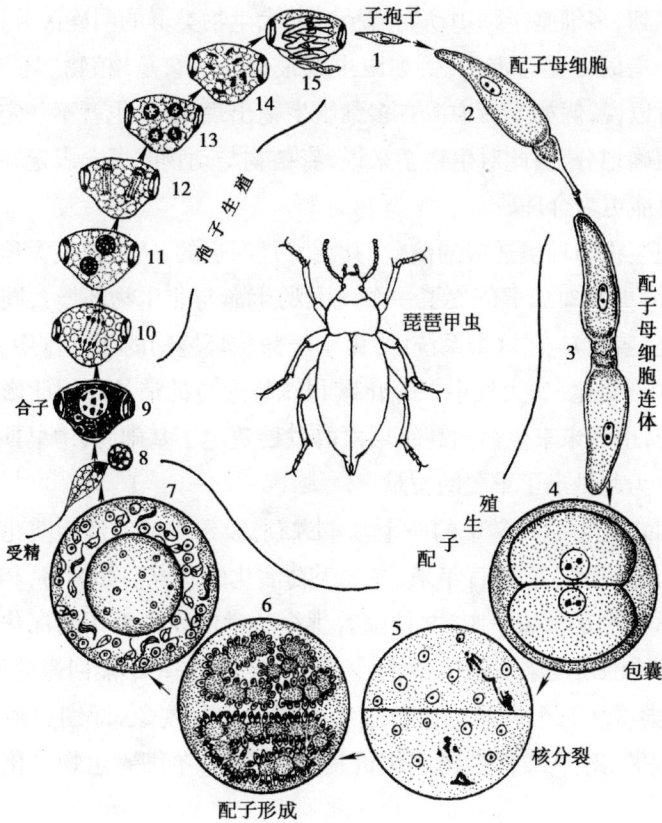

图 7-2　原生生物有头簇虫

寄生于琵琶甲虫消化道中的原生生物孢子纲有头簇虫 *Stylocephalus longicollis*，在它的生活史中呈现出复杂的形态结构变化。(引自沈韫芬，1999)

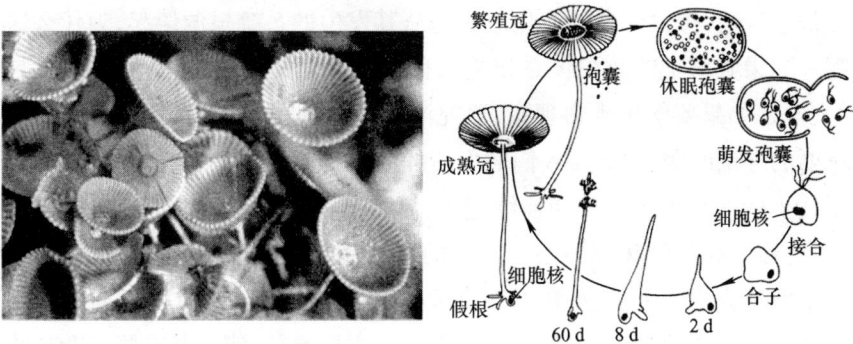

图 7-3　伞藻

左图是生长在地中海里的单细胞藻类伞藻(*A. acetabulum*)，右图显示了伞藻的生活周期。(引自Goodwin，1994)

们还可以感到,多细胞生物中动物与植物两大生物类群的明确区分,在单细胞原生生物中有时却是含混的,例如眼虫就很难界定它是"植物"还是"动物",以致我们可以说,假如生命中没有多细胞生物出现,恐怕也就不一定产生动物与植物的明确划分,因此对生物学来说,将植物与动物的概念限定在多细胞生物的范畴可能更为合理。

单细胞生物与环境适应的演化,其意义是深远的,它不仅极大地丰富了生命的多样性,更在地球上创立了一个庞大的生命与非生物环境共同组成的自然生态系统(盖亚)。在这个系统中,由于生命与环境间的相互作用,推动了自然环境的深刻变化,如大气中二氧化碳与氧气含量的消长和因此影响到地球气候的改变,也为未来生命向高级层次的发展奠定了基础,其中早期的原核生物(蓝细菌)为此做出了重要的贡献。

生物演化是生命科学中的一个基本课题,以致一些人认为演化论是生命科学最高的统一理论。数百年来,围绕生物演化的研究浩如烟海,相关的不同关注或者学说更是百家争鸣,并伴随着生命科学的发展而不断深化。本书力图从复杂系统的角度来认识生命,生物演化自然是一个不能回避的重要议题,对此,作者尝试从三个方面讨论单细胞生物的演化现象,即细胞演化现象发生的系统根源、对单细胞生物演化机制的探讨、对单细胞生物演化呈现的系统分析。

细胞演化现象发生的系统根源

作者认为,探讨生命的演化应该先从其发生的系统根源谈起,为什么这样说呢? 如果我们把演化仅仅看作是一种客观存在的事实,这一提问似乎是多余的,但是如果要解析生命现象,追究演化发生的根源,这就是一个不能回避的重要的理论问题。当今,人们对生命的演化现象已经熟知,似乎只要将生命不断发生的演变揭示出来和连续起来,就构成了对演化的认识。但是仔细推敲,对生命演化的认识仅停留在这样的水平是不够的。**我们知道世界万物都处在不断地变化之中,但是并不表明这些变化都是演化,变化与演化是有重要区别的。从系统的观点,演化应该具有以下主要特征:演化是某些复杂系统存在的动力学表现形式;这个系统具有稳定的基本框架结构,但它的构成和程序展现会因系统自身的矛盾性和环境的影响呈现出方向性的变迁;演化所体现**

的是系统诞生、发展、消亡或者转换的过程。世间存在有形形色色的复杂系统，我们可以说天体有演化，人类社会有演化，但是不能说世间任何结构和程序的改变都是演化现象，例如，一次自然灾难的出现，一次交通事故的发生。这就是说，演化现象必然有它的系统根据和判定原则，生命的演化也不能例外。

那么如何来认识细胞形成后，生命演化发生的系统依据呢？根据前面的讨论，人们自然会引发出这样一种思考，细胞周期结构的建立标志着生命系统进入到一种高度稳定的动力学状态之中，从此生命以个体的形式在环境许可的前提下实现着自身的遗传和繁衍，那么生命又是如何在这一过程中获得演化推动的呢？

生命周期结构赋予了细胞演化发生的基本依托　从复杂系统的角度看，作者认为，是细胞周期结构的建立最终确立了生命存在的合理性，也是细胞周期结构赋予了细胞演化发生的推动，成为生命演化的系统依托。为何这样说呢？为了阐明这一点，我们需要暂时离开对生命现象的分析，简单介绍一个重要的系统理论的动力学概念——迭代（iterative）。

在系统论研究中应用过这样一个模型，它来自于一个十分简单的数学公式 $X_{n+1}=kX_n^2-1$，并对这一公式的运算作了这样的规定：任意取自变量值，进行重复运算，即将 X_1 代入公式，将得到的函数值作为 X_2 再次代入公式，依此类推，得到数列 X_1, X_2, X_3, X_4……我们可以将其看作是这个动力学系统的运动轨迹，或者说由此运算展现出的是一个有着稳定结构的动力学过程，即由此创造了一个动力学系统的数学模型，而这一周期性重复的动力学过程被称为迭代。研究发现，当这个函数的参数 $k=0$ 时，持续迭代得到的是 -1 的连续排列；当 $0 < k < 1.5$ 时，得到一个周期变化的数列；当 $k > 1.5$ 时，数列出现了混乱的现象。这说明，对一个设定的程序，它的迭代可以造就恒定，可以造就周期，也可以造就混乱。经过简单的编程，作者在计算机上绘制了此函数在 k 分别为 1.3, 1.74, 1.75 和 2，自变量 X_1 为 0.8 时，得到各自的迭代图谱，图中横坐标为迭代次数（共 250 次），纵坐标为各次迭代后的函数值，并以折线的形式将它们联系起来（图 7-4）。我们可以看到：在 $k=1.3$ 时，迭代得到的是一个规则的周期变化数列；在 $k=1.74$ 或者 $k=2$ 时，数列值表现了明显没有规律的混沌特征；而当 $k=1.75$ 时，数列开始表现为混沌，但是多次迭代后又进入到周期变化的状态。也就是说，同一种结构的动力学系统，在不同的条件下（包括参数与初值的选择），它的迭

k=1.3

k=1.74

k=1.75

k=2

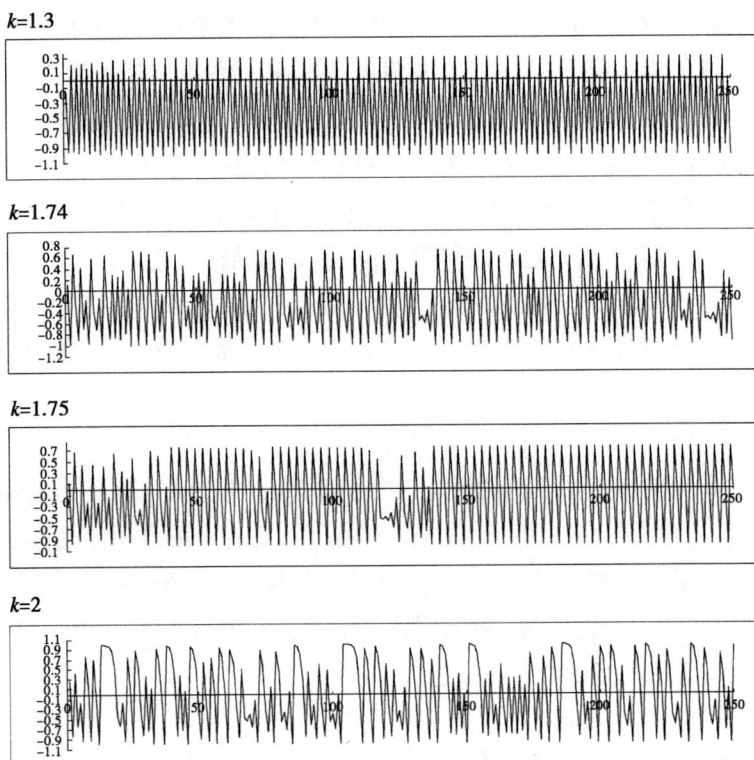

图 7-4　迭代的数学动力学模型

函数 $X_{n+1}=kX_n^2-1$，$X_1=0.8$，k 分别等于 1.3、1.74、1.75 和 2 时的迭代图。图中横坐标为迭代次数（共 250 次），纵坐标为各次迭代后的函数值。我们可以看到，在 $k=1.3$ 时，连续迭代得到的是一个规则的周期变化的数列；$k=1.74$ 或者 $k=2$ 时，数列值表现了明显的混沌的特征；而当 $k=1.75$ 时，数列开始表现为混沌，但是多次迭代后，又进入了规则的周期状态。

代运动，可以产生周期，可以产生紊乱，也可以从紊乱转为周期。

　　这个数学模型对我们认识生命现象有什么样的启示呢？如果我们将细胞的生命过程和上述数学动力学模型进行比较，可以很容易地发现，细胞生命程序展示的动力学过程就是一个典型的复杂系统的迭代过程。细胞通过分裂开始了它新的周期程序，又通过再次分裂进入另一个生命周期，即生命也是在同样的系统结构基础上，按照类同的"运算法则"以此往复不断地进行下去，两者差别的只是，数学公式运算的结果是一个函数值，而细胞"运算"的结果是子代细胞生命程序启动时的全部初始状态。耐人寻味的是，在数学公式中，决定迭代后序列走向前景的是公式中的 k 值，它取值的不同可以造成三种不同迭代前景，分别是：周期结构的持续展示，混沌发生并导致永远失去了它的周期结构，经历一个混沌阶段以后又来到一种新的周期结构状态之中。这不禁使人联想到细胞演化中可能也存在的三种情况，某些细胞在演化中长期表现出保守不变的状态，某些细胞可能因生命程序的破坏而丧失了生存的权利，某些细胞可能经历了一种秩序上的动荡以改变的结构开始了新的生命周期运行，而在数学模型中影响迭代前景的参数 k，可以理解为存在于细胞中可对生命程序产生影响的各种因素（例如 DNA 序列的改变、蛋白分子修饰的发生、多因子复合体的形成）。显然，这只是一种被极大简单化的比喻，因为在数学公式的迭代过程中，它的函数关系不会改变，而生命过程中的程序结构是可能改变的，因此在细胞分裂的迭代运动中，不仅出现紊乱的概率要比数学公式大得多，并且也不会像数学公式展现的那样，造成混沌发生的 k 值只限定在唯一环节上，生命中引发系统混沌发生的参数"k"必然是一个极其庞大和复杂的因素集合，生命过程对环境的强烈依赖和容纳能力，更大大增加了问题的复杂性。从这一分析中，我们得到一个明确的概念，细胞演化现象的发生植根于它的周期迭代运动之中。可以设想在这个过程中，无论是起因于自身的变异还是环境的诱导，有如上述公式参数 k 值的不同选取，造成生命秩序的变化是不可避免的，而无论是采取遗传或者非遗传的途径，都有可能通过细胞周期分裂以某种方式将这种秩序的混乱传递到下一代，产生出某种积累效应，并在维持细胞周期结构的前提下，经自组织途径，产生细胞有序结构的漂移或者跃迁，即呈现出细胞的演化现象。

将迭代概念引入对生命演化现象的考察是重要的，这一理念的采用不仅有助于我们对细胞演化现象的理解，还会发现，这一基本原理将深远地贯穿在生命未来的发展进程之中。按照系统论的观点，复杂系统的秩序演化植根于系统自身具有的混沌属性，而对于即便是建立了严格稳定秩序的复杂生命系统，通过持续的迭代运动，同样可以产生出丰富的混沌，并在混沌吸引子结构的引导下，即紊乱背后隐藏着的自组织规范和趋向性，引发系统产生具有演化特征的结构和秩序变迁。因此，从细胞周期建立开始的生命动力学迭代结构，也就自然成为生命演化发生的最基本的系统依托。

物种建立为细胞演化提供了一个重要的平台　如前所述，性别和物种的出现标志着一种新的生命动力学单位的建立。显然，由此形成的在细胞周期基础上的基因组信息融合与重组，不仅在系统结构上为生命演化的实施创造了一个重要的平台,也带来了一系列新的演化课题,例如物种起源、爆发、绝灭,以及物种"寿命"等等。对于物种演化的研究,今天的生命科学把绝大部分的注意力投入于多细胞生物,其实物种现象在单细胞生物中已经存在,从认识生命现象的角度看,单细胞生物,特别是单细胞真核生物,不仅因为它绚丽多彩的物种展现,而且由于多细胞生物的出现和发展奠基于此、发端于此,实在应该给予它们充分的重视。

物种平台建立对演化最大的贡献在于:①它使原来限定于个体传代中直接或者间接的遗传信息变异实现了种内不同细胞间的自由流通;②由于有性结合过程中的基因组重组现象,加之 DNA 移动元素(转座子)作用的存在,生命获得了更强的演化能动性;③差异遗传背景的相互融合大大提高了对突变耐受和利用的选择机遇。显然,物种平台对演化的强力推动作用在单细胞生物中便充分展现出来了,原生生物物种的丰富呈现必然与此有着密切的关系。可以设想,由于结构和遗传背景的不同,环境适应潜力的不同,不同物种会出现演化命运的差异,即一些物种长期极为稳定和保守,一些物种表现出活跃的演化势态,包括出现了物种的歧化,也有一些物种由于其变异灵活性差或环境的变迁而被淘汰。

对于物种的歧化,即由一个物种演变出若干不同的物种来,作者认为,大致有以下几种可能的路径。第一,由于物种的不断扩张,同一物种出现遗传信息交流的地域性隔离,伴随各自的发展,导致原本同一物种在不同区域的分道扬镳,最终形成具有生殖隔离的两个不同物种。类似的情况还有,由于自然环境的骤变(如火山喷发、地壳变迁、冰川融化、海水侵入引起的地域隔离),使某些生物进入某特定的封闭环境之中,形成一种来源于环境因素的物种内遗传信息交流隔离状态,经过长期的积累,最终建立了相互间的生殖隔离,从原物种中独立出来形成了一个新的物种。第二,在物种演化的历程中,当某新的生命程序出现,可能造成突变个体在生理或者形态结构上的改变。如果这种改变使得有性过程中,变异者与野生型结合后出现生存障碍,便极易造成物种的歧化。因为在单细胞生物中有一个极为便利的条件,就是许多单细胞生物往往可以通过无性繁殖的方式实现个体数量的扩张,由此将可以比较容易地获得同类变异个体间实施有性繁殖的条件,从而推动了新物种的建立。显然,比之前面一类物种形成的方式,这一方式具有显著的突发性的特征。在此应该注意到,系统有序结构的突变,往往会给生物带来一种短暂性的生理和结构上的混乱和不稳定,在实现结构稳定和环境适应的磨合过程中,还可能出现多路径选择现象。这表明,这一过程还可能带来多物种歧化平行发生的现象。第三,我们也不能完全否定这样一种物种歧化发生的可能性,即变异直接发生在有性过程或者配子识别的环节上,并由此产生生殖隔离,在此基础上,进而开始各自的遗传背景的差异积累,逐渐形成真正意义上的不同物种。

原生生物中有这样一个例子,纤毛虫存在有大核与小核的现象,在大核中几乎是一个基因就构成一条微型染色体,并且这些基因都有着众多的拷贝。在无性增殖的生命过程中,这些微型染色体独立复制和转录,实现对生命程序的调控。在有性生殖过程中,旧大核降解,新大核由小核减数分裂再结合后发育而来。值得玩味的是,自然界中常会发现和鉴别出一些只有大核而没有小核的纤毛虫品系,它们以无性繁殖的方式在自然界长期生存着,而从形态结构和基因结构分析,它们应来自于纤毛虫小核的丢失。这一现象启示我们,周期结构是细胞存在的基石,有性程序的建立是细胞周期结构的发展,有性过程可能带来对细胞演化的有力推动,也可能带来对生命存在的威胁,并因此而被生存选择所改造或摈弃,有性程序的丢失也因此而出现。其实这一现象在未来的多细胞生物中,特别是在植物中,仍然可以见到。

总之,作者认为,将系统论阐述的迭代概念引入对生命现象的思考是重要的,而在此基础上建立起来的物种操作平台更大大增强了迭代对生命演化贡献的威力。由此看来,迭代的认识框架绝不只是一种形式的套用,与传统的考察生命演化思路不同,它不仅使我们更明确了生命演化现象存在的系统根源,也使我们意识到,辨识和剖析上面提出的引发生命秩序混沌发生的所谓 k 因子集合以及它们的系统属性,将应成为探索细胞演化机制的核心内容。

对单细胞生物演化机制的探讨

上面,我们从结构的角度,探讨了细胞演化现象存在的系统依据,即说明了为什么在生命建立了稳定周期结构以后,它的演化现象仍然继续存在,以及其演化的基本模式。在此基础上,接下来将转入对演化机制的思考。机制是科学研究中常用的一个概念,何为机制呢?似乎可以概括说是指某种自然现象发生和存在的原因,并且因研究对象或者研究者观察角度的不同,对机制的解读又可能有不同的探索路线和侧重。那么,我们在此讨论细胞的演化机制,应如何来把握这一生命现象发生的原因呢? **从复杂系统的角度理解,作者认为,凡是与演化有关的触发因素和驱动力,演化得以实现的操作手段和方式,对演化走向的结构规范和制约,演化中运用的理化规律和动力学法则,这些都应归属于演化机制研究的范畴之中。显然,这一演化机制概念与传统的突变和自然选择理念有着明显的区别,除了它广泛的内涵外,对它的探索也必然是一项极其复杂的系统工程。**

接下来作者将以此为基本思路,分析在生命的周期性动力学过程中可能引起秩序紊乱和细胞生命程序变迁的因素,以及寻找在这些变迁中体现出的生命自身的规范作用。应该说明的是,这一讨论基于的是众多单细胞生物类群有序构成的相互比较,强调了演化是来自于生命系统内部,以及与环境之间互作的一种立体的、多层次的动力学现象。

生命遗传信息的变异是实现细胞演化的基本手段 自中心法则发现以来,在达尔文创立的演化自然选择学说的基础上,对于生命的演化研究逐渐形成了这样一种模式,即通过位居生命信息核心地位的 DNA 分子序列和染色体的变异,造成了生命程序和结构的改变,进而在生命系统自身协调性和适应环境的生存选择作用下,完成了对这种变异的取舍,如此不断进行下去,推动了生命的持续演化。今天人们已经很清楚地认识到,承载生命遗传信息的 DNA 分子在序列和结构上存在有保守和变异的双重性,其变异性来自分子的自发突变、复制和有性过程中的重组和失误、环境因素的诱导等,而其保守性除了有 DNA 分子高度稳定性外,也包括有修复机制的存在,以及严重错误带来的生存淘汰作用。应该注意到,对 DNA–RNA– 蛋白质程式结构的深入研究发现,推动遗传信息变异和保守的各种呈现除了有上述明显的路径外,可能还有深层机制的介入,例如 DNA 分子片段的转移、删除,RNA 分子的反向转录、植入。显然,因为生命信息载体分子的变异对其下游的生命程序可产生直接的影响,并且可以通过遗传传递给子代,生命信息系统的变异也就自然成为生命演化发生的基石和最重要的操作手段。这一认识不仅准确地反映了生命系统 DNA–RNA– 蛋白质结构在生命复杂系统中的重要地位,也成为一种可行的操作路线为当今生命科学研究所广泛应用,对此已无须做更多的讨论。

生命信息系统的收敛与发散属性对演化的引领与规范 DNA序列

和基因组信息的变异在生命演化中起着重要的作用,这是当今人们研究演化机制所关注的焦点。但是,站在复杂系统的角度审视生命演化现象时,我们会发现对生物演化发生的机制仅仅停留在探查遗传信息变异的层面是不够的,在生命系统中影响和参与演化发生的因素是多重性的,并且这些因素有着复杂的层次结构,它们相互推进或者拮抗,而演化的呈现则是这种动力学过程的综合效果。

考察单细胞生物的多样性可以很容易发现,不同的细胞类群,它们的演化轨迹和路径有着明显的差异,有如原核细胞与真核细胞所呈现的那样,而在同属于真核生物的原生生物类群内部也有同样的体现。对此,人们自然会提出这样一个问题,都是 DNA–RNA– 蛋白质的生命动力学结构,都生活在基本相似的环境之中,都是通过遗传信息的变异实现系统结构的演化,为什么不同的细胞类群,它们的演化路径会如此不同呢?似乎对于演化,细胞中潜藏有某种规范和导向的作用,细胞类型不同,它们的演化前景也不同。作者尝试对这一现象给出一种解读。

人们知道原核生物与真核生物的系统结构有着许多重要的不同:两者的基因组构成、DNA 复制、mRNA 转录、蛋白质翻译方面都有着明显的区分。例如,原核生物是环形的染色体,而真核生物是线性染色体。在基因构成方面,原核生物的染色体表现出遗传信息高度浓缩的特征,它不仅没有内含子的结构,以至于还存在有不同基因编码序列重叠的现象,而真核生物的基因广泛存在有内含子,并且基因间区在 DNA 分子中占有很大的比例。原核细胞缺乏精细的区域划分和多样的细胞器结构,而在真核细胞呈现的是通过各种膜结构划分出许多的区室和微环境,并形成各种细胞器,其染色体及生命信息的最初表达则被限定在细胞核中,而蛋白质翻译工作则在细胞质中完成。原核细胞的环形染色体可以在前一轮复制没有完成以前,后一轮复制就开始了,并可在 DNA 复制进行的过程中便开始了 mRNA 的转录,以及在转录还没有完成时便启动了蛋白质的翻译,而这些现象在真核生物中是没有看到的,它们呈现的是严格和明确的阶段和区域划分。原核生物的基因表达调控明显地简单与专一,而真核生物的基因表达调控结构极其复杂,不仅有多种调控元素存在,并且这些因子还往往以复合体的形式出现。对 DNA 序列高度特异识别的限制性内切酶仅存在于原核生物中。近年研究还发现,非编码 RNA 在真核细胞生命程序的调节中极为活跃,而原核细胞中这一机制的复杂程度与真核生物有着明显的区别(例如原核生物缺乏顺式与反式区分的工作模式)。原核细胞与真核细胞的诸多不同,曾被人描述为原核生物生命过程的"原始性",以至于称其为"高效性"。对此,人们不禁要问,为什么原核生物的这种"简单"、"高效"现象只出现并始终维持在原核生物中呢? 为什么在漫长的生命演化过程中,原核生物没有演化出精细的区室划分和多样的细胞器结构呢? 除了细胞自身结构和生命程序以外,原核生物与真核生物之间还有一个重要的区别,这就是真核生物中普遍存在有的性别现象,并因此在生命系统中建立了物种的结构,而原核细胞在这方面存在有明显的制约。

　　上述现象会给我们什么启示吗? 从系统的角度思考生命现象,作者提出了一种推想,**即在对生命活动调控方面,生物信息组成的演化,存在有相互拮抗的收敛与发散两种不同的动力学趋向性,前者表现出向着信息及调控程序简约化的方向推进,后者表现出向着冗余信息发生及复杂调控模式的方向发展,并且这两种趋向在不同生命系统中的表现是不同的。究其根源,作者认为,生物信息的这种动力学特征,从 DNA–RNA– 蛋白质结构对生命代谢与自建属性归纳的早期就奠基了,如对染色体环形或线性结构的不同采纳,以及对生命活动调控模式的差异选择。可以想见,伴随生命系统的结构和程序的演化,基于初始条件的影响,以及通过不断的叠加效应,它将深刻地影响着生命未来的发展,可能给生命的演化带来了种种的便利,也带来了诸多的制约,从而形成了一种对演化方向的引导和规范效应。**当然,这里提出的生命信息结构可能存在的收敛与发散属性,它对演化的贡献不是直接体现于生命程序改变的操作层面,而更像是对变异的发生产生空间的压缩或者拓展效果,因此相比于单纯的碱基序列的遗传与变异,它应处于更高的机制层次。

　　其实,按照这一思路进行分析,我们会发现,这种现象不仅出现在原核生物与真核生物之间,在真核原生生物以及未来的多细胞生物的不同种群之间也同样存在。不同的物种类群之间,在基因组的构成方面,在生命活动的调控结构方面,例如非编码序列的丰度和分布,非编码基因对生命过程的参与程度,同样表现得很不一样,尤其是进入多细胞生物阶段后,这种差异的现象变得更为突出,例如,植物的染色体组普遍比之动物更为"分散",线虫存在有不同基因表达调控启动子共享现象等等,对此,作者会在后面的讨论中进一步谈及。总之,可以认为,生命系统信息结构的收敛性与发散性,造就了一种生命演化的高阶机制,并因此给生命的演化带来某种引导和规范性的影响。

如果我们不只局限于生命,而将视野投向更广泛的形形色色的复杂系统,不难发现,收敛与发散的现象普遍存在于自然界中。查阅这方面的资料,在复杂系统的研究中,汇、源、鞍、极限环等概念的提出,以及相关的数学模型的描绘,已经很强烈地暗示我们,它们与生命系统表现出的收敛与发散现象有很强的可比性,也就更加感到没有道理将这类现象排斥在生命之外,而是相反,它同样蕴含在生命过程的许多环节之中,并应该给予其充分的重视。当然,也毋庸讳言,由于知识和能力的局限,作者的这些议论,严格地说只能算是一种猜想或妄断,既然本书的撰写是一种大胆的尝试,也就不妨把它看作是一种科学上的探险和抛砖引玉吧。

如果这一分析确实是值得考虑的,即在生命的信息结构中真实存在有发散与收敛效应现象,应该如何来甄别它的存在,以及认识它的工作机制呢?无疑,这里提出了一个可能对认识生命演化有着重要意义的艰难课题,并且对这样一个问题的解读和探索恐怕只用一般的生物学试验或分析手段是不够的。可以想见,对其合理性与正确性的评判,离不开对广泛物种生物信息大尺度的综合分析,离不开适当动力学模型的设计,离不开对多层次生命热力学规律的深入探查。

DNA-RNA- 蛋白质程式与代谢程式之间的协调是对演化确认的重要依据 上面,我们讨论了生命信息结构发散与收敛属性对演化的引领和规范效应,但是从生命动力学过程的全局考虑,仅此还是不够的。为什么这样说呢?因为还有一个重要的方面,就是对 DNA-RNA- 蛋白质与代谢和自建两个基本生命程式之间协调性的分析,因为它是对生命演化确认所必经的重要环节。

作为一个有着高度协同特征的复杂系统,生命体系中两个最重要的程式,DNA-RNA- 蛋白质和代谢与自建之间,必然存在有复杂的相互协调与拮抗的现象,并因此给生命演化带来认可性的重要影响。我们先来看单细胞生物中存在的两种现象:第一,我们知道有这样一类原生生物,在它们的细胞中有两种细胞核,大核与小核,其全套遗传信息储存于小核中,并通过有丝分裂进行代间传递,而指导各种生命活动的信息则是直接来源于大核,它在营养繁殖过程中以无丝分裂的方式进入子代细胞,在这一过程中发生有大核信息的复制、分配(assortment),以及子代细胞中不同基因的数量控制。而在细胞的有性分裂过程中,则出现旧大核降解和来自小核的大核原基向新大核的分化与发育。现在知道,这个过程包括有染色体 DNA 断裂、许多非编码区 DNA 序列删除、

DNA链末端端粒构建,形成许多几乎是一个基因一条染色体的结构。对于这样一种奇异的生命程序设计,人们不禁要问,为什么这些有大核和小核的生物不能像其他真核生物一样,基因信息的遗传保留和其功能表达共享一套基因组,而要"舍近求远"、"多此一举"地发展出这样一种工作模式呢?或者会问,这种显然是费工费事的生命结构设计,为什么没有在漫长的演化中被淘汰或者替换掉呢?第二,在真核生物与原核生物的显著的区别中,众所周知,对于生命能量供应至关重要的ATP生成和光合作用,在原核细胞中,相关的基因整合在细胞核区环形基因组中,细胞中没有发展出专职于此功能的细胞器,而在真核生物中,不仅出现有专职的细胞器——线粒体和叶绿体,并且还存在有与此功能相关的独立复制的核外环形基因组及其表达系统。这一现象除了促使生物学家们普遍接受真核生物线粒体和叶绿体起源于原核细菌的观点外,作者认为其中还隐含着另外一个值得思考的问题,这就是,尽管真核生物线粒体和叶绿体可能是外源性地来自于远古细菌体的内共生,为什么在漫长的演化过程中,它们的相关基因没有能够最终全部归纳到真核细胞的细胞核基因组之中呢?根据现今的生物学知识,外源DNA整合进入细胞核基因组并不是一件十分困难的工程。对此,也确实有人提出,在一些物种中(如有花植物),与线粒体功能相关的基因(如 $cox\ II$)和与叶绿体功能相关的基因(如 $tufArp122$)存在于细胞核基因组中,在演化上,它们应是来自于线粒体和叶绿体基因向细胞核基因组的转移。但是,在今天真核生物线粒体的上千种蛋白质中,有13种重要的蛋白质仍是由线粒体DNA编码,在组成叶绿体的蛋白质中,有大约1/3,60种蛋白质是由叶绿体DNA编码,而还有一些蛋白质,它们虽然是由核基因组转录,但仍需在叶绿体中翻译。

如前面讨论所谈,细胞的形成和生命系统的最终确立,基于DNA-RNA-蛋白质程式对代谢-自建程式归纳而实现的协同系统的建立。那么,从系统的角度分析,作者认为上述现象似乎给了我们这样一种暗示,即在生命DNA-RNA-蛋白质程式和代谢程式之间,存在有某种天然的矛盾性,并且由这种矛盾性所推动的生命协同系统秩序构建,会因两个子系统构成的差异而不同。针对上面大核与小核和线粒体与叶绿体独立性维持的例子,我们可以设想,由于生命秩序早期创立的某些设定,可能造成了真核生物中两个子系统间的拮抗性表现得更为强烈,实现两者的协同也就更加艰难。例如在生命早期DNA-RNA-蛋白质秩序对原始自建和代谢生命系统的归纳过程中,采取维护遗传和指导代谢与自建分治的模式可能是解决这一问题的方法之一,而这一模式一旦被一些早期的细胞所采纳,便推动它们沿着大核与小核的方向发展下去,并一直延续保留至今日。而真核细胞线粒体和叶绿体的信息独立复制和表达模式的长久存在,也暗示了同样的原理和机制。从表面上看,这似乎是一个生命复杂系统约简与容纳性的问题,我们当然不能否认有这方面的因素,但是追其源头,这一特定现象发生的根源应该发端于 DNA–RNA– 蛋白质程式与代谢和自建程式间的拮抗性。由此联想,真核细胞远远迟于原核细胞的出现,也可能正是与此有关。

当然,上述这两个例子可能有它的特殊性,DNA–RNA– 蛋白质程式与代谢和自建程式之间的协调并非都这样的艰难,但是,它暗示的两个子程式间的拮抗与协调因素对演化带来影响,应该有其普遍性。其实,自养与异养,包括寄生带来的生物体结构设计上的显著差异,以及后面将讨论到的植物中普遍存在的次生代谢现象,都生动地说明了这一点。因此,关注和探索遗传控制与代谢程式间的协调性对生命演化的规范和制约作用,也应该成为演化机制的研究范畴。可以想象,如果这一理念是合理的,对于这样一个艰难的课题,也不是简单的生命演化路径追踪路线所能奏效的,它不仅需要有大量的分子生物学和生物信息研究为支持,更需要建立一种面对整体系统的大尺度探索框架和多层次动力学模型的综合分析手段,其工程量必将是极其浩大的。

总之,生命建立的是这样一种协同系统,DNA–RNA– 蛋白质程式给出了系统高度保守和可遗传的品格,但是最活跃和富有原创力的最终应属于生命的代谢和自建程式,两种程式或者说两种子系统间的拮抗和协同磨合将会永远伴随生命的存在和演化进行下去。可以设想,一方面,DNA–RNA– 蛋白质程式的变异必然影响于生命的代谢与自建程式,并以其结构和功能开发的可行性作为对此变异的认可。另一方面,代谢与自建程序的改变也必然会反馈性地考验着 DNA–RNA– 蛋白质程式的承受和适应力,并可能引发 DNA–RNA– 蛋白质程式内部秩序的动荡。显然,这样一个过程所推动的必然是一种有着明显规范性的生物演化进程,并也就自然成为对演化机制探索的重要内容之一。

形态构建中对称性与极化性间的博弈是生命演化的一种重要呈现　对称与极化是自然界两种不同的结构和秩序取向形式,在生命的演化中同样可以很容易地看到这种现象的存在。在单细胞生物中,很多细胞的形态呈球形或者卵圆形,它们在结构上也具有明显的对称特征,例如原生生物的光球虫、隆可光眼虫(图7-5),但在单细胞生物中也有大量的类群,它们有着明显不对称的形态和结构,例如原生生物天鹅长吻虫、袋扉门虫(图7-6),而最为突出的应是前面提到的伞藻,全然有如是一棵多细胞生物的植株,发育出类似于根茎叶的高度极化结构。那么,为什么在这里作者要将生命体的对称特性显示提升

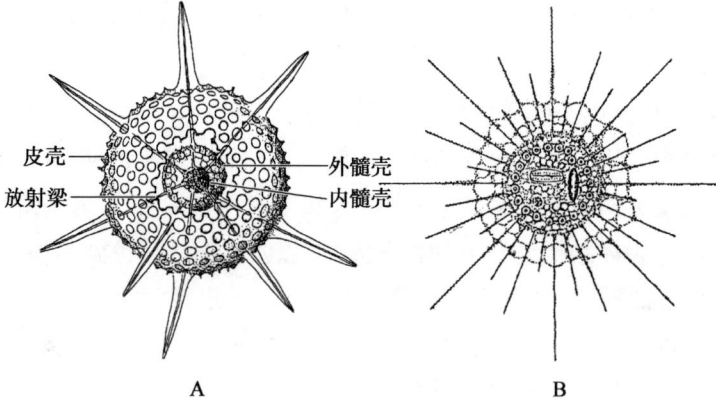

图7-5　生物结构的对称性
在单细胞生物中很多细胞的形态呈球形或者卵圆形,在结构上也具有明显的对称特征,例如原生生物隆可光眼虫(*Actinomma saccoi*)(A)、光球虫(*Actinosphaerium eichhornoi*)(B)。(引自沈韫芬,1999)

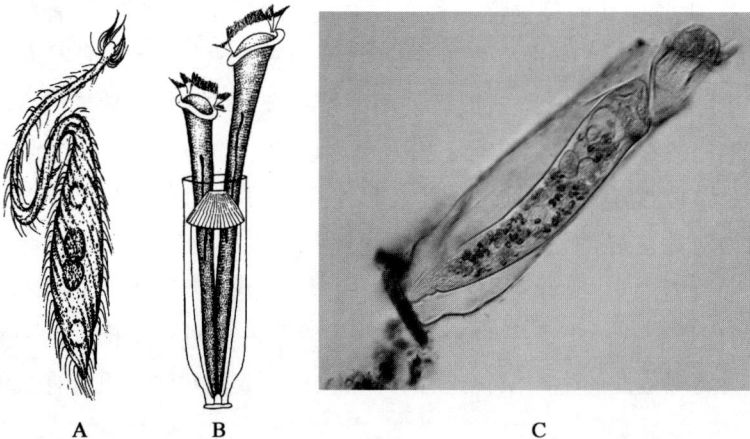

图7-6　生物结构的不对称性
单细胞生物中有大量的类群,它们有着明显的不对称形态和结构,例如原生生物天鹅长吻虫(*Lacrymaria olor*)(A)、袋扉门虫(*Turicola folliculata*)(B),C图为袋扉门虫实体照片。(A、B引自沈韫芬,1999;C引自 http://www.plingfactory.de)

为一种演化机制呢？无疑，生物的任何形态与结构建设都来自于系统的自组织，并与生命过程的生理与功能需求密切联系在一起，而它的选择也正是生物多样性和演化的重要呈现。当然，生物体的形态建设与它的 DNA 信息结构密切相关，但是它执行中还包括有对多种广泛理化属性或原理的不同择用，使对称性的打破和多种极化形态的构建成为推动生命演化的重要手段，并深刻地影响着生物的演化轨迹。因此，生命演化中的对称性与不对称性博弈自然应归属于生物演化的机制范畴。

对于生物形态演化中对称与不对称性博弈的解读其实并不容易，或者可以预见，它会是非常的细微和繁琐。有一个简单的比喻，人们都知道一种儿时的玩具——万花筒，同一组不同彩片的组合，当万花筒旋转时可以产生出无数种不同的图案来。生命的构成有时就像一只万花筒一样，它的"彩片"组成可能来自于基因信息的差异，而由于"旋转"带来的图案多样化呈现，可能起因于这些彩片所容纳的各种理化属性。可以设想，一方面，由于某些理化原理的作用和体系自发的热力学稳态诉求，生命在形态和结构的建设上具有一种天然的对称趋向性，并且一般说，对称性结构对于生物体与环境间物质能量交流的便利、信息传递的快捷、代谢的高效都是有利的，而生命的周期秩序即细胞分裂的易行压力更强化了这一需求。但是另一方面，生命又不可避免地具有一种系统性的极化发生的推动力，根本而言，这产生于两个重要的原因：一则是生命过程从它诞生开始就有着明确的方向性，分子构型是这样，信息传递和转化路径是这样，代谢和自建程序也是这样，由此引导在形态上出现极化结构是很自然的。二则是环境的不对称性也会引发生命的不对称应答，诱导不对称结构的出现。可以设想，在这场博弈中，生命系统会呈现出一种寻找最佳平衡点的姿态，伴随生命在结构和程序上演化的不断推进，旧的平衡打破，新的秩序探索开始，并且由于细胞分裂带来的迭代效应更强化着各自的优势，毫厘之差导致千里之遥，分道扬镳地踏上了多样化发展的道路。例如，既要满足最佳的生理结构的设计，又不能违背生命存在必需的周期秩序，迫使伞藻一改经典的单细胞生物体的分裂模式，而建立了类似于多细胞生物发育展现出的生活史程序。从伞藻中我们还可以得到一个重要的推论，就是发育并不是多细胞生物的专利，而是生命复杂系统形态构建中蕴含着的一种属性。其实，人们可以很容易地发现，对称性的不断打破是生命过程中的普遍现象，而当生命进入多细胞生物阶段后，细胞内部对称与不对称性博弈更是延伸到细胞之间，并在多细胞生物的发育程序构建中发挥着重要的作用。

在思考对称与极化博弈对于细胞演化贡献的时候,有几点推想:第一,极性建立是生命系统形态构建的重要手段,它应是系统在不对称因素推动下通过系统的自组织程序实现的。在生命复杂系统中不仅有着大量的不对称因素,更蕴含着丰富的自组织路径选择的可能性。不同的生命系统,对极性结构的选择是有差异的,由此不仅给生命的生存和适应能力带来了多样性,也体现出了系统构象对生命演化的导向作用。对此,作者相信通过这方面的深入研究,可以更好地理解原核生物与真核生物,以及各自内部丰富多彩的形态结构分化现象。第二,应该看到,生命形态构建中对称与极化间的博弈受到系统中多重因素的影响,它可能发端于 DNA-RNA- 蛋白质系统的结构,也可能决定于代谢和自建程式的选择,它们的些微改变都可能将生命系统中蕴藏的极化性自组织构建能力激发出来,造成系统形态结构的改变,而因为实现生命周期回归的是一个完整的生命复杂系统,这种改变完全可能通过迭代的全息性传递给后代,如纤毛虫纤毛走向和以后出现的多细胞生物软体动物体轴螺旋方向性的细胞质遗传现象。第三,通过极化实现细胞形态结构的歧化看似属于生命程序的末端事件,但是不能不看到,由于以细胞为单位的生命是一个完整的复杂系统,它的形态结构上的改变必然会翻转影响到代谢和自建程式,例如,使有些生命环节转而展现出高效的生理势态,而有些环节的功能发挥则会遇到某些障碍,有些原本难于实现的路径可能变为现实,而有些通道可能从隔离的状态变为相通的结构。由此进一步逆推,代谢和自建程式的改变又会产生出对生命信息控制中心 DNA-RNA- 蛋白质秩序的挑战,带来变异空间或者选择重心的漂移。因此,全面考察细胞演化现象,作者认为,不能忽视生命形态构建层面的重要作用,它反映的不是简单的生命外观呈现,而是体现着深层的演化机制的投影。它虽然受控于 DNA-RNA- 蛋白质秩序和代谢与自建程式的设定,但也蕴含着广泛和强大的能动作用,许多生物学和系统学研究中的自组织实验便是生动的例证(如动物发育的三胚层形成)。虽然形态构建看似处于生命秩序构建程序的下游和末端,但是对于一个复杂系统来讲,当结构改变引发整体系统出现协调与稳定性障碍的时候,产生反向性的新生命秩序构建和选择压力是完全可能的。显然,这一分析更强化了前面提出的,对于生命的演化,如果只关注基因的变异,或者只将对演化的探索限定在遗传信息同源性比对的层面,恐怕不仅难于更真实地从机制上全面地认识生命的演化现象,也可能会因此忽略和丢失许多重要信息。

总之,由于生命系统信息构成的变异,相关结构的引领和规范效应,以及不同子系统间的协调诉求驱动,加之各种系统与环境理化因素的介入和支持,在细胞分裂的迭代过程中,出现形态结构的多样化发展是极其正常的现象,并且可以将此归纳为生命形态构建中的对称与极化博弈机制。

生命系统与环境之间的互作造就了生命与环境的共进 生命系统与环境间的互作是推动生命演化发生的又一种重要机制。生命依赖于环境生存和发展,长久以来人们形成了这样一种理念:在生命系统与环境的关系中,环境因素占据着主导地位,适应环境的生物获得发展的权利,不适应环境的生物受到压抑或者被淘汰,从而对环境适应性的提高成为生命演化的主线。在单细胞生物中,一类典型的例子是寄生型原生生物的出现(如锥虫、滴虫),它带来的不仅是细胞结构的显著变化,也因营养方式的原因,出现了包括有营养体和包囊阶段的生活史现象。

大量的相关研究反复证实着上述理念的正确,而站在系统的角度,作者愿意对环境在生物演化中的地位和作用作以下的概括。第一,根本而言,任何一个生命个体都可以看作是相对于环境大背景中的一个子系统,无论是对更基础的自然规律的遵循,从中获得支持和推动,还是受其压抑或扑灭(如人们所猜测火星曾有的生命及其命运),环境所属的更大系统的物质存在和运行法规是生命得以诞生、发展、消亡的本源,这是生命对环境所取的基本定位。第二,生命与环境适应性的不断提高,不是来自某种超自然力的驱动,它只是环境对生物不断演化施加的生存选择的效果呈现。第三,在生命与环境的互作中,环境还可以通过不同演化机制介入的方式对生命过程产生干预和影响,从而直接或间接地对生命的演化产生一种引导或者规范作用。第四,生命对环境适应能力的提高不一定都是结构和程式的复杂化,相反的过程也屡见不鲜,因此仅以结构和功能的复杂性来评定生物在环境适应上的高等与低等并非合理。第五,虽然环境在生命演化中占据着主导的地位,但是通过漫长的积累,生命对环境也会产生潜移默化的改造作用,并反转影响着生命的演化。第六,生命与环境的互作,在自然界中形成了一种两者共进的现象。

总之,历史进程中表现出的生命与环境相适应的变迁和生存能力的提高,获自于生命系统结构和程式的演化,以及它们对环境适应方式的开发,在这过程中产生的形形色色的生命形态都是大自然的杰作,过去的辉煌并不注定现在一定辉煌,今天的得意也不预示着未来一定得意,这在生命未来发展形成的多细胞生物中表现得尤为突出,生命史多次的大灭绝现象便是生动的证明。但总体而言,生命在发展着、前进着,这是我们从数十亿年生命史中所看到的现象,而揭示其中与环境共进的规律性也是我们不懈的追求。

以上,作者概括地从几个方面探讨了单细胞生物演化发生的机制。显然,这一讨论传达了作者这样一种理念,即对生命演化的研究不能仅仅限定在追踪和揭示它走过的轨迹,给出各种生物演化的路线图,而是应该由此进一步探究生物演化发生的深层原因和机制所在,也就是说应给演化机制的研究一种系统理念的提升。由此而看,虽然作者的上述种种讨论还远远不能达到这一目的,但是也展示了一种新的探索思路,就是单细胞生物演化的多种机制应该容纳在一个多层次的复杂结构之中,对其演化现象的探索应该尝试建立一种立体化的系统认知模式,这样做虽然可能比简单的结构和 DNA 序列比对,及以此为基础的演化树绘制困难许多,但它带来的将是对单细胞生物丰富多彩演化呈现的全面理解,包括给当今单细胞生物谱系研究中的"乱麻"和"死结"现象以新的梳理,并且也为进一步探索多细胞生物演化奠定了基础。

对单细胞生命演化呈现的系统分析

通过以上对单细胞生物演化机制的讨论,我们可以感受到,对于生命的演化现象,绝不是简单地探查其变迁轨迹的问题,并且如果将关注点仅仅集中在这一点上,恐怕也是欲速则不达,反而可能会派生出许多的困惑和尴尬。对生命演化现象树立一种整体性的系统认识理念,无疑是十分基础和重要的。接下来,作者将尝试从上述机制讨论的基础出发,对单细胞生物的演化图景给出一种概括性的分析。

对单细胞生物演化特征的解读和归纳 为了系统和全面地解读单细胞生物的演化现象,需要先对单细胞生物的演化特征作以整体的回顾。经历亿万年漫长的演化,包括原核的古菌、细菌和真核的原生生物已经发展成为一个极其多样化的庞大的单细胞生物群体。研究表明,从海洋、江、河、湖、池、山泉、溪流、沼泽、土壤、临时积水、冰峰、雪山,到树叶上的水珠、动物体表的黏液和体内的血液中,只要是有水的地方,都有原生生物存在,就是没有水滴的空气中,曾有人报道,每立方米空气中约有 2 个肾形虫(一种纤毛虫)的孢囊,而原核生物则更是无处不在。当今分类学将地球上的生物划分为 5 大界:原核生物界、原生生物界、真菌界、植物界和动物界,前 2 个是单细胞生物,其中传统所称的原生动物隶属于原生生物界中的一个亚界,它包括有 7 个门,即肉鞭门、盘蜷门、顶复门、微孢子门、囊孢子门、黏体门、纤毛门,据保守的估计,世界上已报道的原生动物达 13.6 万种之多(包括化石物种)。

面对单细胞生物的多样性,人们会产生一种思考,就是这种千姿百态的呈现应如何从整体上来解读呢?对这个问题,有人可能会回答说,生命演化呈现的是一个与环境不断适应的发展过程,它的多样性由此而形成。这无疑是正确的,因为从生命创生开始,它就是在与环境互作过程中发展起来的,细胞形成以后,这一互作更是机制性地渗透到它的演化进程之中。但是作者认为,对生命演化特征的认识仅限于此是不够的,因为这还只是一种表观的解释,还应该对它的演化呈现从系统的角度进行更深入的分析。对此作者提出,从系统的层面看,单细胞生物演化体现出明显的分形和不连续性两个重要的动力学特征。

为了探讨这一问题,作者需简单介绍一下前面数次提到的一个属于系统理论范畴的概念——分形,它首先由分形几何(fractal geometry)研究提出。分形几何起初是 20 世纪 70 年代后发展起来的一个数学分支,它以几何图形的方式显示了系统在无限层次递进的过程中包含着无穷精美的结构,传统的几何学维数也由此突破了整数的限定,从 1 维、2 维、3 维……出现了小数维(如1.8 维)的概念。随着这一研究的不断深入,给人们带来了两个巨大的惊叹:一,遵从某种简单的规则,通过自相似过程,一个系统可以造就出无穷精美复杂的图案来,例如著名的芒德勃罗集(Mandelbrot set)(图 7-7,见彩插),其结构的精细程度几乎可以说在自然界恐怕只有生命可以与之相媲美;二,分形绝不是一种单纯的数学模拟或者游戏,这种现象实际上广泛存在于自然界中,如气候、湍流、云彩、地震、雪花、音乐、星系分布,某些蛋白质的分形维数也已被测定,用分形数学模型的手段居然绘制出高度逼真的植物复叶图案(图 7-8),它深刻地揭示了复杂系统动力学过程的无限复杂性。当作者试图用分形的理念来看待生命演化现象的时候,发现它不仅给予了我们一个很好的思考坐标,并使我们获得了许多重要的启示:一个简单的数学动力学系统尚且如此,复杂生命系统可创造的分形结构的复杂性更可想而知了。当然,生物演化的分形属性不是凭空具有的,它深深植根于前面探讨的各种参与生物演化的机制之中,遗传信息的变异可以带来分形,生命信息系统的发散与收敛可以带来分形,DNA–RNA–蛋白质程序与代谢程式间的协调需求可以带来分形,形态构建中的对称与极化博弈可以带来分形,生命系统与环境间的互作可以带来分形,这些机制的相互作用和综合更带来了生命分形呈现的高度复杂性。在这方面的学习中,作者惊奇地发现,生命系统的各个层次都表现出强烈的分形特征,包括调控路径、细胞分化、形态构建、发育程序等等,其中演化研究所揭示的物种谱系分化也正是这

图 7-8　分形叶

计算机绘制的分形植物复叶(引自 http://www.spaennare.se/FRACTAL/fern.jpg)

种分形属性的一种表现。从中,我们不难看出,生命具有的分形性比我们熟知的数学上的分形要复杂得多。实际上,尽管芒德勃罗集、门杰海绵中包含着无穷精美的图案,但是它们比之生命还是相当的单调和规则,起码在生命中,它的图案不像芒德勃罗集,特别是门杰海绵那样各层次表现出高度的重复性,而生命各层次的结构是不一样的,也就是说生命所体现出的分形是容纳在多层次链接和综合的图景中。对此,我们只能从多角度、用不同的方法来分析和认识它。

　　分形概念的应用使我们对生命的无限创造潜力有了更深刻的系统属性认识,并对生命演化产生出这样一种新的理解,即今天生命的丰富多彩呈现对生命过程可能提供的多样性来说,恐怕只能算是沧海一粟,无论是从生命程序设定还是从演化路径的角度看,考虑到生命过程中存在的多重筛选和淘汰机制,生命系统中蕴含的多样性和复杂性远远高于它们的真实展现,也就是说立足于生命复杂系统千姿百态分形潜力基础上的生存选择,对于生命的真实展现起着极其重要的淘汰作用,从中我们更加体会到达尔文自然选择学说内核的精彩所在。

　　与分形密切相关的是,单细胞生物的演化还具有另外一个重要的系统特征,就是它的不连续性。在前面,作者讨论过生命创立过程中的不连续现象,

这一特征又以新的形式继续体现在细胞的演化过程之中,这也是剖析单细胞生物演化机制后必然得到的推论。为什么这样说呢? 或许我们可以这样看单细胞生物的演化,面对新物种的形成与消亡,在演化的整体图景中,不断有"歧化"现象发生,其产生的原因实际上十分简单,有如前面讨论所谈,细胞演化发生的基础是生命秩序的突变与系统的自组织实施,是多重演化机制在不同条件下的综合效应。可以想见,在这个高度复杂的系统中,无论起因于基因的变异还是生命程序与结构的重组,常常经历一个多因素积累和互作的过程,当条件具备时,有如前面万花筒的比喻,会发生跃迁式的演化呈现,也就是说从本质上讲,不连续是生命演化的基本属性。当然,这种演化上的跃迁在幅度上是存在差异的,微小差异的跃迁可能表现出演化为一种渐进的模式,而某些重要基因的变异,或者生命程序的重大重组,或者环境的强力冲击,演化上的大幅度跨越也是完全可能发生的。

实际上,类似的现象在其他复杂系统中同样普遍存在,并且系统论已经对此有了深入的研究,如费根鲍姆映射研究中著名的无花果树图案,显示了在自相似动力学过程中的持续分叉现象(图 7-9),其图案与生物演化系统树似有一比。当然,这只是一种比喻,但是生命迭代运动中蕴含着的自相似性和歧化效应,不能不说暗示了两者之间某种相通的动力学规律存在。无疑,充分注意到这一点,这对于年代久远、缺乏必要的化石印证、形态结构上又是高度浓缩的单细胞生物的演化分析来说,显得尤为重要,而今天这一领域研究中的许多尴尬和无奈应该与在这方面的薄弱有关。总之,作者在此强调的是对生命演

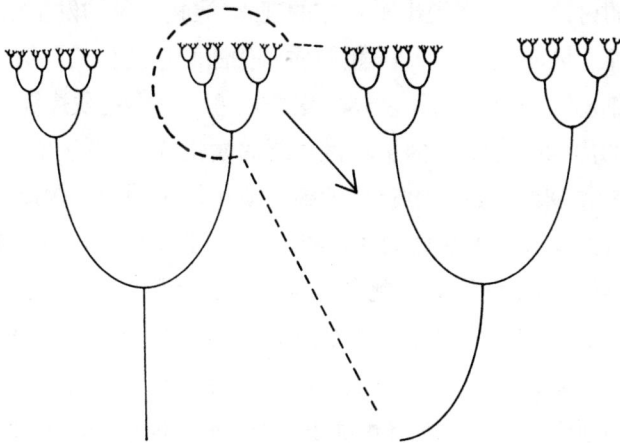

图 7-9　费根鲍姆映射的无花果树图形(引自 Stewart,1994)

化现象的一种新的观察视角和理念,并为后面将转入的对多细胞生物演化的讨论给出铺垫。

从更宽的视角理解生命演化现象　我们研究生物的演化现象,不仅仅是为了探索生命多样性呈现的由来和历史变迁,也是深入认识生命结构和属性的重要内容。

伴随生命科学的发展,生命演化研究逐渐形成了两条基本的路线,一是通过生物形体结构和发育展现的比较,以及包括对化石地质年代的分析,寻找当今和历史上不同物种在发生上可能存在的亲缘关系,二是按照中心法则所揭示的生命构成的基本原理,从 DNA 序列同源性的比对中,推断不同物种间可能存在的谱系关系。演化树的绘制直观地展示了这些方面的研究成果,并在多方面取得了相互的印证,显示出这种研究路线的可行性和科学性。

但是,伴随研究的深入,上述探索路线也遇到了不少的困难,逐渐显露出了它们的局限性。作者认为它主要体现在两个方面:一是,分别采用形态结构相似性比较,或者选取不同参考基因(如细胞色素 C,rRNA)的 DNA 序列同源性比对,不同的分析方法,竟然对同组待判定的物种得出相悖或者两难的结论,令人无所适从,这一现象在原生生物的演化谱系研究中尤为突出;二是,由此获得的对生物演化的认识,似乎更像是对演化轨迹的一种梳理,在许多方面仍难于对这些演化发生的机制给出令人信服的说明,显然这对于探索生命演化现象的期盼来说,还有着很大的距离。

从前面的讨论中,作者提出了这样的理念,演化现象的发生植根于生命的复杂系统属性。早在 DNA–RNA– 蛋白质对代谢和自建程式归纳的过程中,就预设了未来细胞多样化形成和差异演化的伏笔。当细胞秩序建立以后,生命不仅从迭代的周期动力学结构中获得了新的演化依托,更从生命系统自身存在的多层面互作和博弈过程中获得了细胞演化的驱动力。因此,对生命演化现象的探索必然是一个极端复杂的系统工程,只有结构的比较和 DNA 序列的比对是远远不够的,由此屡屡遇到困惑也是不足为奇的,因为它可能因多起源而产生误判,也可能因系统结构上的大幅度自组织跨越而带来判断的迷失,当今原生生物演化研究的众多困惑可能正起因于此。故作者认为,无论是理念、研究路线,还是研究方法,对于生命演化的求索,面对的仍然是路漫漫其修远兮。

其实,演化是自然界广泛存在的一种动力学现象,例如天体的演化,地质地貌的演变,人类社会的发展,等等。如果能将生物的演化放在更大的背景中进行考察,并与各种不同复杂系统的演化现象进行比较,会使我们对生物的演化获得更深入的理解。作者相信,虽然不同复杂系统的演化会有不同的机制和路径,生命也显示了它的特别之处(如生命包含其特有的信息储备体系),但也必然存在有它们之间的共性和普适规律,因此借鉴自然界广泛存在的各种演化现象,应该对我们理解生命演化会有裨益,也会给我们认识生命的演化以理念和原理上的支持和旁证。

自大爆炸以来,在经历了基本粒子层级发展之后,宇宙逐渐步入天体和星系的演化阶段。寻找实现天体逐级构建和推动星系运行的基本粒子与基础作用力,研究它们之间的关联与内在统一性,这是几个世纪理论物理学家们的苦苦追求,直到最近希格斯玻色子的发现和引力波的证实,终于回答了物质质量成因的根源,圆满了粒子物理学大统一理论体系的建设。这一理论的意义在于它为认识宇宙的存在和发展奠定了基础,由此在大爆炸以后漫长的130多亿年的时间里,多种粒子、原子、分子、大分子逐级出现,各种天体、星系的相继形成,在浩瀚宇宙中演出了一幕幕惊天动地、争奇斗艳的大剧,更有奇妙的生命也因此而诞生,直至今日,这一过程仍在继续着。值得玩味的是,虽然在尺度、机理、程序上有着天壤之别,但是我们仍然可以很容易地从天体演化中察觉到许多与生命演化类似的特征,例如:无论遵循于引力不稳定或是宇宙湍流作用的哪种假说,天体和星系秩序的建立都必经历了一个前期动荡的自组织阶段;在形成和发展过程中,不同星系呈现出多样分化的势态;在一个星系中,造就了不同的星体,它们既表现出各自的演化规律,又协同性地依赖于其他星体的整体存在;在星系及天体诞生、发展、消亡的过程中,既有缓慢的演化,也有骤变的模式。从这些现象中我们都看到了生命演化的影子,也启示我们,对生命演化的探索应该立足于更广泛的视角来进行认识。

再有,人类社会经历了漫长的原始氏族阶段,逐步建立了有着特定政体,包括其法律规范的国家形态,并基于生产力的发展,依次出现了人类社会几个大的结构类型更迭。显然,在人类社会体系中,权利秩序和法律约束对社会的稳定起着重要的作用,而某些法令的修改或者废除会带来对社会秩序的调整,政体的更替常伴随着社会的大动荡。人类社会的这一现象不禁让我们联想到生命的DNA–RNA–蛋白质秩序,在同样框架下,原核生物与真核生物似乎可以比喻为不同的政体,而DNA分子中的一个个基因犹如是一条条法令一样。

但是按照政治经济学的基本原理,大家都知道,推动社会前进的最根本的原因是社会生产力的发展,任何政体和法令的权威性最终都逃不脱生产力发展需求的审判,而代谢和自建正是生命系统中的"生产力"。在上面讨论生命演化的各种机制时,作者强烈地传达了这样一种理念,即在认识 DNA–RNA– 蛋白质秩序对生命演化重要性的同时,也绝不能小觑来自代谢自建系统的基础作用。显然,在 DNA–RNA– 蛋白质秩序和代谢与自建两个程式间不断进行的磨合过程中,引发的必然是双向的选择,并进而转入各自的系统调整和新秩序的开发。对于 DNA–RNA– 蛋白质秩序而言,一方面是它具有强大的信息负载、变异和对生命程序的操控能力,存在有收敛与发散的博弈,另一方面也存在有代谢和自建程式对 DNA–RNA– 蛋白质秩序的反向干预和淘选机制。对于代谢和自建程式而言,它体现出了强大的程序结构和功能自组织能力,以及对环境因素的适应灵活性和容纳能力,由此而产生的对生命演化的贡献也绝不能被忽视。因此,尽管 DNA–RNA– 蛋白质秩序对于生命过程有着高度的权威性,但是它绝不是法力无边的,就像人类社会一样,在同样的政体和法规下,不同个人和小团体中仍然体现着强大的原创力和竭力维持着这一创造力的独立性,并以家庭或者团体的形式执行着社会中的"体细胞遗传",以至于可能会通过这种传承的积累和扩展,酝酿着法令的修改和社会大变革的发生。当然,生命与人类社会是完全不同的复杂系统,其演化机制和路径也不一样,但是从这些分析中,我们还是可以察觉到两者之间存在有借鉴价值,对此作者只能说,对生命演化现象的探索仍然是任重而道远。

还有一个有意思的例子,我们知道文字的出现带来了人类文明的巨大进步。任何文字都有三个基本的元素:义、音、形,如果说义的本源来自于思维,那么它与发音和具形的配伍则有明显的随机性特征。显然,不论它们之间的关联初始是如何建立的,拼音与象形两种不同模式的选择一旦建立,便各自沿着不同的路线走下去,并从此对文字的发展,以至于对文化特征和社会形态带来深远的影响,拼音文字走了一条明显的发散路线,而象形文字表现出更强的固守力,这一点已经为一些文化研究者所注意到。这一现象给了我们什么启示呢?作者不禁联想到在生命的发展道路中,某些秩序或者基因结构的初始采用在当时可能只是来自于某种无关大局的随机性,但是何曾想到,这些微小的差异会给未来的发展带来一种规范和深远的影响,似乎大有失之毫厘谬以千里的意味。其实,这类现象不仅已为系统理论充分注意到,并有了相关的深入研究,这就是系统论所提出的,初始条件对于系统混沌的发生和吸引子结构的分形有着重要作用的原理。

总之,自然界存在着形形色色的复杂系统,它们有着各自的结构和动力学特征,也体现出了它们之间的许多共性。在不同复杂系统的比较中,我们不难发现,生命最具特色的应该在于它有一个在生命过程中占据统领地位的信息储备和程序性调用体系,这恐怕是生命最精彩之处,也是解读生命演化最艰难的地方。演化是生命科学的重要课题,在此,作者也正是站在系统的角度,尝试以单细胞生物的多样性为基础,对演化现象进行全方位的分析。尽管由于个人知识所限,这些讨论难免会有含混和粗糙之处,但是有一点感觉是很强烈的,就是:**生命演化是一个系统属性依赖的动力学过程,是来自于复杂系统内部多层次结构之间互作的综合效果,是生命与环境间相互应答和选择的产物,虽然生命的信息系统在生命的演化中扮演着重要的角色,但是如果过于偏重DNA 信息变异的生存选择作用,并将它与整体的生命过程割裂开来,这样一种表观化、简单化的认知模式和研究路线是值得商榷的。**

总结单细胞生物的演化,从认识生命的角度,作者认为,单细胞生物,特别是原生生物,确实是一个应该给予更多关注的生物群体,对它的深入研究也必然会对更好地了解多细胞生命现象以很大的帮助。

第八章　多细胞生命体系的建立

继细胞诞生以后,在大约 10 亿年前,多细胞生物登上了生命的历史舞台,并且在大约距今 5.7 亿年前发生了寒武纪动物种群大爆发。从此,地球上出现了以多细胞生物为主体的生命大发展局面,并逐渐形成了一个更为复杂的庞大的生命体系。

多细胞生物的形成

形态结构是人们认识生命现象的重要切入点,传统的认识多细胞生物的发生也从此开始。单细胞生物与多细胞生物比较,最显著的区别在于,前者只包含有一个细胞,而后者由众多细胞组成,由此人们对于多细胞生物的发生,自然首先关注的是,在演化中单细胞如何转向为多细胞结构的? 显然,这样一种分析路线明显地有着表面与形式上的偏重,而作者认为探究多细胞生物的发生,更应该从比较两种生命形式动力学结构上的差异入手,进而寻找造成这种差异产生的系统驱动力所在,以此分析实现这种建设可能走过的道路。以下将从这一思路展开对多细胞生物发生的讨论。

1　多细胞生物与单细胞生物动力学结构的主要区别

植物、动物、真菌是多细胞生物的三大类群。为了探讨多细胞的形成,我们首先对单细胞生物与多细胞生物的动力学结构进行比较,分析两者之间最重要的区别是什么? 也就是说寻找,在单细胞生物向多细胞生物演化的过程中,什么是实现这一进步必须完成的关键性建设? 比较单细胞生物与多细胞生物,作者认为,实现单细胞生物向多细胞生物的演变,最重要的系统结构建设有三:细胞间相互作用信息体系的建立;细胞增殖和数量控制机制的出现;生殖细胞(系)发生程序的设定。

细胞间相互作用信息系统的建立　　在单细胞生物中,一个细胞就是一个生物体,除了有性结合以外,可以说细胞之间的信号交流很少。但是,对于多细胞生物来说,细胞之间的相互作用,或者说,细胞间相互作用信息系统的存在是必不可少的,这是多细胞生发育程序构建的重要条件,否则细胞的程序分化和秩序组建都是不可能发生的。在多细胞生物中,细胞分化编入发育程序,并通过细胞间的相互作用,形成一个级联推进的整体动力学程序结构。本质上讲,在单细胞生物中,无论细胞的结构多么复杂,即便出现有发育程序,生物体利用的是同一个基因库。而在多细胞生物中,绝大多数细胞都包含有同样的基因组,但是它们的信息在不同细胞中是被分配使用的,执行这一任务的正是控制细胞间相互作用的信号系统。显然,在多细胞生物中,基因组信息的使用,在个体中形成一种超越细胞界限的立体结构,它是多细胞生物发育空间和时间结构得以展示的基础,由此派生出一系列重要的新的生命秩序的建设,包括细胞间的信息识别、各种跨越细胞间的信号通路与通道建立、指导不同区域细胞差异分化的形态发生原(morphogen)梯度分布、信息分子向胞内的传递和应答,等等。

细胞增殖发育控制机制的出现　　在单细胞生物中,细胞分裂基本是受营养和气候环境条件控制的。可以说,在条件良好的情况下,单细胞生物细胞的分裂实际上是没有限制的。虽然,在具有发育程序的单细胞生物中,细胞分裂程序已经发生了调整,细胞的分裂被孢子或者配子的生成所替代,但是,这一过程仍然明显地与生物体的营养状态有关。多细胞生物彻底改变了这一局面。在多细胞生物个体发育过程中,所有的细胞分裂被严格地编排在发育程序之中,不同阶段、不同部位、不同类型的细胞,其分裂姿态不同,否则,失控的细胞分裂必然带来生命整体秩序的紊乱以至个体的死亡。在多细胞生物中,细胞分裂现象出现了这样一种局面,即个体中的许多细胞可以调控性地脱离分裂程序,进入增殖的休眠状态(G_0 期),而这一调控决定于这个细胞在整体发育程

序中所取的地位。就是说,多细胞生物体中每一个细胞的分裂必须纳入整体
发育的编程之中。与此密切相关的是,在一些多细胞生物中,不仅细胞分裂纳
入发育程序的控制,还出现了细胞分裂次数的限定(即寿命),以及细胞的程序
性凋亡现象。一个颇有启发意义的发现是,本属于原生生物的黏菌(基盘网柄
菌),在它生活周期的多细胞化过程中(图 8-1),有大约 20% 的细胞走上了凋
亡的路径。

生殖细胞(系)发生程序的设定 单细胞生物通过细胞分裂实现着生命的
周期循环和延续。发育塑造了生物体的复杂结构,也同时造成了增殖过程中
完整信息分配的障碍,带来了对生命周期结构的挑战。从伞藻的实例中我们
看到,解决这一窘境的手段是孢子/配子的形成,依此实现发育信息的世代传

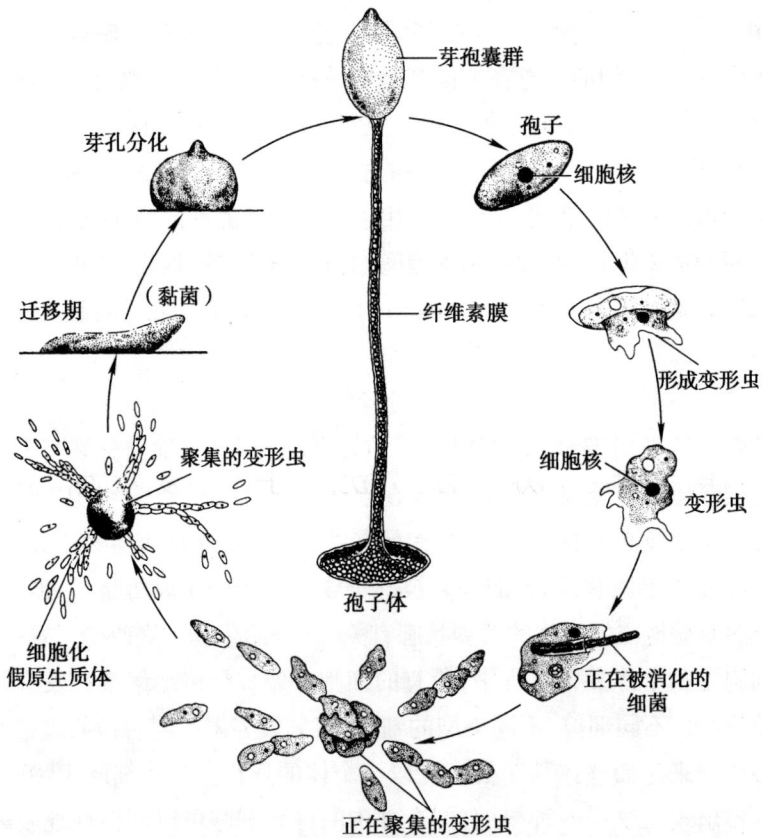

图 8-1 黏菌生活史(引自 Goodwin,1994)

承和生命周期结构的维持。显然,在多细胞生命体系建立的时候,必须要完成世代间完整的生命信息传递结构的建设,这一原则是不可逃避的,即在多细胞生物发育程序中必须要包括有生殖细胞(系)发生程序的设定,否则,没有传代程序支持的多细胞生物,带来的只能是对其生存合理性的断然否定。

总之,作为一种新的生命形式,以上三点是重要的。对于多细胞生命体系的出现,可以用一个浅显的例子来比喻。人们知道蜜蜂是一种社会性动物,一个蜂群可以看作是自然界中存在的一个相对独立的动力学系统。显然,除了存在有不同类型的蜜蜂个体外(蜂王、雄蜂、工蜂),这一系统的形成还需要有不同蜜蜂之间的各种行为交流手段,要有它们数量和规模间的合理控制和相互平衡,要有蜂王阶段性的自我"复制"和新的群落系统再建,蜂群现象才可能长久地存在下去。而这些基本要素完全可以类比于多细胞生物体由不同分化细胞组建而成,以及细胞间互作信息系统的存在、细胞增殖的整体控制、种质细胞系设定和发育程序再现的基本特征。当然,以蜂群比喻多细胞生物与单细胞生物在系统结构上的主要区别,不是为了追求一种科普的效果,而是希望通过这一分析,强调寻找多细胞生物体系形成时驱动力由何而来和它们可能走过的路径。缺乏这样的分析,只是形式上从细胞多寡来进行解读,实际上并不能给我们认识多细胞生物的形成带来什么有价值的信息。显然,单纯的细胞间聚合不会是造就生命向多细胞生物体系跨越的核心原因,否则,为何蚜虫、鼠妇没有"聚集"出像蜂群那样的社会组织呢? 人们在基盘网柄菌中生动地看到了哪怕是极简单并且是阶段性的细胞间信号系统存在,它对于从变形虫(amoeba)向有着多细胞生物结构特征的黏菌(slime mold)的转化也是必需的。

2 推动多细胞生物秩序建立的驱动力来自于生物的发育属性

有如上面的分析,如果说细胞间的互作信息系统、细胞增殖的发育控制、生殖细胞发生程序的建立是多细胞生物体系形成的三个必要条件,那么,实现这些生命秩序建立的推动力来自何处呢? 经过考察和思考,作者认为,推动多细胞生物建立的驱动力应主要来自于生物的发育属性。发育是人们熟知的一种生物现象,其实发育并不是多细胞生物的专利,它是生物体在功能需求的推动下,形成高度不对称形态结构的一种表现,这一现象在单细胞生物中就出现了(如前面提到的伞藻),作者认为,正是在单细胞生物中就体现出的这种生命能力,推动了多细胞生物的出现,并进而促使这种能力的表达获得了极大的释放。

什么是生物的发育呢？仔细追究，这不是一个简单的问题。概括而言，作者认为：**第一，发育所指的是在个体生命过程中出现的一种在结构和功能上的演变现象，由此出现了生物体构成上的高度不对称性和内部的功能区域分化，以及它们之间的相互协调与配合**；**第二，发育展现的是从生物体每一个生命周期起始便开始的，一种快速递进的形态结构和功能的变化过程，以到达一种稳定的"成体"状态，这是一个高度程序化的动力学过程，最后又以特定的世代传递方式实现下一个生活周期的发育再现**；**第三，在生物体生命周期的更迭中，发育程序具有稳定的世代遗传性**；**第四，任何一种发育程序的建立必定来自于演化的操作和确认，也使得发育在结构和功能上的展现，强烈地表现出生物体与环境的适应和更佳生存能力的获得。**

如此看来，发育是某些生物在其演化发展到一定阶段后一种生命能力的表现，或可称为是生命的一种属性展示。从生物发育现象只出现在真核生物的事实看，我们可以推论：只有真核生物才具有足够非线性因素储备和发展的能力（如前面谈到的生命信息的发散和收敛现象，以及生物体对称和极性的博弈），它通过生命信息的不断丰富和自组织作用，使不均衡有序构建不断地积累，并伴随细胞分裂过程的进行，生命秩序的不对称性越来越大，例如特定结构在细胞中的区域定位、梯度分布，以及差异分化等等。也只有真核生物的生命信息系统才具有在调控上实现生命结构和功能的空间和时序的程序建设能力。如果说真核生物是发育具备的必要条件，但是它并不充分。许多真核生物，如酵母（yeast）、单细胞藻类（如 *C. monadina*）和纤毛虫（如 *T. thermophila*）都没有建立发育程序。这可能来自两方面的原因：第一，真核生物虽然具有明显强大的系统秩序构建容纳性，出现了比原核生物复杂得多的有序结构，但是这个庞大的生命群体内部又有着众多的差异，这种差异带来了发育程序建立临界点的存在，在临界状态前，像许多原生生物那样，仍不具备有足以引起发育形成的驱动力；第二，某些真核生物通过有序构建引进了补偿机制，有效地削减了生命过程非线性因素的积累，阻止了发育现象的出现。例如，*T. thermophila* 和许多的纤毛虫细胞内具有一个小的生殖核和一个其染色体 DNA 序列和结构都经过"精简"的大核。这类真核生物的 DNA 系统的功能被解析地发挥，这无疑大大地降低了其动力学系统的非线性程度，这正类似于前面提到的数学模型中 $k=1.75$ 时的例子，即在经过一段混沌后，再次来到了维持原有周期更迭的状态，只有处在临界点之后，而自身又缺乏建立补偿机制的真核生物，才可能建立发育程序。

上述讨论自然让我们联想到关于单细胞生物演化机制的一系列讨论,认识到生物体发育程序出现来自于细胞演化的驱动和特定条件的具备。由此,作者产生了这样一种认识,即在一定的条件下,某些真核单细胞生物的发展获得了一种来自发育诉求的内在压力,使之处在强烈的发育程序建立的驱动之中,显然,这对于生物体生存能力的提升是极为有利的。但是,从现存只有极少数单细胞真核生物具有明确的发育现象来看,单细胞真核生物建立发育程序应是一项艰难的工程,因此成为发育程序建立的一大瓶颈,也就是说,单细胞生物的基本结构压抑了发育程序在单细胞生物层面的实现。那么,一条可能的路径就是向多细胞化的方向发展,这无疑是跨越单细胞结构瓶颈的最好方式,也成为解脱压力释放发育潜能的可行路径。前面提到的基盘网柄菌,它虽然在生物分类学的划分上仍归为单细胞原生生物,但从它的生活史分析,可以把它看作是一次"不完美"的多细胞生物演化,并也因此获得了别样的对环境的适应方式。

3 多细胞生物形成的可能模式

如果说多细胞生物的形成发端于生命发育属性的驱动,接下来,作者尝试从动力学的角度对多细胞生物的形成路径进行分析。面对单细胞生物与多细胞生物动力学结构上的三个显著区别,可以设想,这些有序构建任务,不可能在生命演化历史中突然奇迹般地同时完成。合理的思考是,分析在多细胞生物创建过程中,上述关键性秩序构建,哪个更可能具有先导性?而哪个有更大的宽容和随行特征?即探讨在多细胞生物形成过程中,上述秩序的构建可能先从什么环节启动?而其他则具有更强的跟进特点?也就是说,揭示实现多细胞生物建立可行的演化路线是什么?对此,作者提出了多细胞生物诞生可能采取的三种模式。

第一种模式 对多细胞生物形成和出现的传统看法是,一些单细胞生物,由于环境或者细胞表面性质的原因,每一个细胞虽然仍保持其独立的生存和分裂能力,但通过细胞的连续分裂积累,可形成一种团聚体的结构,在此基础上逐渐发展形成多细胞生物。暗示这一模式的现实生物例子是水绵和团藻(图8-2)。这一模式面对的最主要的挑战是,它将外源性因素引起的多细胞集聚

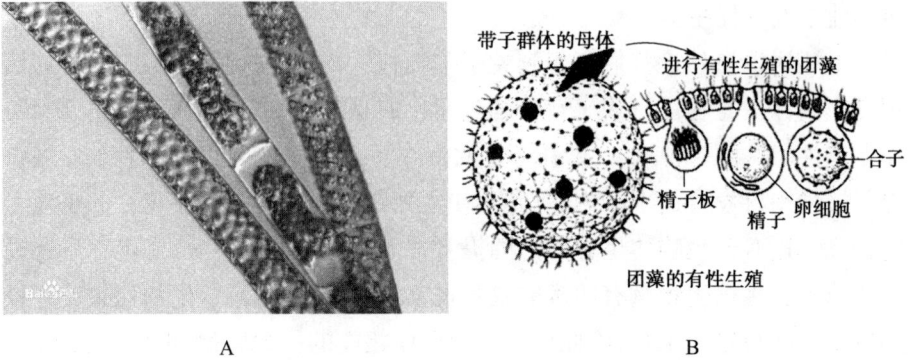

图 8-2　水绵与团藻

A. 水绵,显示细胞相互粘连成丝状结构。B. 团藻结构模式图,显示大量单细胞聚集成单层空心球样结构,团藻细胞可以在球壁上完成有性结合,再经多次无性分裂,在团藻内部形成新的小团藻(球体内部深色球所示),最终老团藻解体,小团藻释放。

过程放在了首位,那么在缺乏发育驱动的情况下,聚集细胞何以获得细胞间相互作用信息系统建立的原始推动力呢? 因此,在感觉上,作者对这一模式具有的能力打了很大的折扣。

第二种模式　以某种已建立了发育程序的单细胞生物为基础,它们只要通过多细胞化,实现细胞间相互作用信号系统的建立,便可以比较容易地实现向多细胞生物结构的跨越。

直观看来,这一多细胞生物诞生的模式比较易行,因为它在单细胞生物的阶段,发育信息的积累和程序设定已经有了相当的基础,种系细胞形成的基本程序也已经构建完成(如伞藻),所缺的只是完成多细胞化和细胞间相互作用信息系统的建立。在今天的多细胞生物中,我们也确实看到类似的现象,例如果蝇的早期发育,它首先是在单细胞(受精卵)的状态下细胞核不断分裂增殖,进入多核细胞的状态。然后,才是围绕众多细胞核形成细胞分割,转变为多细胞结构。应该说,在细胞内不对称性因素积累使细胞分裂受阻的情况下,出于满足信息供应的需要,或者来自环境因素的诱发(如四膜虫温度敏感株monster),细胞多核化应该不是一件困难的事情,而以每个细胞核为中心,实现多细胞结构的建设似乎应该也不困难。

那么,这一模式的关键可能在于,细胞间相互作用信号系统是如何建立的呢? 对此,根据现有的发育生物学的知识,我们可以设想,由于不同细胞间生理功能上的差异和由此带来的相互作用,例如,它们可以首先在细胞间形成离子通道上的联络,再进一步偶联 G 蛋白信号系统(在后面多细胞生物演化机制的章节中将有进一步的讨论),通过叠加与综合,使细胞间互作的信息结构不断复杂,并对多细胞方式的发育调控发挥着越来越大的作用。显然,一旦这一秩序平台得以建立,原来因单细胞结构而受到制约的发育潜能将会获得极大的释放,迅速向着复杂结构的方向演化和发展。

第二种多细胞生物形成的模式是迷人的。但是,它要求单细胞生物中某种发育程序的先期存在,这必然给这一发生模式带来很大的限制。起码,除了自养的单细胞生物伞藻以外,作者尚不知道有其他具有明确发育程序特征的单细胞物种遗留,而名义上归纳在单细胞生物类群中的基盘网柄菌,它的发育过程实质上是建立在多细胞结构平台上的。

第三种模式 如前面讨论中所提到的,来自环境和自身结构的原因,一些单细胞生物承受着结构极化和发育展开的压力。我们设想,可能出现这样一类细胞,在这一压力的胁迫下,它们极易造成细胞的不对称分裂。那么,分裂后细胞的前景是什么呢?应该有三:一是分裂细胞因自身信息改变,失去了独立生活的能力而被淘汰;二是分裂细胞通过内部调整继续单细胞的生存模式;三是分裂细胞需通过相互依赖,以多细胞"邦联"的方式来维持整体的生存。

显然,在第三种情况中,由于细胞间相互依赖压力的存在,赋予了邦联体细胞间信号系统创建的极好条件。当然,这也应是一个通过级联从简单到复杂的发展过程,并且这一过程是与细胞内基因表达调控的发展协同进行的,其中自然也包括有因细胞间生理功能依赖性带来的对细胞分裂周期的控制(如不利环境带来的细胞分裂的抑制),也就是说,邦联模式在理论上具有推动细胞间信号系统建立和实现对细胞分裂控制的基础。但是,也应该看到,多细胞生物的形成如果来自于这样一种模式,将不可避免地会面临着一个很大的诘难,就是这种由多细胞组成的邦联体如何完成传代呢?因为再快的速度,细胞间相互作用信号系统和周期控制机制的建立,也不可能一蹴而就地"一代"完成,必然要经历一个漫长的"传代"积累过程,显然这是一个十分严峻的问题。

对此,我们可以做这样的猜测,即在开始阶段,细胞差异程度还很低,对细胞之间信息联络的需求还不高,即邦联体中的一些细胞还具有一定的独立生存能力,在它们离体以后,仍能开始下一轮以自身背景为初始条件的新的发育尝试,以至于可以采取类似"出芽"的方式,在母体上便直接开始下一轮的发育展示。这种结构与团藻有两点显著差异,一是它的组成细胞具有异质性,二是它整体具有发育的趋向性。显然,如果这一结构和过程持续存在和不断进行下去,实际上便构成了一种推动细胞间互作信号系统,包括细胞分裂控制程序建立的选择平台,并不断地分化演变出一系列具有不同发育结构和模式的邦联体。可以设想,在这样一个系统的选择过程中,一旦某个邦联体的"发育程序"可以产生出这样的细胞,即它离体后的发育可以再次重复"亲本邦联体"的"发育程序",便实际上开始形成了一种多细胞层面上的生命周期性结构,即找到了种质细胞程序构建的路径。显然,邦联体的演化一旦进入到这样一种阶段和状态,也就表明它获得了多细胞生物三项重要秩序协同构建的初始条件。

需要特别说明,作者猜想,对于多细胞生物传代程序的建立,有性过程可能起着重要的作用。单细胞真核生物普遍同时具有无性与有性两种繁殖方式,两种繁殖方式之间的更换往往与环境有密切的关系。在环境有利的情况下,它可以长期地采取无性繁殖的方式;当环境转为不利的时候,便转换为有性繁殖。上述邦联体也可能出现类似的现象,即由于内源性不利因素的存在,诱发某些细胞进入减数分裂的程序,并以配子的形式脱离母体。当这些配子相遇结合的时候,便启动了新一轮的发育程序。应该特别注意的是,这些配子可能来自于邦联体中不同"分化"背景(包括可能发生的遗传背景的差异)的祖细胞,也就是说,有性过程的介入同样可以创造出一系列不同的"种质细胞",并利用有性过程的信息重组,在初始条件和发育程序编辑方面,造就了更广泛的选择机遇。今天,多细胞生物配子形成中,重要任务之一也正是对发育初始条件和路径的设定。

这种有性过程对传代程序设置的介入,也奠定了多细胞生物世代交替秩序建立的基础。今天,世代交替现象在多细胞生物中仍然普遍存在,而在真菌、低等植物中,世代交替现象表现得十分突出。并且,不仅二倍生物体有发育过程,单倍体世代同样存在发育现象,以至于表现得比二倍体世代还要辉煌(如藓类植物)(图8-3,图8-4)。这无疑提示我们,有性过程的介入和世代交替形式的出现,为多细胞生物传代程序的建立提供了极大的操作空间,例如,利用不同倍性发育潜能的不同,获得更强的传代能力,利用有性结合产生更多的发育程序的调整,等等。

无论是单倍的形式,还是双倍的形式,或者是两者交替的形式,我们可以

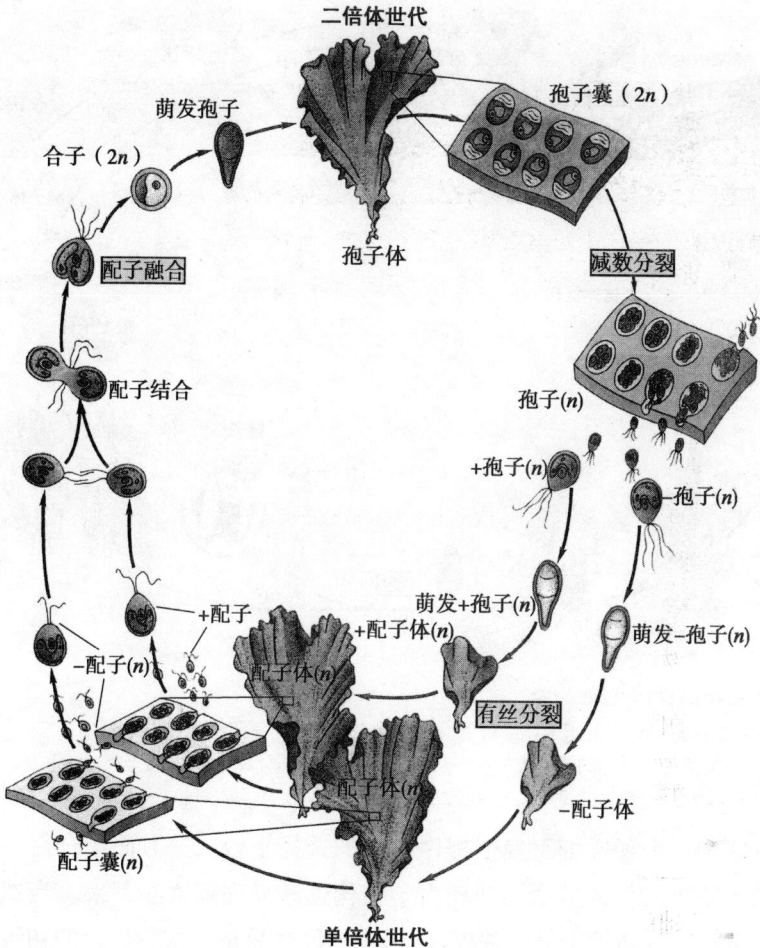

图 8-3　石莼的世代交替
石莼单倍体世代和二倍体世代生物体具有基本相同的形态结构。(引自樊启昶、白书农,2002)

称这种不断探索和演变的多细胞邦联体为多细胞生物"原体",即作者提出了这样一种设想:在单细胞生物向多细胞生物演化的过程中,存在有一个先期原体发育和选择的阶段。可以想见,这个由一系列"传代"产生的多细胞原体系统,从它一出现便同时具备了以下属性:在发育压力的驱动下,它处在持续推动细胞间相互作用信号系统不断发展的胁迫之中,由此突破了单细胞结构的限制,开始了多细胞生命体系的建设;对于单细胞生物不受制约的细胞增殖倾向和由此给邦联体带来的生存威胁,在细胞互作的基础上开始建立了对细胞分裂的整体控制,其中也包括凋亡程序的建立;由于有性过程的介入,这个系

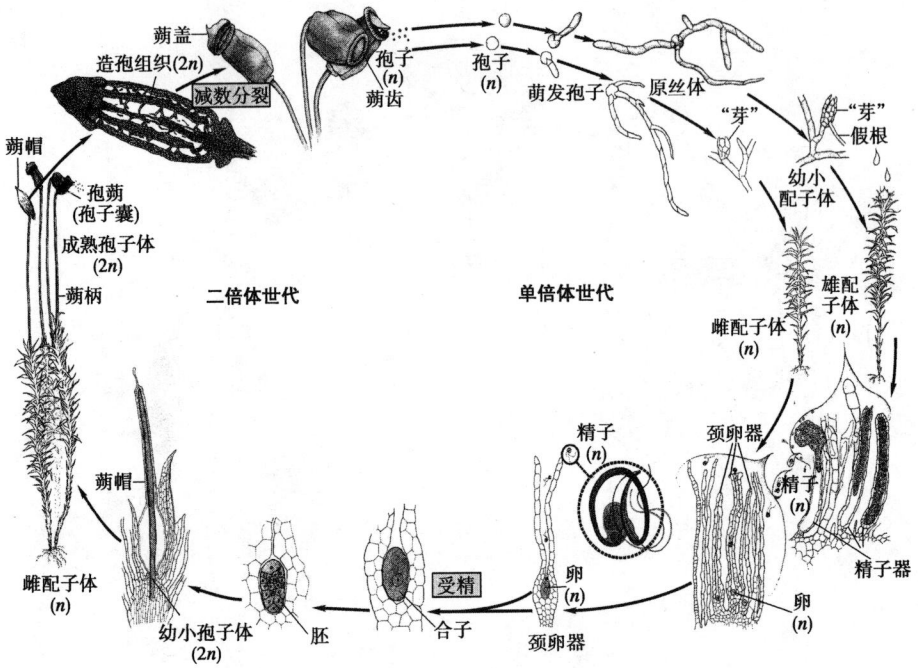

图 8-4　藓类的世代交替

金发藓属(*Polytrichum*)尽管孢子体细胞能够进行光合作用,但孢子体不能够独立存活,它必须寄生于配子体上,人们通常所看到的苔藓类植物多是它们的配子体。(引自樊启昶、白书农,2002)

统同时成为一个种质细胞发生程序建立的选择平台。三方面综合在一起,以多细胞为基础的新的生命周期动力学结构逐渐显现和确立下来。当然,上述假设的多细胞生物发生第三种模式,形成的原体只是多细胞生物的初级形式,它还处在建立和获得多细胞生物基本结构的探索阶段,还走在向多细胞生命体系创建的旅途之中,它的发育潜力还没有充分展现出来,它的个体规模和体积也不可能很大。我们应该给予多细胞生物的诞生以相当的宽容度,我们不能拿这些原体与现今的多细胞生物在形态结构和功能设计方面进行直接的比较。但是,对多细胞生物判断的核心是,只要这种生物具有上面归纳的多细胞生物的三个基本特征,它就已经开始进入多细胞生物的行列,而原体的发展正朝着这个方向前进,其实,它与当今多细胞生物发育的早期卵裂阶段已有许多相似之处,两者之间应该是有一比的。

显然,如果在多细胞生物发生的历程中真实存在有原体阶段,它对始祖的单细胞生物具有发育驱动属性的要求是必需的,它体现的应是一个需要假以时日、艰苦的多细胞生物的演化探索过程,这一过程出现剧烈的类群分化和大量的淘汰是必然的。但是,原体的出现和发展无疑给未来多细胞生物的确立创造了条件。

可以想见,一个特定的原体类群一旦完成了基本的细胞间相互作用系统的建设,实现了对细胞增殖的发育控制,确定了传代细胞的设置,便会产生发育潜能的极大释放。在这个新的秩序平台上,这类生物将会进入一个有序构建快速发展的阶段,并很容易出现体量规模急剧加大和众多功能器官迅速建立的现象。其原因有三:第一,原体从生存压力下解脱出来,每个细胞找到了自己的合理地位,便可以开始为这个位置所赋予的"任务",集中精力进行自身的建设;第二,发育生物学研究揭示,发育调控系统的演变在发育的编程中发挥着极为重要的作用,而这个系统中细胞间相互作用体系一旦建立,并与细胞内基因表达系统连手,通过自组织作用,生命的发育调控系统将会迅速进入复杂网络构建和分形演化状态之中,它必然驱动原体有序结构的快速发展;第三,现今细胞生物学的研究已经充分揭示了,真核生物细胞不仅有它高度精确性的一面,也同时体现出它具有高度可塑性的一面,这些为细胞的多向分化和发育程序及器官的构建奠定了很好的基础,即赋予多细胞生物发育展示以极大的发展空间。由此,在生物自身动力学属性和环境选择的推动下,生物个体规模将会随着组成细胞数目的迅速增加而急速加大,多细胞生物基础发育体制(body plan)也同时迅速建立,宏观可见的多细胞生物结构包括各种器官显现出来,特定的多细胞生物世系由此而形成。

概括地讲,第三种多细胞生物发生模式强调了发育属性对多细胞生物出现的原动作用,以及过渡形式的存在,即将这一过程大致分为两个阶段,一是原体的形成、歧化和生存选择,二是在原体基础上的发育体制的确立和个体的规模发展。

三种模式的比较 以上分别讨论了对多细胞生物发生的三种模式的猜想。接下来,作者愿意对这三种模式作以比较和评估。比较三种不同的多细胞生物诞生模式,表面看起来,前两种模式似乎要容易得多。那么从机理上看,它们是否是历史上多细胞生物诞生的优选方案呢?仔细分析发现,恐怕问题并不是这样简单。

对于第一种模式,有如前面提到的,如果没有细胞内部的发育驱动,只是通过环境因素或者细胞之间的非功能性机械结合而形成的多细胞团聚体,它们很难启动细胞间相互作用系统的建设,也就从动力学的层面釜底抽薪地阻碍着多细胞生命体系的建立。因此,作者认为,这一模式并不十分诱人,或许某些真菌、植物的出现有可能来自于这一途径。因为,对于自养、腐生生物,每个细胞的独立生活耐受能力要比异养生物大得多,它们对细胞间相互作用信号系统的要求也要比异养生物低得多,其发育程序的构建自然要容易得多,它来自于团聚体的可能性也会大许多。

第二种模式是以已建立了发育程序的单细胞生物为前提。首先,单细胞生物建立发育程序不是一件容易的事情,它比不具有发育展现的单细胞生物在种类上必然要少得多,而再由此演化出多细胞生物的机会也会更要少得多。其次,一个单细胞生物一旦建立了自己的发育程序,从动力学的观点看,就意味着它同时获得了对多细胞化和细胞间相互作用系统建立的简约能力,将比较难于再在已有的发育程序的基础上,形成推动细胞间相互作用信号系统发生的持久压力,显然这对于形成多细胞生命体系是极为不利的。实际上,今天原生生物中不乏多核现象存在,这也在一定程度上印证了这一观点。但是,我们也不能全然否定某些多细胞生物来自于这一方式的可能性,或者以此作为一种过渡。

从表面上看,第三种多细胞生物的发生模式要困难得多,但是它也有其优势所在。首先,在生命的演化历史上,细胞建立以后,当受到某些环境的影响(如大气含氧量的增加)和自身有序构成发展的推动,应该有相当一部分单细胞生物会长期处在某种发育压力的状态之中,这是生命基本属性使然。有如前面讨论单细胞生物演化时所比喻的那样,当 $X_{n+1}=kX_n^2-1$ 的 $k=1.74$ 或者 $k=2$ 时,迭代值表现出明显的混沌特征,这正是新的有序构成建立所必须具备的。这样,无论是对核心程序构建的推动还是具备时间上的许可,都为多细胞生物的出现创造了条件。其次,如前面所描述的,在这一模式中,很可能会发生发育程序和传代细胞协同设置的多态选择现象,为多种类型多细胞生物同步发生创造了条件,也就赋予多细胞生物形成创造了更多的选择机会。这表明,我们可以把这种模式理解为生命发展到一定阶段建立起来的,一个可以反复操作的多细胞形成的选择平台,它具有的发育程序和种质细胞的多选择性,为多细胞生物的形成创造了极好的条件。用一句更加系统论的语言说,生命这种更高层次的迭代运动,由于其蕴含着丰富的混沌性,必然提供更多的机遇,并引导多细胞生物以多样性的方式获得最终的确立。

总之,从系统论的观点看,我们或许可以这样概括:生命在完成了它的细胞周期建设以后,在发育属性的驱动下,建立了又一个更高层次的生命动力学周期结构,多细胞生物也由此而获得了它存在的合理性。在单细胞生物中,虽然存在有发育现象,并对细胞分裂的动力学结构进行了重大的调整,但是,由于单细胞生物的结构限制,它只是生命现象中的凤毛麟角。在生物发育属性的推动下,最能充分展示这一属性的多细胞生物体系最终不可避免地登上了生命的历史舞台。**在多细胞生物中,细胞分裂在生命系统周期结构中的地位被淡化,而成为构建多细胞生物的基础,代之的是多细胞生物个体的世代更替,生命在更高层次上实现了它的动力学周期结构建设,生命存在的合理性以新的形式获得确认。**

4 对多细胞生物演化历史呈现的分析和讨论

对多细胞生物诞生模式的任何分析,都应该印合于多细胞生物演化的历史轨迹,包括相关的化石发现和现今多细胞生物的展现。接下来,作者将以目前了解的多细胞生物演化历史为参照,对照上面提出的多细胞生物发生的可能模式,进一步考察多细胞生物的诞生。

在大约10亿年以前,多细胞红藻类、绿藻类远远早于动物而首先在地球上出现,并且从化石上看,早期植物出现以后的多样化趋势远远不如动物。这些现象如何用上述多细胞生物发生模式来进行分析呢?作者认为,植物执行的是自养营养方式,造成了它们对细胞间相互作用要求低和反分化能力高的特点。显然,对于这一类生物,获得多细胞生物必须具备的三个基本条件要容易得多。因此,它们以第一种、第二种多细胞发生模式形成的可能性要比异养生物大得多。即便是第三种模式,由于自养和对细胞间相互作用的要求比较低,它们的路径歧化和供选择的图案也要少得多。作者分析,这可能正是植物早于动物出现,并且早期植物多样化趋势远远不如动物的一个重要原因。

至今,动物起源像生命起源一样仍然有许多令人迷惑不解之处,化石的发掘提出了一系列耐人寻味的问题。人们在距今5.8亿~5.6亿年前的晚元古代末期冰碛层上,发现了埃迪卡拉动物群软躯体的印痕化石(图8-5),这是迄今发现的最早的动物化石。但是令人惊叹的是,这些动物类群有如昙花一现,在以后的生物演化中都消失得无影无踪。在距今大约5.3亿年前,地球上又出现

图 8-5　埃迪卡拉动物群印痕化石
的复原图（引自 Glaessner, 1985）

了一次寒武纪动物种群的大爆发，这就是著名的加拿大布尔吉斯页岩动物群
（图 8-6）和中国的澄江动物群。更令人惊奇的是，在这些化石中，人们不仅发
现了许多今天已经绝灭的不同门类动物，而且，还发现了今天地球上生存的、
包括脊索动物（海口鱼、云南虫）（图 8-7）在内的所有动物门类，以至于其中有
的还出现了某些纲类特征的区分。寒武纪动物化石的发现在生物演化上引来
了两个重要的理论挑战。第一个是，按照达尔文的进化理论，寒武纪的动物多
样性呈现，暗示了前期必经历过一个漫长的多细胞生物诞生和逐级分化的过
程，才可能形成寒武纪几十个门类的呈现。为了回答这个问题，人们利用生物

图 8-6　布尔吉斯页岩动物群的复原图（引自 Morris & Whittington, 1985）

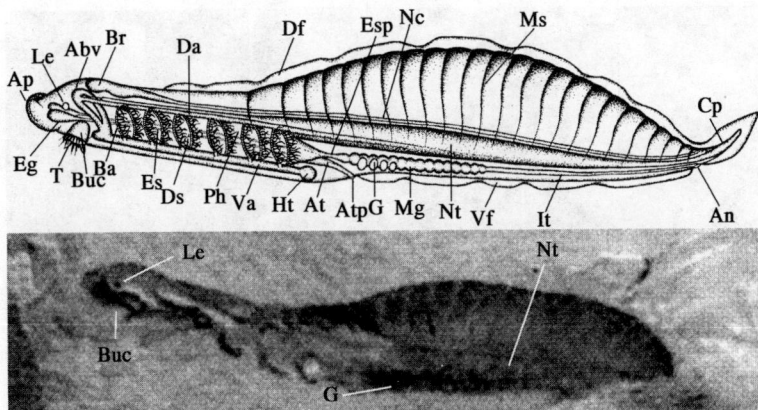

图 8-7　海口鱼

5.3 亿年前的脊索动物——海口鱼的化石,显示已具有心脏(Ht)、背动脉(Da)、腹动脉(Va)、鳃丝(Ba)、神经索(Nc)和脑(Br)等精细结构。(引自陈均远等,2001)

大分子进行序列分析,以期寻找这一分化可能发生的年代和路径。但是,令人吃惊的是,不同学者从不同角度研究,得到的是显著不同的推断,分别认为这些动物的世系分化可能发生在 13 亿～10 亿年前(Wray)、6.7 亿年前(Ayala)、5.6 亿年前(Valentine)。姑且不去考虑在以上不同时间段中,当时地球环境对这一演化发生是否许可,以及这几种推断哪个更接近真实,仅就被设想为从动物的最早出现到寒武纪大爆发之间漫长的年代中,其演化过程应该存在的过渡类型化石来说,无论对上述哪一种推断的证据都没有被发现。为什么呢? 有人解释为这是因为早期动物个体细小和稚嫩而难于形成化石保留下来的原因。但是,令人难以置信的是,这一假设却被一项化石的发现震惊了,近年在中国贵州瓮安,就在距寒武纪动物种大爆发前不远的 5.9 亿～5.5 亿年陡山沱组磷块岩中,人们却发现了比寒武纪大爆发时期更早的动物化石,而其中,除了类海绵动物、类腔肠动物外,大量形态差异,显然是极为细小和稚嫩的后生动物“胚胎”化石被完好地保存下来(图 8-8),而却全然不见其“成体”化石的踪影。显然,这对上面所说因个体细小和稚嫩而难于形成化石的假设是一个严重挑战。第二个相关的挑战是,自寒武纪以来,在 5 亿年的时间里,大而观之,从门级的角度看,动物的演化不仅不是数量的增加,反而是从大约 50 多个门(有人认为有近 100 多个门)减少到至今的不到 30 个门,显然这与依据达尔文变异与自然选择学说给出的预测图景也是相矛盾的。

看来,对于动物的起源和寒武纪大爆发现象,应该进行重新审度,而这一

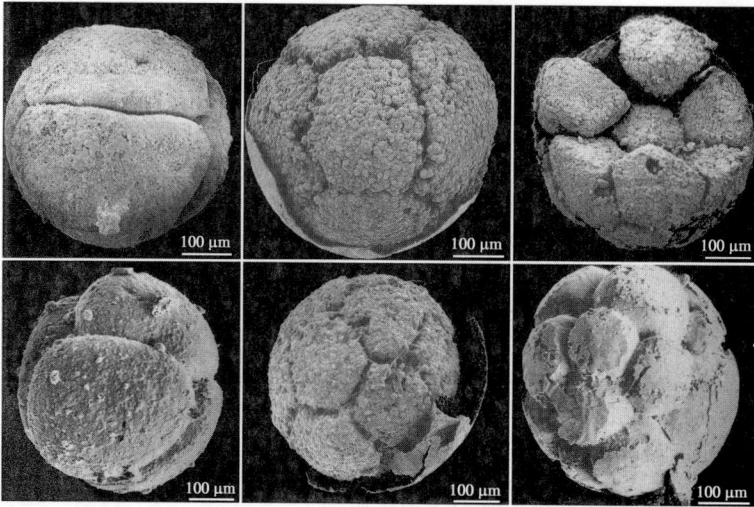

图 8-8　瓮安动物胚胎化石
贵州瓮安陡山沱组磷块岩中保存完好的动物胚胎化石（引自袁训来等，2002）

分析也必然密切关系于对多细胞生物如何形成的认识。对此，作者不禁联想到，目前一种通行的观点是，在动物世系大爆发以前，首先出现了一种称为圆形扁虫（round flatworm）的动物，并由此通过大爆发分化形成众多的动物世系，其中又包括体制大爆发和体制类型扩增两种学派（图 8-9）。对此，我们姑且不去评判两种假设哪种更为合理性，其实不难看出，就它们共认的原形扁虫起源而言，这一假说本身是一个很含混的概念，并且它只是一种形态上的猜测。作者认为，作为动物最早发生的实体代表，"圆形扁虫"的概括可能过于"现代"化了。动物发生的早期阶段，由于它起始于单细胞生物，其个体应该非常之小，它更可能只是一种类似今天动物发育早期卵裂球的结构，只有在发育体制（body plan）建立以后，即体轴设计和胚层分化形成后，动物世系才可能真正确立，然后才开始它在形态结构和体积规模层面上的大发展。作者想起了早在19 世纪 70 年代，Haeckel 就提出了一个假说，认为最早的后生动物是在形态上类似于今天动物胚胎或者幼虫一样微小的生命。那么，什么是这种"胚胎或者幼虫"的真实含义呢？

　　回到前面对多细胞生物发生三种模式的讨论，在第三种模式中，作者提出多细胞生物的建立可以分为两个阶段，首先是原体的形成和演化，然后是世系建立和在结构与体量上的规模发展。有意思的是，在中国陡山沱化石中虽然

A

525 Ma

寒武纪 543 Ma
震旦纪

B

525 Ma

寒武纪 543 Ma
震旦纪

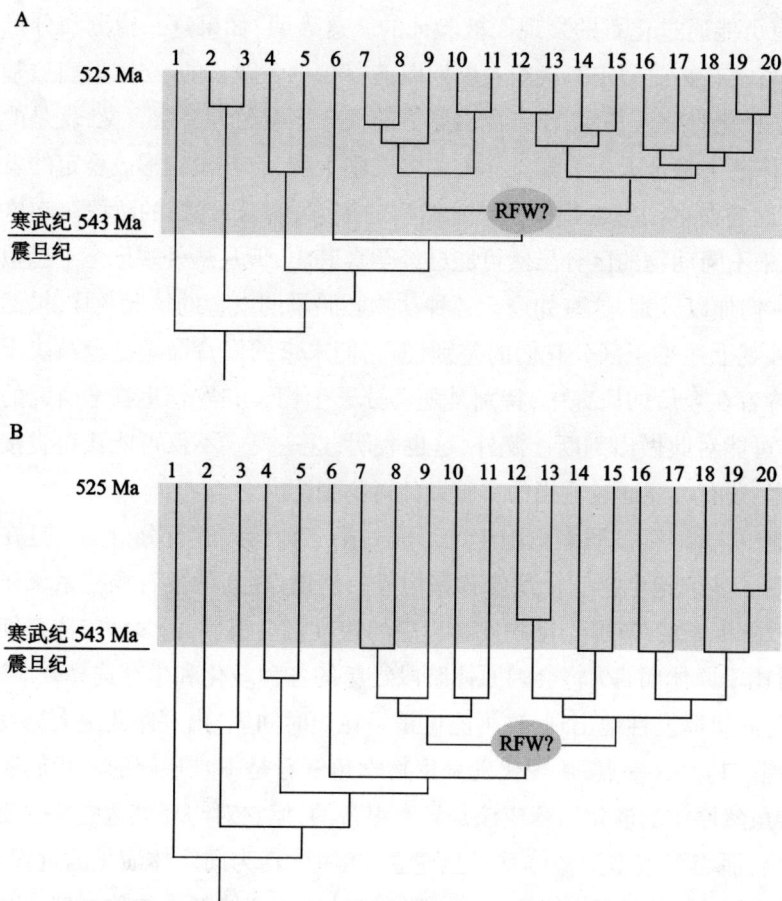

图 8-9　寒武纪动物物种大爆发

对寒武纪动物物种大爆发的通行看法是,它们起源于共同的祖先圆形扁虫(RFW),而对此又有两种分析,一种认为门类体制多样性分化发生在前寒武纪,称为体制大爆发(A),另一种依据分子系统发生的研究,认为寒武纪主要进行的是生物体大小增长、硬组织发生、附肢分化,而有明显体制分化的圆形扁虫,应出现于寒武纪前 1 亿年的时期,即在震旦纪就已开始了分化,称为体制类型扩增(B)。(引自 Gerhart & Kirschner,1997)

发现了大量卵裂期动物"胚胎"化石,但是令人费解的是,在同一地层中,人们却没有发现任何与其对应的"成体"化石,难道这些胚胎都不发育为成体吗? 对此,作者猜想,陡山沱组磷块岩中发现的形态各异的"动物胚胎"化石很可能正是第三种模式假设的、从单细胞生物向多细胞生物演化过程中"原体"的遗留,它们的"成体"实际上还没有出现。更为重要的是,陡山沱化石的发现表明,如果在动物早期发生中真实存在过类似于现今胚胎结构的原体阶段,它将是有可能通过化石的发现而被验证的。这表明,如果这一猜测和分析是合理的,就没有必要假定寒武纪大爆发以前存在一个漫长的、在圆形扁虫基础上的世系分化时期。其实,作者提出原体的概念还有另外一层含义,就是严格地说,原体还不是今天生物学意义上的多细胞生物,它并没有形成稳定的发育体制,它还处在多细胞生物体系基础结构的探索、磨合、选择的阶段。在这个阶段,未来不同动物的区分虽然可能已经孕育其中,但是从外观形态上恐怕还不能对它们加以区别,这有如今天各种动物胚胎早期发育的情况一样,虽然在形态和外观上还难于区分它们的差别,但它们未来的发育命运已经被决定。我们期待着在今后的研究中,特别是随着分子生物学和发育生物学研究的不断深入,可能对此做出判断。此外,这也表明,这一模式不仅可能获得直接的化石证据,还有可能通过适当的实验设计得到旁证。

接下来,继续按照多细胞生物形成的第三种模式进行分析。一旦在原体中实现了多细胞生物三个重要有序构成的建设,在新的发育调控系统建立和环境双重因素的作用下,动物发育程序的建设将会很快,而多种宏体多细胞生物(对比于原体而言),将会因原体阶段经历的各种歧化和生存选择效应,在较短的时间里爆发性地出现,这可能也正是在短时间里,出现寒武纪大爆发的真正原因。其实这一点,从现代发育生物学角度看是不难理解的。我们还应该看到,虽然原体的演化历程应该是异常艰苦的,但它对与环境适应性的要求并不突出,而当多细胞生命体系一旦建立,在原体转为向宏体演化的过程中,必然会经历一个发育能力快速释放,即便这时各种宏体新生物种可能会存在有这样那样的缺陷,也仍如百花争艳一样迅速呈现出来。但是,当不同发育体制获得确立,并正式登上了多细胞生物发展舞台以后,环境和由大量不同生物种类创立的新的生态系统,对各种多细胞物种生存合理性的选择作用必将强烈地凸显出来,埃迪卡拉动物群的全军覆灭,以及布尔吉斯页岩动物群许多门类生物的迅速消失,会不会正是反映了这个难以逃脱的"宿命"呢?

5 多细胞生物的多源发生

与多细胞生物形成密切相关的,是对多细胞生物单起源还是多起源的研究。实际上,作者认为,从多细胞生物建立的分析和讨论中,已经可以获得多细胞生物多起源的基本认识,其原因来自于三个方面:第一,多细胞生物的发生不是泛泛的单细胞生物的偶然"团聚",而是与不同单细胞生物发育驱动潜力的差异有着密切的关系,因此它的渊源可能会追溯到单细胞生物演化的相当早期阶段,而不同单细胞生物各自独立完成这一生命系统结构的跨越也就水到渠成。第二,由于生命系统结构和代谢类型的差异,在向多细胞生物前进的路程中,完全可能会采纳不同的发生模式,它的多起源也就成为自然。第三,由于多细胞生物的建立是一项艰难的系统工程,在这一过程中出现路径歧化和差异选择,并由此产生未来发育体制的分道扬镳,也是不足为奇的。对此,从多起源的角度,我们还可以将多细胞生物的发生归纳为两种表现形式,分别称之为多元性和多样性。所谓多元性,是指不同的单细胞生物各自独立演化形成不同的多细胞生物,而多样性是表示,同一种单细胞生物在其向多细胞生物演化的过程中可能会出现歧化,平行地产生出若干种不同多细胞生物。接下来,作者将对多细胞生物是否多起源的课题展开讨论。

生物界存在有三大类多细胞生物——真菌、植物和动物(作者习惯于将动物、植物的概念限定于多细胞生物的范畴),其最主要的区别在于它们的营养类型不同,并由此展现出它们的发育编程很不一样。普遍接受的看法是,真菌、植物和动物三类多细胞生物在进化上是各自独立发生形成的。实际上,化石发现,多细胞生物在演化上至少独立地发生过6次,它们跨越了从10亿年前到5亿年前的漫长时间,这已从基本方面显示了多细胞生物发生的多元性。

从化石所提供的信息看,植物的出现不仅明显地早于动物,并且在植物形成的初期所展现的类别分化也比动物要少得多,缺乏像动物那样世系大爆发的现象。都是多细胞生物,为什么植物和动物的发生在时间、形式上出现如此显著的差异呢?如前所说,作者认为,这与植物和动物营养方式的不同有很大的关系。因为植物是自养生物,加之早期植物生存的水生环境,它原初发育的趋向性可以说主要是克服张力和水流冲击的作用,尽可能地扩展个体的受光面积。对于细胞间相互作用信号系统的要求,植物相对于动物来说也要简单得多,这一点在水生的环境中更加明显。此外,植物的自养属性也带来其细胞分化相对简单和去分化能力强的特点,对种质细胞的设定也要容易许多。与此相关的是,在个体发育体制建设方面,上述特征使早期植物远没有动物那样丰富多彩的发育路线可选择。也正是出于对这些因素的思考,如上面的讨论,作者认为可以接受植物发生的第二,以至于第一种模式。显然,这些都使植物发生的多元性或者多样性变得较为淡泊,即便不同的单细胞生物可以分别独立地进入植物发生的行列,或者起源于同类单细胞生物在这一过程中体现出某种差异演化的趋势,它们完全可能表现出很强的发育程序、形态构建上的趋同性,则将很难给出它们发生路径差异的真实判断,也就是说,作者认为讨论植物起源的多元性和多样性意义不大。实际上,植物多样性的形成更多地产生于植物演化的后期,特别是登陆以后的阶段。这是因为环境的巨大改变和个体结构复杂性的提高,才赋予了它们更多的发展路径选择。

虽然表面上看,真菌的营养方式与植物有很大的区别,但实际上,对于细胞间相互作用信号系统的建立、传代细胞的设定、发育程序的编排而言,腐生与自养之间有着很大的相通之处,因此,在其发生的多起源方面,真菌与植物可能极为相似。

动物为异养生物,由于取食、运动、感受、应答、体内代谢运输等诸多因素,在形态结构、生理功能方面,对其有序构建有着许多特殊的要求,并且存在有多种可能的构建与组合模式,这一点在单细胞原生动物中就已经明显地显露出来了。由于这些特征的存在,在它们向多细胞生物的发展过程中,其发育驱动和程序设计的趋同性必然要比植物小得多。实际上,动物发生的图案远远比植物要复杂得多,也使我们感到,动物世系大爆发表现得更像是一种包括有多元和多样发生的过程。对此,作者将尝试依据前面提出的多细胞生物的发生模式,探讨动物多元和多样发生的可能路径。

对于动物的形成,我们可以做这样的猜想。有如前面讨论所谈,由于动物异养生活方式必然要求的结构与功能分化的高度复杂性,在向多细胞生物跨越的过程中,对于多细胞生物发生的三种模式,采取第三种模式的可能性很大,其过程应该大致如下:第一,对于不同的异养单细胞生物,由于它们各自形态结构的差异和长期积累的发育潜能和势态不同,可能会造成它们各自独立地进入多细胞生物发生的行列。在今天的单细胞原生生物中,一些物种或多或少地表现出某些发育的特征,并且它们包含在相当广泛的不同门类中,这暗示当初具有发育倾向的单细胞异养生物类型应该不在少数。尽管建立多细胞生物发育程序是一项艰巨的系统工程,想必在这一过程中会有大量的失败者,但是我们仍然有理由推测最终实现多细胞生物构建任务的不是唯一的一种单细胞生物类型,其结果带来的是动物发生的多元性呈现。第二,在第三种多细胞生物发生的模式中,原体形成和发展的过程实际上是一个多细胞生物发育核心程序创建的过程。因为不对称细胞分裂造成发育表达初始条件的差异,以及发育信息组建的差异诱导和选择,必然会造成原体在获得多细胞生物必须具备的三个重要的有序结构时,它们的内容和路径产生歧化,并大大强化了发育程序设计多样呈现的可能性。这种分化必将深刻地影响着未来发育体制的建设和宏体生物的展现,造成世系的区分,其结果带来的是动物发生的多样性呈现。第三,在原体建立了多细胞生物三个基本的有序结构以后,动物进入世系确立和个体规模发展的阶段。这时,发育调控系统和形态建设仍处在剧烈动荡的状态之中,它执行的是发育潜能的充分释放和稳定组合的原则,在发育信息的利用和发育程序的编排过程中,冗余信息的调用和复杂信息网络结构的建设,极可能会再次形成发育程序的分形,并这一过程也同时会受到环境因素的影响,造成宏体动物世系以至包括亚类的分化,其结果带来的是动物发生多样性的加剧。显然,动物起源的这样一种模式,不仅可将不同异养单细胞生物带入到多细胞生物的行列,也同时引发了这一过程中的世系歧化现象。这表明动物的起源,可能来自于不同单细胞生物各自独立完成多细胞生物的系统建设,也可能产生于同一始祖细胞在这一过程中的世系分化,而这些世系之间因为在动物物种最终确立之前便开始了系统结构的差异建设,自然应该会在动物的多起源中做出独特的贡献。

总观而言,多细胞生物的发育受着十分复杂的调控网络的控制,当今发育生物学研究发现,许多不同动物物种间实际上有着相当保守的发育核心程序(在后面对多细胞生物演化机制的思考中会对此作进一步的讨论),并且这些程序的创立可能会追溯到多细胞生物发生很早的阶段,以至于它们可能在多细胞生物形成前的单细胞生物阶段便存在了。围绕着这些核心程序,叠加有许许多多的调控通路和旁路,并且这些通路往往具有相互替代或者补偿的功能。不同发育程序的区别往往起因于这种发育调控网络结构的不同,有时一个细小的调节通路的区别,如一个基因的差异利用,就可能带来发育编程的巨大变化。来自发育的驱动,细胞间相互作用信号系统的建立正是利用这一平台出现发育程序的歧化,例如,果蝇早期胚胎发育体轴决定重要的 *bicoid* 基因在其他门类中没有发现,这些都是值得深入探究的问题。具有高度柔性的生命系统有着极大的生理耐受性和承受力,多细胞生物体系更大大地强化了生命的这一属性(在后面有关多细胞生物演化机制的章节中也会对此给出进一步的分析),关键是寻找不同多细胞生物体系所选择和确定的程序构建路径和发育模式。显然,在向宏体多细胞生物发展过程中,这一探索、磨合阶段的存在对于复杂调控网络的分化是极为有利的,比如基因新功能的开发,新调控回路的建立。生命过程中任何一个新的有序结构的建立,在它开始的时候都不可能是完美的,因为它太复杂了,都需要走过一个方向选定和稳定磨合的阶段,也就提供一个多样发展的操作平台。如果再将植物和真菌的发生加入进来,作者认为,无论是不同单细胞生物独立地进入多细胞生物的演化行列,还是多细胞生物形成初期发育程序的分化与选择,或者是宏体生物建立过程中的发育体制分形,这些环节的操作都可能在物种层面上造就多细胞生物的多起源呈现,因此,多细胞生物的多起源观点应该是这一系统分析的必然推论。

如前面所谈,研究动物世系演化关系有两条主要的路线,一个是形态结构的比较,另一个是对生物大分子序列的保守性和同源性分析。例如,在动物胚胎学研究中,人们很早就发现了不同动物卵裂方式不一样,早期发育又存在有原口与后口的区别。逐渐形成了这样一种思考,即从卵裂和口形成的方式归类不同动物之间的亲缘关系。但是,以卵裂或者口形成的方式分别进行判断,两者有时却会得到相互矛盾的推论。再如,近年随着分子生物学的发展,利用基因序列的同源性进行系统演化分析,取得了许多重要的成果。但是,在对动物起源和世系演化关系的研究中,依此方法,有人提出了动物世系分歧应远在13亿~10亿年前就发生了的观点,这显然与化石的发现不相符合,也与生物总体演化图景以及当时地球环境所可能提供的条件相违背。作者认为,这两种方法对于动物起源和世系分化的研究存在有各自的局限性。有如前面几次提到的那样,对复杂的多细胞生物发生的研究,单纯的形态比较和只采用对特定大分子序列信息逆推分析的方法都是不周全的。例如,一些形态上的类同可能来自于平行进化,一些同起源的世系可能因多样分化作用产生形态构建上的显著差异,而序列分析的结果可能因为多起源的原因,实际上对应的不是多细胞生物发生后的歧化,而是各自处在单细胞生物阶段就产生和积累的差异。

值得注意的是,沿着以上的思路,还可能让我们产生一种看似不可思议的猜想。实际上,上述多细胞生物发生的第三种模式,除了贡献于多细胞生物的发生外,还可能还会出现另外一种现象,就是在原体发展的过程中,一些细胞因为信息分配和分化作用而失去了发育的潜能,当它们因某种原因脱离母体后,将可能从此脱离多细胞生物演化的轨道,以一种新的单细胞生物的姿态继续生存下来。这就是说,在多细胞生物形成的过程中,可能又一次提供了新的单细胞生物物种发生的机会(酵母?),这时出现的单细胞生物有如是多细胞生物发生过程的副产品。这样的想法也许有些离奇,但是,今天原生生物中确实存在有一些物种与某些动物(如节肢动物)在形态、结构上有着某种模拟性,它们之间是否曾以这样的方式有过历史上的亲缘关系呢? 这也或许真的是曾经发生过的故事,体现的是一种多细胞生物演化的失败或者逃逸,不知原生生物学家是否也有过这样的猜想,或者愿意在这方面做一些探索? 这也提示我们,在利用生物分子序列进行演化研究时,如果能够充分注意到这些方面,可能会对我们的工作有所帮助,特别是它将为一些相互矛盾的数据分析提供一种新的视角。总之,生物的演化十分复杂,对于传统的生物演化理念和研究手段,在应用时应该格外慎重。

此外,还有一个应该提及的疑问,就是如果存在有多细胞生物多起源的现象,从化石的发掘看,植物与动物的出现相隔很长的历史年代,并且植物类多细胞生物曾在历史上数次发生,为什么动物的发生都集中在寒武纪的前后,而在随后的 5 亿多年的时间里,将再没有新的门级分类动物出现(有人认为苔藓动物可能是一个例外,它广泛分布在除寒武纪外显生宙的各个地质时期的海相地层中)。对此,作者猜想,生命系统的发展与演化是有方向性和阶段性的,例如前面提到的,一旦细胞建立,新的生命起源将不再可能发生。而当生命演变进入多细胞生物发生的阶段后,其中自然包括基础环境条件的具备,对于相同类型的多细胞生物而言,不同的始祖单细胞生物将会以协同的姿态,同步地跨入多细胞生物的演化进程,呈现出平行演化的现象,而没能跨越这一门槛的物种,除非自身结构发生重大的变异,或者环境发生巨大变化,它们将只能永远地停留在单细胞生物的层次。在一个既定的动力学系统的演变过程中,要发生的按时发生了,不能发生的永远也不会再发生了,如果将此比喻为"一失足,千古恨",可能并不过分。这一点,对动物来说应该尤为突出,而植物因为营养方式带来的宽容性,则会显得比较"灵活"。

总之,从化石分析,多细胞生物的形成跨越了 5 亿年的岁月,囊括了庞大的真菌、植物、动物众多生物类群的出现,这是一个经历漫长时间的复杂演化过程。在多细胞生物形成的总标题下,上述的各项讨论基本是一种推测和猜想,或许有些还可能会被证明是一种无稽之谈,但是作者力图传达的思想是,避免在偏差前提下的形式追究和对这一重要生命现象系统分析的强调。

多细胞生物发育程序的建立是生命复杂系统的重大进步

生物的发育属性推动了多细胞生命体系的建立,它不仅带来了生命系统有序构成上的巨大提升,也将发育属性的展现推向了极致,由此展开了一幅绚丽多彩、博大精深的生命画卷。显然,从发育的角度剖析和认识多细胞生物也就自然成为认识生命复杂系统的重要内容之一,下面将从多细胞生物发育程序的构建、多细胞生物发育程序的动力学特征、多细胞生物体系的建立给地球生物圈带来的深远影响三个方面探讨这个问题。

1　多细胞生物发育程序的构建

在前面,作者对生物的发育属性作了四点归纳,其核心在于发育是个体生命中一种程序性结构与功能的构建和演变过程,并强调了多细胞生物体系的建立,使生命的发育能力获得了极大的释放。现代发育生物学研究揭示,多细胞生物发育程序的构建依赖于一系列重要生命机制的参与和创立。

细胞分化　首先,真核生命体系的建立赋予了真核细胞在结构和功能分化方面广阔的发展潜力,这一点在原生生物中已经充分体现出来了。当多细胞生物形成后,这种结构和功能上的分化潜能,因为每个细胞独立生存压力的强力卸载而获得了极大的释放,成为多细胞生物发育程序建立的基石。其实我们不难发现,就每个细胞而言,在结构和功能上的精巧性、复杂性,多细胞生物远比原生生物简单得多,而多细胞生物的优越性主要体现在分化细胞间的分工、专业化和相互协调方面,这是单细胞生物所不具备的。

今天,人们对细胞分化机制已经有了相当的了解。从发育的角度分析,细胞分化大致可以分为两种基本类型:细胞内程序分化和细胞间诱导分化。其中,细胞内程序分化可以产生于细胞内信息在细胞分裂中的不均等分配和差异性细胞内基因的级联表达两种机制,而细胞间诱导分化又可以分为近端诱导和远程控制两种机制。当然,在发育过程中,具体的细胞分化过程往往是这些机制的综合运用。显然,细胞分化的级联成为多细胞生物发育程序构建的重要手段之一。长久以来,细胞生物学的研究和教学给人们留下了一个强烈的印象,就是,细胞是一个高度严密、精确的生物结构,在发育中,它的分化也是一个精心设计、严格编程的过程。但是,人们似乎忽视了细胞的另一个重要品格,就是细胞同时又是一个非常柔性的生物结构。这是什么意思呢? 就是说,细胞因其特有的组织方式,赋予它在形态结构和功能表达方面以相当大的灵活性和变通性,尤其是真核细胞,这一特点表现得更为突出。这是为什么呢? 一个重要的原因是,真核细胞蕴涵有强力的不对称容纳能力和大量的区室分隔结构,使各个部分获得了相当强的独立发展潜能,加之它们之间的不同组合,使真核细胞对于不同的内外环境表现出相当大的可塑性,如肌细胞和分泌细胞的出现,它们显然是由于在获得了来自整体的生存保证后,差异性地调动了细胞内特定结构(肌动蛋白与囊泡)的"超常"发展所致。正是这个原因,为多细胞生物在整体结构和功能上丰富多彩的发展奠定了基础。

细胞分化带来的是细胞间在结构和功能上的差异展现,在此基础上,分化细胞依据其各自的性质,包括细胞表面的分子属性,推动着细胞群体的自组织建设,出现了生物体组织水平上的形态和功能构建现象。生命的自组织过程来自于对一系列理化属性的利用,其中包括亲–疏水性、电亲和–排斥性、物质密度、张力属性等等。这是一个有着强烈的热力学含义的自组织现象,是一个系统趋向稳态结构的动力学过程。进而,由于这种众多细胞参与的自组织作用,可带来对原有生物内环境的区域划分和新的细胞分化条件的建立,推动细胞分化的持续进行,新的细胞分化再次打破自组织过程带来的结构稳定性,引发进一步自组织过程的发生。显然,细胞分化和分化细胞的自组织过程的交替进行,构成了一种可以自发展开的发育程序,使发育体现出了一种"编程"的特征,因此,多细胞生物中存在的所谓发育编程,实质上呈现的是细胞的持续分化和分化细胞间自组织动力学过程的级联推进现象。

信息结构保证　多细胞生物给生命带来的另一个重要变化是信息结构的改变。保存在染色体 DNA 序列中的遗传信息,在单细胞生物中全方位地指导着整个细胞的一切生命活动。但是,在多细胞生物中,这一格局发生了重大的改变。由于多细胞生物建立和发展起来了一个全新的细胞间相互作用的信息系统,使储存于每一个细胞基因组中的遗传信息,在不同细胞中被差异和协调使用,即生物信息超出细胞的界限呈现出一种立体化的结构,为细胞分化(包括细胞增殖和数量控制)和它们之间的组建与协同创造了条件,推动了多细胞生物不同的组织、器官和功能系统的建立。因此多细胞生物形成的立体化信息结构成为发育编程的基础。

　　仔细研究发育程序结构,我们可以很容易地发现,发育不是一个"平铺直叙"的展现过程,它明显地存在有时间和空间上阶段和区域划分的特征,从而形成了所谓的发育的时间和空间结构,即发育程序中存在有程序模块化现象。发育生物学研究表明,发育的时间和空间模块结构不是一个为了研究方便而实施的人为划定,它是一种真实存在的高阶于细胞分化和分化细胞自组织的发育程序结构。何以见得? 因为许多体现发育程序的时间或者空间模块一旦建立,便具有明显的依赖于周边环境的以模块结构和功能为中心的发育自主性。例如:将鸡胚胎发育已形成的肢体原基进行移植,肢体仍可以异位正常发育;将果蝇幼虫成虫盘通过移植的方法转到成体中,并在不同成体中施以连续传递,它将一直停留在成虫盘的阶段,而将它再次移植回到幼体之中,它仍能按原来的设定在变态过程中发育出对应的成体器官,等等。多细胞生物发育程序的模块特征为不同细胞定向逐级分化、基因产物多方位利用、多程序组合性设计提供了广阔的操作空间。显然,在此基础上产生的发育模块间的级联进而成为发育程序构建的高级组织形式。

　　对于发育中的细胞分化和模块现象,作者认为,从系统论的角度看,其存在和形成的根源应归因于复杂系统的分形属性,而多细胞生物的发育编程在这方面表现出了巨大的潜力。

　　发育的世代遗传　由于生命生殖细胞(系)程序的出现,单细胞生物中建立的有性机制,在多细胞生物的发育世代遗传中得到了充分的利用,并实现了与发育程序间的整合,从而确保了发育的世代遗传。其中,动物普遍采取的是在配子结合后双倍性基因组背景下的发育,植物和真菌普遍采取的是合子与孢子串联在一起而形成的孢子体与配子体的交替发育,并广泛存在有两者不同发育程序设计的现象。

　　如果把多细胞生物发育程序的开始确定为卵细胞受精或者孢子萌发,那么,它们这时的结构和所处的状态自然成为发育程序启动的初始条件。显然,基于多细胞生物种系程序的创立,只要外界条件适合,合子或者孢子所包含的基因组和细胞质的全部信息,将可以使发育程序在每一代个体中,自动地、逐级地展现出来,这也正是发育(development)一词的原本含义。由此看来,多细胞生物发育完全可以看作是合子(或者孢子)在适宜的环境下,按照其所具备的初始条件,在环境条件的支持下,必定出现的自发过程。多细胞生物也正是通过这种手段,并在世代交替的过程中,周而复始地维持着个体发育程序的稳定遗传。

基于以上的讨论,我们可以对多细胞生物发育程序进行一种概括。作者认为,**程序级联是发育程序组建的基本方式,这种程序级联主要表现在三个不同的层面上,即细胞分化诱导过程的级联、细胞分化与分化细胞间自组织过程的级联、发育程序建立的时间与空间模块之间的级联。在这一过程中,多细胞生命系统的立体化信号系统结构为发育程序的执行创造了条件,而配子或孢子形成在发育程序中的整合确保了多细胞生物发育程序的稳定遗传。**

2 多细胞生物发育程序的动力学特征

以上讨论了多细胞生物发育程序的建立,既然发育已成为多细胞生物存在的最重要的表现形式,揭示发育程序的动力学特征也就成为认识多细胞生物的重要内容。

发育编程的分形属性 发育是多细胞生物结构与功能建立的必经之路。考察多细胞生物的发育过程,我们可以很容易地发现,它体现出许多复杂系统动力学过程所具有的分形特征(对于自然界的分形现象,在后面有进一步的讨论),即在时间和空间维度上,从受精卵的第一次分裂开始,通过遗传信息的差异利用和细胞的持续分化,以及在此基础上的自组织级联过程,发育所展现的是一种生物体在结构和功能上全方位的持续异化过程,由此最终实现了多细胞生物复杂结构和多样功能的建设。因此从系统的角度可以说,发育程序体现的是在多细胞生物秩序建设过程中的分形法则。

发育程序具有复杂的超循环结构 人们都知道,生命的代谢程序具有典型的超循环(hypercycle)结构,它包含着许多大大小小的循环路线,以及大量的回馈控制通路和旁径,形成一个极其复杂的网络结构(见图3-1)。但是如果发育程序也能用类似代谢的线路图描绘出来,我们会发现,发育程序的复杂程度远远超过代谢程序,这主要来自三方面的原因。第一,代谢基本属于细胞内部或者可以说是细胞质中发生的、生命物质的衍生和能量的传递与转换,它包含的程序内容相对要简单得多。相比之下,发育程序包含有不同层次的结构:它有细胞内部发生的基因表达调控和相互作用;有细胞间和细胞与细胞间质之间的相互诱导和作用;有发育时空模块的建立和它们之间的协调发育;还包括有环境因素对发育的介入和干预。第二,从一定程度程度上讲,对代谢程序的记述可以允许我们忽略时间因素。但是,对发育来说,时间因素不仅不能忽略,而且在个体发育过程中,伴随时间的推移,发育程序发生着巨大的变化,它表现出的是空间和时间双重结构的演变(图8–10)。第三,一般讲,基础代谢程序在不同的物种中有极高的通用性。但是,不同的物种有不同的发育图案,它们之间在路径和结构上的可比性远远低于代谢程序。

因此,从已有的知识看,在发育程序中,包括其中的控制、调节环路与网络结构,它不仅存在于各层次之中,还跨越于不同的层次和发育阶段,它不仅表

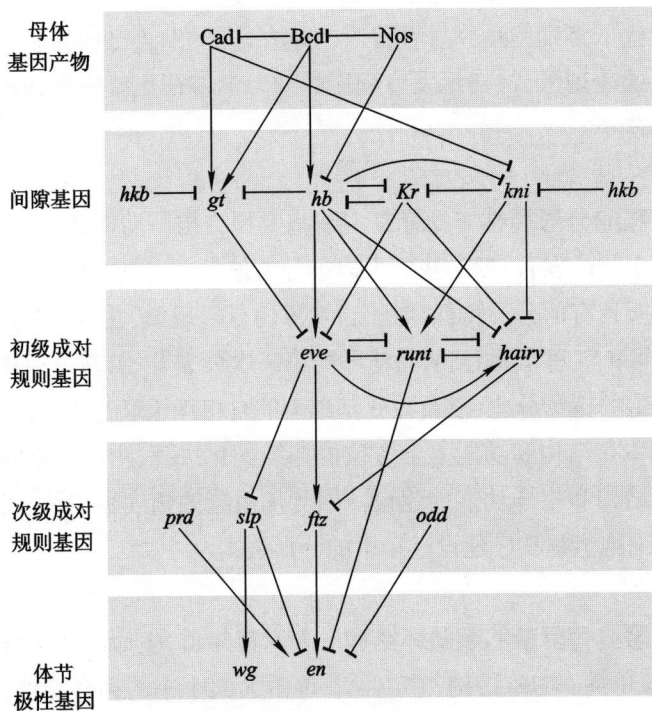

图 8–10 果蝇早期发育的体节分化调控

研究发现,在果蝇发育中,间隙基因和成对规则基因影响和控制着体节极性基因 engrailed 的表达(图中最下中央的位置上),箭头表示激活,平头表示抑制。注意此图显示了 engrailed 基因的最终表达涉及不同基因的激活与抑制作用,比如,hairy 基因至少被另外 4 个基因抑制,如果其他成对规则基因突变失活,将增强其表达活性,engrailed 基因最终由 prd 和 ftz 基因分别编码的转录调节子激活。图中各基因名称缩写代表的是:cad,caudal;bcd,bicoid;nos,nanos;hkb,huckebein;gt,giant;hb,hunchback;Kr,Kruppel;kni,knirps;eve,even-skipped;prd,paired;slp,sloppy paired;ftz,fushi-tarazu;odd,odd-skipped;en,engrailed。(引自 Gerhart & Kirschner,1997)

现出不同物种间的巨大差异,还包括许多环境调控因素的介入,它不仅有着丰富的代偿机制,还具有在机体损伤后的修复和秩序重建能力。因此,对发育程序结构的认识远远比对代谢路径的认识困难得多,人们在这方面的了解程度与代谢途径比较还相差得很远,这也正成为当前发育生物学研究的基本关注点。

多细胞生物发育程序的超循环结构具有极其重要的生物学意义。系统学研究表明,超循环结构赋予复杂系统许多重要的动力学性质,它包括系统的自我调节和自稳属性,系统的自组织能力和分形特征,以及混沌和吸引子结构的存在,等等。显然,不仅多细胞生物在发育方面的许多现象都与发育程序的超循环结构和属性联系在一起,更重要的是它将给多细胞生物的发展和演化带来深刻的影响,作者将在后面进一步探讨这个问题。

发育程序的方向性展示及其部分可重现性 在对多细胞生物的发育现象分析后,作者认为发育的另一个重要特征是,它赋予多细胞生物的生存有着明确的动力学方向性。造成这一方向性的原因有二:第一,发育程序的基本任务是,建立由逐级分化的细胞按一定秩序组成复杂的成体结构和它们的功能获得,并以此满足生物生存的需求和对环境的适应。显然,实现这一目标,发育所体现的必是一个在空间、时间、程序秩序上都有着明确方向性的动力学过程。第二,当上述发育任务完成和实现了成体结构与功能建设以后,多细胞生物体是否就来到一种可以长期维持动态平衡的生命状态之中呢? 前面作者讨论了,由于代谢和自建带来了生命过程不可回避的印记属性,那么发育程序的设立和执行是否使多细胞生物可以绕开生命过程的这一诘难呢? 虽然发育程序显示了它使生物体获得了对不利印记的排除能力(如衰老细胞的清除),但是面对代谢和生理过程对正常生命秩序维持必然发生各种挑战,许多研究表明,多细胞生物建立的发育程序并没有这样大的法力,也就是说对于代谢和生理过程先天存在的对个体生命的积累性威胁,发育程序建立起来的多细胞生命秩序仍不可能从根本上消除。越来越多的研究显示,发育调控与代谢运行在基因利用方面有着很多的重叠,更增加了这一现象的难以避免性。本质而言,这一现象体现的仍然是 DNA–RNA–蛋白质秩序建立起来的信息程式与生命代谢程式间相互协调的问题。大量的发育生物学研究表明,多细胞生物从受精卵发育开始直到个体死亡,始终体现为一种生命过程的编程现象,不同物种有着不同的寿命时段规范就是最好的证据,这也在更深层次上显示了发育方向性的存在。必然,它的结果是多细胞生物体的死亡。作者强调发育是一个有始有终的方向性程序过程,是想说明,发育所建立的绝不是一种永恒的动态平衡的生命系统。

由此不禁引发作者联想到多细胞生物中的这样一种现象,即当出现某些意外损伤后,生物体可以通过修复和再生重新恢复原有的生命秩序,虽然这种重建能力并非法力无边,并表现出物种和器官的差异,但是这种现象的存在确实有着相当的普遍性,这似乎又与发育建立的不是一个动态平衡系统的论断有一定的矛盾。对此应该做如何的分析和理解呢?通常人们提到发育时往往想到的是发育程序展现带来的是复杂的生物体形态结构和各种生理功能的建立,但是如果将再生现象考虑进来,问题就不这样简单了,因为如果发育程序操作的结果只是形态结构和功能的展现,怎么可能在这些事件发生以后,当建立起来的形态结构与功能受到损伤后,又可再次实施重建呢?显然,唯一可能的推论是发育程序的方向性不仅体现在生物体形态结构和各种生理功能的建立方面,还强烈暗示在这些生命秩序建立的同时,发育程序还在其中设置了一种信号系统结构,当生物体形态结构和各种生理功能受到破坏以后,在一定条件下有可能通过这一潜伏的信号系统结构,激活生命信息储备的再利用和发育程序的再现,即基因重编程(也称为发育重编程)。这一现象不仅赋予了发育一定的全息属性,也体现了发育程序深层次方向性的存在。因此,多细胞发育程序在一定条件和范围中的重现性也是其动力学过程方向性的一种表现形式,它与动态平衡系统之间有着本质的区别。生命中到底埋藏着多少神奇在等待着人们去探索呢?

发育程序的方向性提示我们,在生命的更高层次上再次引起了我们对生命周期结构需求的思考。在单细胞生物中,它以细胞周期的形式得到解决,而在多细胞生物中,它被个体发育的世代周期所替换,细胞分裂转而成为实现多细胞生物发育程序构建的基本手段。显然,由此派生出了一个重要的生命现象——个体死亡。为什么这样说呢?单细胞生物可以通过细胞分裂不断地繁衍下去,在细胞分裂的过程中,亲代细胞不仅使完整的生命信息递到了子细胞之中,而且也同时使对子细胞不利的印记得到了清除,恢复了与亲代细胞同样的生命力。如此看来,对于一个生存选择保留下来的单细胞生物物种来说,尽管个体死亡现象有可能会因为环境或者自身的某些原因而发生,但是从物种的角度看,它既然现存于世,就必有相当数量的个体表现出"永生"的品格。那么,单细胞生物的这种"永生"现象是否可能在多细胞生物中同样发生呢?假设多细胞生物个体永生是可能的,无外乎两种途径:第一,多细胞生物建立某种可以不断对自己进行整体性更新的机制,以消除各种不利的印记和伤害,实现个体的永生。第二,多细胞生物建立某种整体性的结构分裂机制,并使机体在这个过程中获得更新。无论哪一种途径,多细胞生物如果要保持其个体永生,都需要有特殊机制的建立。

生命不可能在没有任何动力学原因的基础上,为了自己的生存,"随心所欲"地创造出没有根据的机制来。在某些多细胞生物中,确实有一种类似于第二途径的、保持个体长久生存的机制——出芽和裂殖。出芽现象在植物中极为普遍,在低等动物中也同样存在(如水螅),而海月水母则可以通过横裂形成碟状体的形式进行无性繁殖(图 8-11)。对于这一现象的深入分析,我们不难看出,这一现象与细胞的分裂传代有着本质的区别,它体现的是体细胞的反分

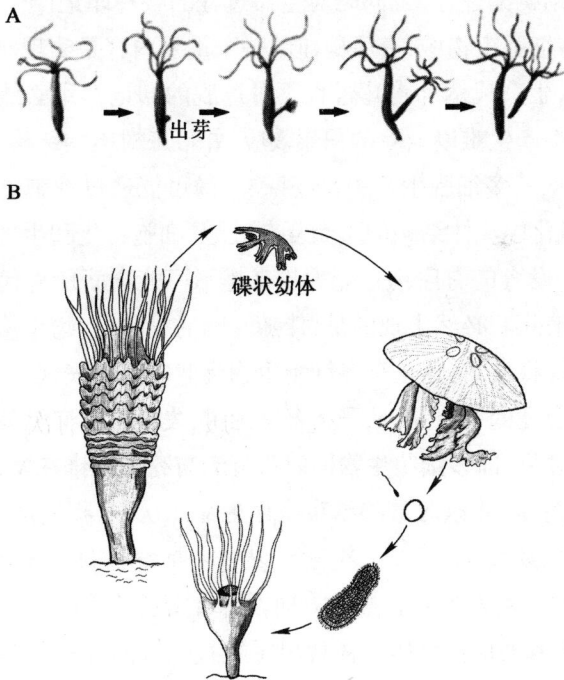

图 8-11　无性繁殖
A. 水螅的出芽繁殖;B. 水母可以通过横裂体持续分离形成碟状
幼体的方式,进行无性繁殖。

化能力和发育程序的重复建设,也因此使某些多细胞生物获得了一种特有的繁殖方式,但是就生物个体而言,出芽也好,裂解也好,它们不可能使基体(如植株的根、枝干和水螅包括基盘的整体结构)逃脱最终被淘汰的命运。

那么,多细胞生物是否可能建立这样一种机制呢? 就是说它是否可以不断地对自己进行全身性的更新,由此实现生物个体在形式上的永生。某些低等动物似乎确实具有这种性质,例如,水螅可以通过细胞分裂和更替的方式,在正常的生活条件下,长期地维持着个体的生存。因此,有人认为水螅可以看作是一种"永生"的多细胞生物。但是,这一机制对绝大多数的多细胞生物来说是不存在的。它们并不是全然没有这种能力,而是这种能力远远达不到全身更新的程度。为什么这种"优越"的机制只能存在于按传统观点看是低等的多细胞生物之中呢? 作者认为这其中有一个深刻的原因,就是生物代谢与发育之间存在着的天然矛盾性。按照作者的观点,代谢和自建作用不可避免地要给生命自身带来某种印记。对单细胞生物来说,细胞分裂不仅实现了生命动力学周期结构的建立,也同时对生命过程的各种印记产生一种"净化"作用。但是,在多细胞生物中,有序构建的一个重要内容是实现对细胞分裂的发育程控。那么,生命代谢和自建过程不可逃脱的印记作用必然会因细胞分裂的控制在机体中产生难以消除的积累效应,并带来对生物结构和功能的破坏。在结构简单的低等多细胞生物中,这种破坏尚可能通过细胞更替的方式进行弥补,而伴随演化中成体结构的不断复杂,以及细胞特化和生理功能专一化程度的不断提高,发育的有序构建能力越来越不可能全面地将代谢过程产生的伤害因素全部消除。必然出现的是,伴随时间的推移,生物个体生理功能的衰退和老年疾病终将发生,这正是多细胞生物衰老的基本表现。实际上,作者认为更为准确与合理的观点是:**从严格意义上讲,发育的方向性体现于从个体形成到死亡的全过程,即多细胞生物同时将衰老与死亡编排在发育程序之中,成为发育过程的终结,并以此最终结束个体生命**。从中,我们可以看出,从根本上讲,多细胞生物发育编程的许多现象,其中包括细胞的反分化、营养繁殖、损伤再生、衰老,这些都与发育程序的方向性有着密切的关联。

当然,多细胞生物在总体上体现出了发育的方向性和其结构和功能不能永远维持的特征。但是,这并不说明,局部上,发育不可以被重新编程。实际上,再生、营养繁殖、实验手段获得的体细胞克隆(包括植物和动物),以及当前发育生物学热点研究的体外干细胞分化实现组织器官的再造,这些都说明多细胞生物发育的重新编程现象的存在和它具有的巨大应用前景。研究在一定条件下克服或者利用发育的方向属性，获得发育程序的整体或者局部重现，这是当今发育生物学中亟待研究的重要的理论课题。生命是否存在有演化出可以永生的高等多细胞生物的可能性(外星?)，或者可以智能地对生命程序进行调整和改变，使之获得永生？这些我们尚不得而知。但是，利用发育程序的部分可重现性，通过局部调整，延长个体的寿命，或者减少因年老机体衰退而出现的各种疾病，这正是当今人们实际追求的目标。

发育程序编排上的世代跨越现象　自胚胎学建立以来，逐渐形成了一种理念，即多细胞生物的发育起始于精卵的结合，而对孢子世代的生物来说，其发育也是起始于孢子形成后的细胞分裂。这就是说，发育呈现出的似乎是世代间相互分隔的事件，即使在胎生动物中，由于遗传信息上与母体的隔离，子代与亲本在发育程序上也被认为是相互独立的。

但是，近年的研究提示我们这样的认识是有缺陷的。发育生物学研究发现，在许多动物中，未来的发育设计常常在亲代生殖细胞形成的阶段就开始了，并且某些亲代体细胞也直接参与到子代发育的设计工作中来(例如果蝇卵巢滤泡细胞参与体轴的初始设定)。在高等植物中，由于其单倍体与双倍体的世代交替，以及配子体的完全寄生，亲本世代对子代发育参与的现象也同样存在。进一步对发育启动后基因使用的深入研究，人们还发现，在胚胎早期阶段，尽管各细胞承载的已经是子代基因组型，而发育实际上执行的仍是母源基因产物给出的程序指令，这类基因在发育生物学中称为母源基因，它们以蛋白质、mRNA 或者非编码 RNA 的形式，在卵细胞分化过程中储存于卵细胞中，并指导着胚胎的早期发育，随后子代基因组开始表达，经过一个交混使用的阶段，才转入由子代基因组信息调控发育展开的阶段，也就是说发育过程中存在有亲本和子代信息利用的重叠现象。显然，不管其表观形式如何，一个发育程序的设定如果是取决于母源基因组的表达，它实际上是由母体信息系统控制的，只有子代基因组完全地操纵了自己的发育，才真正是自身发育调控的开始。因此作者提出一种看法，多细胞生物的发育程序编排上存在有世代跨越的现象。

那么，读者可能会提出这样一个问题，即便存在，为什么要这样强调这一现象？并把它看作是发育程序的一个重要性质呢？有如前面提到，种质细胞发育程序的建立是多细胞生物形成的重要条件之一，可以想见这一程序的建立不会一劳永逸地只发生在多细胞生物形成的初期,它应该是一个伴随多细胞生物的演化不断修改和调整的过程,由此出现发育程序在个体世代间的改变也成为可能。更重要的是,在对生命现象进行全面系统的分析中,作者感到似乎这其中隐含着某种机制,它可能为多细胞生物的演化提供了一个个体发育向系统发育信息传递的操作平台,对此,作者将在多细胞生物演化的章节中做进一步的探讨。

发育编程的策略选择现象　伴随着对各种多细胞生物发育现象认识的不断深入,作者越来越意识到,不同多细胞生物发育编程在策略应用上存在有差异,而不同策略的择用可能带来不同的发育程序构建效果,并深远地影响到不同物种的演化趋向。

体轴决定是多细胞生物早期发育的重要任务。比较秀丽隐杆线虫(*C. elegans*)、果蝇(*D. melanogaster*)、爪蟾(*Xenopus laevis*)的体轴建立程序,人们可以很容易地发现,三种不同门类动物为此任务而采取的编程策略有着显著的差别。秀丽隐杆线虫在卵裂一开始便通过细胞质信息在细胞分裂过程中的不均等分配,确定了未来前 - 后轴的分化。如果将这些细胞分开,它们都不能再重启完整的发育程序。秀丽隐杆线虫以这一方式继续展开自己的发育,形成有着严格细胞谱系关系的 959 个细胞组成的成体结构(图 8-12),代表着一类动物(如线虫、水蛭)所特有的发育编程现象。果蝇在母体中卵细胞成熟发

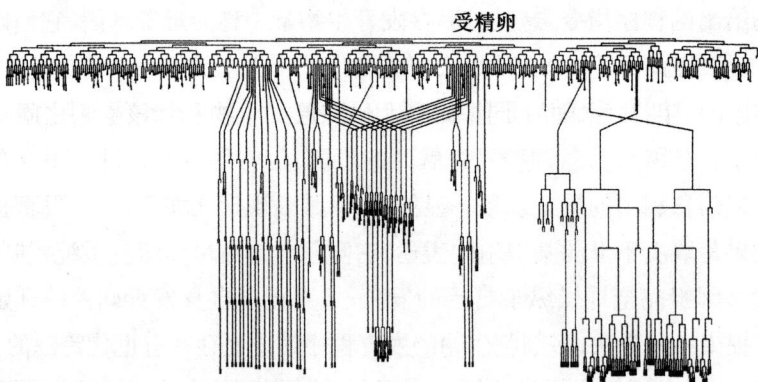

图 8-12　发育的细胞谱系现象
秀丽隐杆线虫(*C. elegans*)发育中的细胞谱系图,从受精卵(上端第一条垂线)开始,每条垂直线代表一个细胞,横线代表一次细胞分裂,终端代表分化完成的细胞。(引自 Gilbert,1997)

育的过程中,经滤泡细胞和滋养细胞的协助,将体轴决定的信息以未来形态发生原浓度梯度差异分布的形式预设在卵细胞质之中。伴随受精后的细胞核分裂,因所在位置不同,不同细胞感受形态发生原种类和作用强弱不同,从而产生差异分化,以此实现体轴的构建。如果能将分化前的细胞核进行异位移植,细胞的分化应该不表现出某种细胞锁定的发育设定,而执行的是所处的位置信息提供的命运决定,这显然与线虫的早期发育策略不同,也自然为后继发育路线的选定带来深远的影响。爪蟾卵细胞发育中同样存在有形态发生原积累和定位的现象,但是,它对体轴的设定还需要一个受精后的信息重组作用。在早期卵裂阶段,将细胞分离,每一个细胞仍可能独立地展现出完整的个体发育程序,经典的海胆实验胚胎学研究及人类同卵孪生现象也生动地说明了这一点。显然,这些现象不是一个简单的发育程序上的差别,它包含着不同物种在发育路线,或者说发育策略上的不同选择和设定。

仔细考察,我们可以发现,采用不同发育编程策略的现象在多细胞生物中普遍存在,并且这一选取对生物的发育构建产生着深刻的影响。例如,副性特征的出现是动物生殖系统演化的产物,而实现这一发育的程序操作可以是不同的。果蝇的副性特征(如雄性出现交配梳)取决于分化细胞自身的基因组型,而高等脊椎动物的副性特征取决于内分泌系统激素的远程诱导作用。

对基因组测序和分析发现,线虫有大约 2 万个基因,果蝇的基因数是 1.5 万个左右,这说明生物结构和发育程序的复杂程度并不一定和它们的基因数目成对应的关系。究其根源,采用不同的发育策略,基因数目少的生物同样可以创造出结构和功能更为复杂和多样的生物来。因此,对发育策略的考查(或者说发育程序设计路线的选择)自然变得十分重要。

实际上,生命过程的不同策略运用远在原核生物和真核生物之间就存在了。例如,操作的精确性是生命程序实施的基础,为此,似乎原核生物强调的是特异性极高的操纵因子与被操纵元素序列之间的严格对应策略,而真核生物更多采纳的是增加调控因子以提高其特异性的办法,*Hox* 基因的表达调控便是一个生动的例证,这也是许多同源异形基因可以在像果蝇和小鼠这样在演化上差异极大物种之间相互替代使用的原因。

发育编程策略现象是一个有待于深入研究的问题,它的不同选择和应用应该与各类多细胞生物形成初时的程序选定有着密切的关系。

　　发育程序具有对环境影响的容纳性　多细胞生物的发育是一个高度程序化的过程,并具有遗传的稳定性。但是,这并不是说发育程序一成不变,没有任何的灵活性。相反,漫长的历史演化也同时使多细胞生物在发育方面获得了对于环境因素一定的容纳能力,即个体发育可能随环境的变化而出现程序上的差异,这一现象在发育生物学中称为探察性发育(exploratory development)。探察性发育现象的存在表明,发育程序中同时包含着对环境影响的可塑性和被选择的机制。

　　大致可以将探察性发育划分为两种不同类型,一种表现的是发育程序对环境的被动适应和调整,另一种是发育程序表现出对环境的主动性学习。

　　环境改变引起发育程序改变的现象在生物界普遍存在,影响发育的环境因素也是多方面的,它包括季节、营养条件,以及生态环境等等。环境影响发育的表现形式丰富多彩。例如,一种生活在北美橡树上的蛾类(*N. arizonaria*),一年完成两个生活周期,春天孵化后,幼虫以橡树花为食,成熟产卵再孵化后,夏天生活的幼虫以橡树叶为食,之后成虫产卵过冬。由于环境和食性的不同,两代幼虫在外形上判若两种截然不同的物种(图8-13,见彩插)。在美国Arizona州的Sonoran沙漠中生活着一种适应于干旱生活环境的铲足蟾蜍(*S. couchii*)。春季的雷声召唤冬眠的成体出来产卵,并在积聚的小水坑中迅速完成发育变态,当水坑中的水干涸时已完成成体发育,又钻回到沙漠深处。有趣的是,铲足蟾蜍的蝌蚪会因水体的大小而变换两种不同的发育模式。在水源较丰富时,因虾、藻滋生,胚胎发育为狭口、长有长螺旋肠道的杂食性蝌蚪。在水源短缺时,胚胎发育成为一种肉食性蝌蚪,不仅它的肠道要比杂食性蝌蚪短得多,并具有开阔的口和发达的颚肌,这时的蝌蚪将以其他蝌蚪为食,并很快变态成为一种较小的成体,钻入沙中等待下一次降雨的来临(图8-14)。一些蜥蜴和海龟,在一个很窄的温度范围内,同窝卵可能孵化出两种不同性别的个体,在温度高于这一范围时,则只孵化出一种性别的个体,而低于这一温度时,则孵化出另一种性别的个体。有一种根瘤蚜虫(*Phylloxera aphid*),它有12条染色体,在春、夏季,全部发育为雌性个体,行孤雌生殖,并产下具有全套染色体的卵。但是到了秋季,雌性个体可以生产两种卵,一种含有全套12条染色体,而另一种则只含有10条染色体。前者将发育为雌性个体,而后者发育为雄性个体。然后各自经过减数分裂(对雄性个体来说,染色体是不均等分配),均产生有6条染色体的配子(卵和精子),受精、产卵过冬。目前对环境影响发

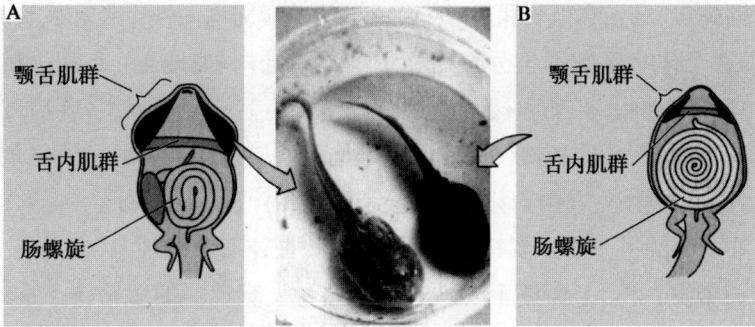

图 8-14　铲足蟾蜍的环境适应性发育
典型的铲足蟾蜍(*S. couchii*)蝌蚪是杂食性,通常以昆虫和藻类为食,有较小的嘴,欠发达的颚肌,较长的肠道(B)。当池塘水体小时,将发育成肉食性蝌蚪,有宽阔的嘴,发达的颚肌,肠道也变得短粗,以适应食肉需要(A)。(引自 Gilbert,1997)

育机制的认识还很初步,表观遗传学(epigenetics)可能为推动这一研究的深入做出重要的贡献。

　　学习性发育的典型例子是高等动物神经系统与免疫系统的发育。哺乳动物眼与大脑两侧膝状核间有特定的视觉信号通路结构,将新出生哺乳动物的一只眼遮掩上,一段时间以后,发现获得光感受和没有光感受的两眼,其对应的视觉中枢神经网络结构会出现明显的差异。这表明,神经系统的发育除了受自身遗传背景的控制外,还接受环境因素的作用,即它的发育具有向环境学习的能力。脊椎动物发育早期,在免疫系统建立时,初始分化的淋巴细胞由于接触个体自身的组织兼容性抗原,使识别自身抗原系列的淋巴细胞获得了耐受性或者被淘汰,进而阻止了这一类群细胞向抗体生成细胞的分化。免疫系统的这种学习能力有极高的专一性,即便是同物种,以至于有相同亲本的不同个体之间,由于发育中的学习差异,建立的自我识别规范也不一样,从而导致特异性极高的组织器官移植异体排斥现象的出现。

　　动物与植物发育程序的比较　　在讨论了多细胞生物发育程序的主要特征之后,作者愿意进一步就动物和植物的发育进行某种比较和分析。

　　不论是植物还是动物,多细胞生物都体现出起码在一个轴向上的不对称性,并且这一特征在受精卵(或孢子)分裂开始不久,就在形态上显露出来了,轴向分化是多细胞生物发育的首要任务,这一点,动物与植物的发育程序设计是一致的。但是随后,动物与植物的发育程序便呈现出明显的区别。

体轴确定以后,在低等植物中,表现出的是四周均向性生长和发育并进的势态,并在个体特定的部位分化出相关的器官结构(如地衣);在高等植物中,蕨类出现顶端细胞,裸子和被子植物则分化产生茎端分生组织,此后,由顶端细胞或者茎端分生组织引导,个体形态结构逐一展现,各种侧生器官(如子叶、营养叶、花)陆续发生,同样显示出生长和发育相伴进行的特征。

植物发育的另一个重要特征是,一株植物往往有分枝现象,似乎每一个分枝构成一个发育单元,而整个植株有如是这种发育单元的多聚体。这说明植物的发育编程在个体发育过程中可能多次平行重复展现。但是,在植株的形态建成过程中,也并不是所有的分枝都会形成所有的侧生器官类型,这表明,一个植株又不是简单的发育单元的多聚体,仍包含有其整体性的设计。

在植物个体生活周期过程中,传代细胞的决定和形成常常出现在个体发育的后期。植物细胞具有极强的反分化能力,许多进入体细胞分化方向的细胞仍可能反分化再次产生传代细胞(如由侧枝发育产生的配子)。与此相关,游离的体细胞在适当的人工培养条件下,可发育成一个新植株的现象也很普遍。

作者认为,植物表现出的上述发育特征,根本上说是与植物的自养生活方式联系在一起的。植物除了对基本无机物供应的需求外,许多体细胞都具有合成有机营养成分的能力。这一特征给了植物在发育和生长的协调上以相当大的宽容度,也使植物细胞在反分化方面获得了更强的能力。实际上,在一些低等动物中,如腔肠动物水螅,虽然是异养生物,但是其简单的营养获取和利用方式与植物在形式上有某些类同之处,它的发育也相似于植物,以至于也出现了枝丫现象(鲍枝螅)(图8-15)。由于植物的营养方式和自卫需求,引出了植物发育一系列特殊的研究课题,例如固着生长、次生代谢、光形态建成等等。植物基因组的结构,包括染色体的组织形式,比动物更加松散、多样。

动物是异养生物,它的基本有机营养成分的获得,不是自身合成,而是来自于摄取。适应于这一营养特征,动物必须在发育的早期迅速地发展出复杂的运动、感觉、摄取、保护机能,出现消化、循环、神经等系统,而且必须在个体孵化或者出生时,这些功能就已经建立,以确保其生存。显然,这一性质带来的,必然是动物成体基本结构在早期高度集中发育的特点,而后才是它们的生长和成熟。由此造成了,动物的发育在它完成了体轴确定以后,立即快速进入成体器官构建的阶段,即便在短时期,这些结构可能还远远达不到成熟的水

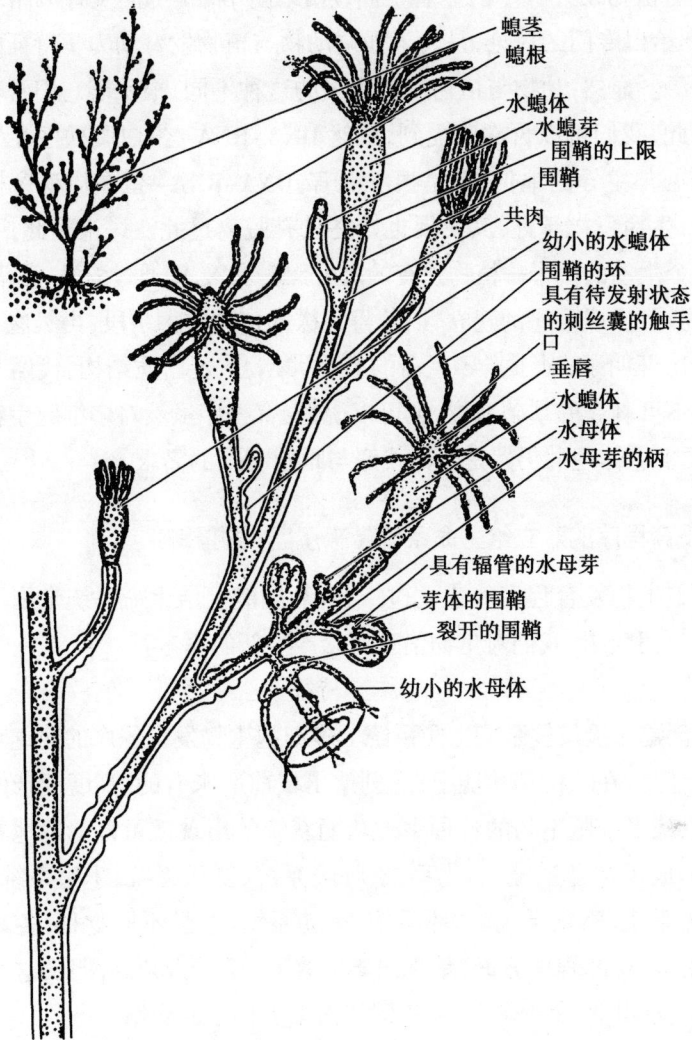

图 8-15　鲍枝螅(引自 Alexander,2013)

平,则首先完成可满足其基本生活的幼虫发育,再在此基础上通过结构和功能的后续建设或者重建(如变态),最终完成它的发育任务。其中特别要提到,动物种质细胞的设定普遍与植物有着明显的区别,它们一般启动于发育的很早期,以至于这一过程在某些物种的第一次卵裂就开始了,例如线虫,即在这些物种的发育中,生殖干细胞很早就成为一个不能被取代或者再发生的独特的细胞系,与体细胞的分化和发育区分开来。

动物与植物发育程序的显著不同,应该也归属于不同发育策略现象的范畴,而在此给以专门的讨论,是为了强调动物与植物发育动力学特征的主要区别及其根源。显然,动物与植物发育程序的这种不同,根源于它们营养类型的差异。由此,我们可以再次感受到,虽然 DNA–RNA– 蛋白质秩序在生命系统中占据核心与主导的地位,但是根本而言,DNA–RNA– 蛋白质秩序构建的基石是代谢,生命发端于此,其发展也始终没有脱离过此。讨论到此,不禁让我想起另一个生动的例子—植物独有的次生代谢现象,即通过酚类、类萜类、含氮类(如生物碱)生成程序的建立,以获得别样的植物防御手段,当然这一现象的存在也再次证明了,对于指导生命的 DNA–RNA– 蛋白质结构,代谢与自建程式占据着不可剥夺的基础地位,也可以说,发育程序虽然对多细胞生物非常重要,但本质上它体现的仍然是生命代谢与自建程式的需求。

3　发育程序的建立给生命系统带来了巨大的影响

多细胞生物发育程序的建立,在结构和功能上给生命系统带来了巨大的影响,由此也引申出 我们对生物信息概念产生新的思考。

发育创建了极其复杂的生命系统　多细胞生物发育程序的建立对生命最杰出的贡献是,在结构和功能上,它创造出了前所未有的、高度复杂的生命秩序,这一点从多细胞生物的各种生理功能系统的出现就可以清楚地看出。例如,动物形成了神经系统、消化系统、呼吸系统、泌尿系统、生殖系统、免疫系统、内分泌系统、感觉系统、循环系统、运动系统,并且不同物种,各系统在形态、组织结构、功能程序方面,呈现出丰富多彩、千差万别的图景,这些在分类学、解剖学、组织学、生理学中,从不同层面都有详尽的介绍。

但是,从复杂系统的角度,作者想强调的一个方面是,上述现象表明,虽然生命赖以存在和发展的 DNA–RNA– 蛋白质动力学基本结构没有改变,而多细胞生物的发育程序却在这一结构基础上,衍生出多种相互关联又相对独立,并具有各自调控能力的众多功能体系。作者仅以脊椎动物免疫系统为例,作一简单的剖析。

基础免疫学知识告诉我们,作为重要的对细菌、病毒、外源性有害成分入侵,以及对自身异常组织(如肿瘤)发生的防御功能。免疫由两大程序板块组成,非特异性免疫和特异性免疫。在演化上,非特异性免疫机制远远早于特异性免疫机制建立。支持非特异性免疫功能的主要是嗜酸性粒细胞、中性粒细胞、嗜碱性粒细胞、单核细胞、巨噬细胞,它们在有害毒素和机体病变因子的作用下,可以被激活并引发和启动多种针对性的灭活和清除程序,实现机体的防护。特异性免疫是指,对有害入侵有着高度针对性、专一性的防御机制,并且这一机制并不是与生俱来,而是需要经过一个训练和学习的过程,并且由此建立了一个专属的功能启动和运行的信息储备体系。从参与的细胞类型、因子组成,以及机理路线看,特异性免疫又可大致分为体液免疫和细胞免疫两种不同的程序设计,并体现出它们不同的工作机制和防御侧重。参与和推动特异性免疫程序的细胞主要包括有 B 淋巴细胞、T 淋巴细胞、自然杀伤细胞。从对功能发挥有着重要作用的细胞表面标志分子的差异性看,这些细胞又各自有许多不同的细胞亚群,例如记忆 B 淋巴细胞、增殖性 B 淋巴细胞、抗体分泌浆细胞、辅助 T 细胞、溶细胞性 T 细胞等。而支持和介导特异性免疫的活性因子主要包括抗体和补体,以及多种调控和辅助因子和大量各种信号通道的介入。现在已经知道,在个体发育的早期,由于多种抗体等位基因存在,以及通过基因重组,实现各种抗体在免疫细胞中的丰富表达,并经过一个对自身抗原识别的克隆选择过程,首先完成了排除自我靶向反应的功能建设,给未来免疫效应的发挥铺平了道路。在今后,当遇到有害因素侵入的时候,机体中有着丰富抗体表达种类储备的免疫细胞和因子被筛选和发掘出来,在基础免疫程序框架的指导下,激活了有着高度专一性的特定免疫程序,并通过对连带性的多种免疫手段的调用,实施机体的免疫防护功能。引人注目的是,这种免疫程序的执行并没有因为有害因素的消除和免疫反应的终止完全消失,而常常是机制性地以一种细胞和相关因子记忆的方式,长期存留在机体之中。它的生物学意义是,由于这种记忆功能的存在,当同类有害因素再次入侵的时候,机体可以很快地再次唤醒相应的免疫程序,起到及时制止以至于预防同类病害再次发生的作用。免疫学的深入研究发现,这种复杂的生命功能机制已不是简单地仅仅直接依赖于 DNA 信息的生命过程,而是在 DNA 信息的基础上,通过发育,生命又进而建立起一种容纳着专属组织结构、特定分化细胞、特异细胞表面标志提呈、多种活性因子、不同信号传递通路,以及学习记忆,并具有很强自我调控能力的系统结构,从而确保了需要时,相关功能的及时发挥,而绝不是时时处处都需直接追溯到 DNA 信息层面的生命过程。

实际上,免疫系统只是多细胞生物多种功能体系之一,在其他生理功能体系中,组织构成、细胞、因子、通路的专用性,以及自我稳定和调控能力等方面,也都同样存在。而这些不同的功能系统之间又相互分工和支持,构成一个庞大、协调的生命整体。显然,这表明发育对生命系统建设的影响是巨大的,它为生命秩序的高度复杂性和多样性做出了突出的贡献。

对生物信息概念的再思考　传统的生物信息概念似乎基本被限定在DNA序列的层面。但是通过上面的分析,作者感到,问题可能并不是这样简单。当然,DNA-RNA-蛋白质是生命存在的基本动力学结构,主导生命各种结构和功能展示的信息都发端和植根于DNA序列和染色体组成,也使之成为生命最基础的信息储备形式。但是,我们又应该看到,一切生命活动都是一个动态发展的过程,在发育推动下的个体生命周期中,生物体体现出从形态结构到生理功能方面不断变迁和多样化发展的势态。而在这一过程中,指导生命活动的信息结构也随之不断地发生着变化,以确保生命过程的可行性和程序展开的可控性,体现出生命复杂系统的整体自我调控特征。多细胞生物发育建立起来的多种功能系统,以及它们分别构建的适应各自功能需求的特定信息储备和控制机制,便是这一现象的生动证明。当今生命科学发展出的基因组学、蛋白质组学、代谢组学、转录组学、免疫组学等等,正体现出人们对这一现象认识的提升和深入。由此,我们或许可以说,通过发育而建立的多细胞生物的过程,也是一个相伴以DNA序列信息和初始条件为顶端设计的多方位生物信息结构逐级扩展的过程。

这些现象启示我们,生物信息绝不简单地仅仅限定在DNA序列和染色体结构的层面上。在生物体中,生物信息具有递次推进和多层次结构的属性。因此,作者提出这样一种认识,即,虽然DNA序列和结构体现的是生命的核心信息储备和生命活动程序规范的基本依据,但是DNA-RNA-蛋白质框架并没有因此而桎梏其信息系统构成的发展潜力,而是可以通过发育,构建出不同功能、不同组织形式、不同参与成分、不同机制设计、多层级的信息系统,并通过它们执行着对其所管辖功能的掌控和稳定。无疑,生物信息结构的这种扩展,与前面提到的因多细胞生物体系建立,使储存于细胞核中的DNA信息在生物整体中的立体化是密切相关的。显然,与自然界许多其他复杂系统不同,生命中不仅存在有独特的DNA信息系统,而且这一系统还可以衍生出次级的具有信息功能的动力学结构来,成为生命复杂呈现的基础。由此看来,所谓生物信息绝不仅仅是 DNA 序列,生物信息是有层次、结构、方向的,不同的生物信息具有指导、规范、调节它所辖范围的生命活动的功能。其实,认识这一点,不仅对于我们更好地理解生命现象,也包括对生物的演化,都会有所帮助,这些将会在后面的章节中谈到。讨论至此,不能不令我们感叹,生命中包含有太多的奥妙和惊喜。

4 多细胞生物体系的建立给地球生物圈带来了深远的影响

除了自身系统结构的显著提升外,多细胞生物的出现也反转给环境带来了重大的影响。自生命诞生,就同时启动了地球生物圈的形成和发展,而多细胞生物体系的出现,由于生态结构的重大变化,更给地球生物圈的结构和形态带来了深远的影响。

回顾地球生物圈的发展历史,通行的观点认为,它大致可以划分为 5 个大的阶段,即自 35 亿～38 亿年前,细胞的诞生首次建立了深海高温、强压条件下的化能自养"微生物"生态系统,之后经过 4 次大的扩张,到 4 亿年前实现了它的全球性覆盖,相伴随的是地球表面环境出现了重大的变化。

在大约 35 亿年前,是以蓝细菌(Cyanophyta)为主体的原核生物从深海底向浅海扩展的过程,形成了地球生态系统的第一次扩张。由于蓝细菌的光合作用,使大气圈中的二氧化碳逐渐以碳酸盐的形式转移并固定于岩石圈中,同时大气中的氧含量不断增加,到大约 20 亿年前,全球的大气圈开始氧气化,大气圈外层的臭氧层形成,地球表面受到的太阳紫外辐射强度大大减弱。

到 20 亿～18 亿年前,真核单细胞生物大量出现,海水表层的浮游生态系统和海滨底栖生态系统形成,造就了生态系统的第二次扩张,第二次扩张不仅带来了生命在海洋环境中的辉煌展现,也给生命未来的发展创造了条件。

到了大约 7 亿～6 亿年前的元古宙末,出现了生态系统的第三次扩张。造成这次扩张的原因来自于多细胞植物、动物的出现和生物多样性的急剧增加。由于生物代谢作用的积累,这时大气圈氧含量显著上升,二氧化碳含量大大降低,二氧化碳温室效应减弱而使全球气温下降,出现冰期气候,海平面下降,出现了地球大面积多样性的浅海滩小生态环境,为生物登陆准备了条件。

第四次生态扩张发生在距今 4 亿年前,以维管植物为先导,陆生动物随之出现,开始了陆地生态系统的建立,生物分布深入到地球表面的各个部分,最终实现了生物圈的全球覆盖。在这新的格局中,形成了极其复杂的竞争与协调,群落与共进的生态结构,并极大地推动着生命的多样化发展。

除此之外,按照作者的观点,当人类即智能生物出现后,当今地球生态系统似乎又处在一次重大的改变之中,或"积极",或"消极",人类正在给未来的生态系统施加一系列能动性的影响,但愿不要因为人类狭隘的功利目的,将美丽的地球生物圈带入死胡同。

第九章　多细胞生物的演化

　　自大约 10 亿年前植物出现,以及大约 5.8 亿年前元古代末期埃迪卡拉动物种群出现和 5.3 亿年前布尔吉斯页岩寒武纪动物种群大爆炸以来,地球上出现了以多细胞生物为主体的生命大发展局面。今天,自然界中估计共生活有370 万种以上的多细胞生物,其中植物 50 万种,真菌 150 万种,动物 170 万种。

　　多细胞生物体系的建立给生命的发育表达创造了极好的条件,同时也提供了一个崭新的演化大舞台。在这个舞台上,生命充分调动着一切可以利用的手段,包括细胞分化、发育编程、有性过程中的信息重组、生态共进、环境诱导和选择等等,使多细胞生物的演化以前所未有的气魄和魅力展现出来,创造出了一个绚丽多彩、生动活泼、协同共进的生物大世界。一定意义上说,多细胞生物的演化就是它们的发育程序的演化。接下来,作者以发育编程的演变为主线探讨多细胞生物的演化现象。

多细胞生物演化的系统依托

　　有如前文所谈,对任何复杂系统的演化,揭示其产生的系统依据,这不仅是一个不能回避的理论问题,也是把握演化发生的必要前提。在前面对单细胞生物演化的讨论中,作者提出细胞的周期迭代运动是其演化发生的基础。那么,当生命进入多细胞生物阶段后,它的演化模式是否发生了改变或调整呢?

　　虽然多细胞生物的形成使细胞周期程序降格为发育程序的组成环节,但如前面所讨论,生命的周期结构并没有因此而丢失,只是它被个体发育的世代传递所替代,也就是说多细胞生命系统在更高的阶层上体现了生命的动力学周期性和迭代性。那么,多细胞生物这一系统平台的提升是否给它的演化带来了新的变化呢? 作者认为,总体而言,一方面它为多细胞生物的演化创造了更加广阔的空间,另一方面也给其演化带来了新的挑战。

显然,多细胞结构的出现使生命发育能力获得了极大的释放,比之单细胞生物,多细胞生物生命活动的内涵也因此极大地丰富了。从形态结构到生理功能,从行为表达到生态关联,等等,多细胞生物开拓了单细胞生物不可比拟的发展空间。许多在单细胞生物中局促执行的生理功能,在多细胞生物中被专一化、组合化的方式体现出来,例如各种组织、器官、生理系统得以建立。许多在单细胞生物中不可能发生的生命过程得以实现,例如,求偶、学习(如免疫)、社会分工,并且因多细胞生物的这些进步也同时带来了地球生态结构的巨大变化。总体而言,这些现象表明了多细胞生物生存能力的显著提高,体现了生命演化依托层次提升的巨大效果。

但是,我们同时又应该看到,多细胞生物体系的建立同时也给生命的演化带来了新的挑战。为什这样说呢? 概括说,在单细胞生物中,生物体执行的基本是分裂 – 生长的周期循环,并成为单细胞生物演化的基本依托。因为单细胞生物在其分裂前后,结构和生理状态变化很小,如果将细胞世代连接起来,所呈现的可以认为是一个单向变化的过程,从系的角度看,可以说单细胞生物的演化发生在一个"一维"的相空间里。但是,这一局面在多细胞生物中发生了显著的改变,当生命的周期结构被个体发育的世代更迭替代后,在联系于两个世代的配子或孢子之间,横亘着一个个体发育的过程,由此产生出这样一种生命现象,一方面是生物个体在发育程序的指导下,在每一个世代中,从生到死,其形态结构、功能状态都展现出了一个演变的过程,另一方面是纵观多细胞生物的历史发展,个体的发育程序又呈现出世代的演化现象。从系统的角度看,这表明多细胞生物演化的相空间发生了重大的变化,它由"一维"扩展到"二维",或可以分别称之为"个体发育维"和"系统发育维",而在两维空间中有一个交汇点,这就是配子或者孢子,使之成为多细胞生物演化二维空间的衔接,即多细胞生物的世世代代发育都要从这个交汇点出发并又回归到这个交汇点。

多细胞生物演化相空间的变化自然给其生命呈现带来了深刻的影响,也对演化机制的采纳和设计带来了新的调整。显然,这种调整的关键在于:在个体发育维里,如何确保通过发育程序的设计实现各种新的适应性结构和功能的建立,在系统发育维里,如何实现个体发育程序的世代衔接与遗传。也就是说,个体发育的世代更替不仅由于它的迭代属性使之成为多细胞生物演化的系统依托,而且从机制上揭示个体发育维与系统发育维间的联手与协同,也必然成为认识多细胞生物演化的核心课题。

接下来,作者将尝试以这样一个认知框架为基础,从对多细胞生物演化特征分析入手,展开对多细胞生物演化机制的解读和思考。

多细胞生物演化的主要特征

面对任何复杂系统的演化现象,首先触及的是它的一系列特征,这可以说是解开演化之谜的切入点和钥匙。根据已有的生物学研究,对多细胞生物演化的认识集中体现于不同物种亲缘关系进化树的绘制,以及对其分支点发生年代的确定,可以说是给出了多细胞生物演化的基本描述。但是严格说,这些只是在物种层面上对多细胞生物演化轨迹的追踪,为了更深入地认识多细胞生物的演化现象,特别是探查其涉及的各种机制,仔细审查多细胞生物演化的系统特征,可能会给我们以更多的启示。

表现出强烈的谱系结构及不同谱系的差异演化图景 首先,有如进化树所揭示的,多细胞生物演化呈现出明确的谱系现象,如脊椎动物依次经历鱼纲、两栖纲、爬行纲、鸟纲或哺乳纲的演化路径,以及各纲内部存在的谱系分化,这表明多细胞生物体系的建立给生命的演化搭建了一个强大的、持续推进的系统平台。但是,值得注意的是,比较不同类别生物,它们的谱系分化趋势又表现出很大的差异,例如节肢动物昆虫纲发展到今天,鉴别的物种多达80万种,而线虫和腕足动物,不论在物种数量还是在形态结构的多样性方面,都明显地要少得多。这表明不同多细胞生物类群,它们的演化能力又是有区别的,并因此带来了它们演化图景的巨大差异。显然,这一现象的存在又迫使我们对多细胞生物演化的考察,从单纯的变异与自然选择模式,转向探寻其深层原因,即思考不同多细胞生物可能存在有影响其演化能力的、来自于系统结构方面的差异,并追溯可能造成这种差异的,多细胞生物的形成,早期构建路线的设定,以及发育编程策略的选择等诸多方面的原因。无疑,如果能对这些方面现象发生的机制和它们之间的内在关联性,给出科学的解释,而不是只对物种演化轨迹的追踪,将会极大地深化人们对于多细胞生物演化现象的认识。显然,开拓这方面的研究,系统理论及其分析方法的引入,则是势在必行。

讨论至此,作者要特别强调,林奈天才的物种划分体系的建立成为我们认知演化现象的基础,由达尔文确立的物种演化学说和随之的大量化石发掘和胚胎学研究为此提供了丰富的信息,而当今发育生物学、分子生物学、生物信息学的发展更为深入探索多细胞生物的演化现象开拓了新的思路。

生存与适应能力的极大提高　与环境相适应是决定生物生存的最终依据,经过漫长的选择作用,各种生物表现出对其生存环境的不同适应方式,而生物体结构的复杂化和分工的精细化是实现这种适应的主流手段。由于多细胞体系的建立带来了发育能力的极大释放,在结构和功能上赋予了多细胞生物极大的发展空间,出现了复杂的组织、器官,以及不同生理系统的现象,包括突破了水生环境的依赖,展现出生物对外界环境越来越强的适应性和生存能力。面对多细胞生物的这一演化特征,自然会引发我们的一种思考,就是这一现象发生的系统根源何在? 对此,作者尝试给出如下的分析。

第一,多细胞生物的许多精美结构和功能,都能在单细胞生物里找到它们的影子,如口沟、食物泡(消化)、伸缩泡(排泄)、鞭毛、纤毛、伪足(运动)、眼点(光的感受)、胞刺(防卫),等等。不同的是,多细胞生物以多细胞的结构和更加专业、分工的方式表现出来。这提示我们,多细胞生物与环境的适应演化,其设计不是随意的,其中,对单细胞生物中就存在的能力的继承和发展是一个重要的方式,也就是说,多细胞生物体现出的复杂结构演化可以发源于单细胞生物生命能力的释放。在这一过程中,多细胞生物采取的基本策略是,通过分化产生细胞的功能专一化,进而不同分化细胞根据功能的需求和细胞间的组织规律,联合形成了一种与功能绑定的秩序性集团和模块。可以设想,在发育属性的驱动下,这一过程不仅建立在细胞可能提供的结构和功能建造的基础之上,而且它的执行应与多细胞生物形成的初始条件(如始祖单细胞种类)和细胞间信号系统的早期构建有着密切的关系,即在多细胞生物建立的初期(如前面提到的原体阶段)便给出了某种方案的预定,并且深远地规范和影响着它未来的发展。由此分析,多细胞生物展现出的结构功能的复杂展现和生存适应能力的极大提高,可以看作是在新的系统结构条件下发生的、单细胞生物功能与生命核心程序的外延与扩展,其中同时还包括多细胞生物体系建立初期的发育策略选择。作者认为这一理念对于我们认识多细胞生物的演化是重要的,因为这将不是从形式上,而是从条件和驱动力上,自然也包括基因和信号系统设计的层面,给我们探寻多细胞生物的演化提供一种认知框架。

第二,多细胞生物精美复杂结构和功能分化得以建立应该还有另外一个重要的原因,就是它来自于多细胞体系为复杂生命秩序演化搭建了一个新的操作平台。为什么这样说呢?大量的例子可以生动地说明这一点。例如,对生物学有所了解的人都知道,同样是实现对外界光线的感受,眼器官的出现和构建,昆虫和脊椎动物之间有着明显的区分,而软体动物乌贼与脊椎动物采用的是相似的设计。发育生物学研究发现,视觉器官的形成,虽然形态和功能构建的模式可能有着巨大的差别,但是它们之间却呈现出存在有共用保守基因(如 *Pax-6*)的现象,不同的是视觉信号生理通路和结构的建造出现了差异,而即便在没有演化出眼的物种中(如线虫),这一保守基因不仅存在,并对其生存仍发挥着重要的作用,因为它的灭活可能带来致死的效应。再如,比较不同多细胞生物,可以发现在许多不同的生物物种之间,虽然它们的功能可能极为不同,但其结构却有着惊人的相似之处,如鸟羽和鳞翅目昆虫羽状触角的构成。而相反的现象是,类同的生理功能却有着不同的结构建设,如不同门类生物的肌肉构成、昆虫和脊椎动物神经系统的差异组建模式。更有意思的是,有一些生物现象,它们在生物的同纲中可能表现得很不同,但在不同的门类中却又平行地表现出来。例如,变态现象,属于同纲生物内部可以完全不同(如同属两栖动物的蛙与蝾螈),但它们却可能出现在不同门类的动物中(如某些腔肠动物与节肢动物)。显然,这些现象的存在不能简单地仅归结为细胞内功能与结构的外延,而是体现出了多细胞体系平台的重要作用和它们的差异利用,即由于发育程序构建规律性的存在和对发育策略的不同选择,不仅使复杂的多细胞生物结构得以建立,也产生出它们之间的多样性呈现,它们在特定发育程序条件具备时,便整体性地表达出来,并不完全"顾及"演化的传承关系,也就是说它们更多体现的不是始祖单细胞生物生命属性的外延,而是来自于由多细胞体系平台获得的原创力及它们之间的差异表达。因此,研究多细胞生命体系对生命发展的贡献,也就自然成为揭示多细胞生物演化机制的重要内容。

总之,对环境适应是生物演化的基本特征之一,但是生物演化不是天上的风筝,随风而飘,也不是河中的竹筏,顺水而行。环境的改变可以推动演化的发生,在相对稳定的环境中,演化同样可能发生,出现生物对环境的各种适应方式,这就是说,生命系统在它的演化中有其能动或者规范作用。

演化中物种间的相互推动和对环境的依赖 多细胞生物演化的另一个重要特征是,在相当多的物种之间,显示出多细胞生物间强劲的相互影响和依存关系,并呈现出与环境间的一种协同发展势态。例如自养与异养物种间的生态平衡、环环相扣的各种生存食物链的建立、奇特的寄生 / 共生关系,包括从蜂蝶采蜜到弱肉强食,从食腐到拟态,从植物的落叶到刺猬的冬眠,这些千姿百态、不胜枚举的各种生命现象,生动体现了由多细胞生物诞生和演化带来的生态体系的整体变迁。而从历史的角度看,这种变迁更展现出了这样一幅图景:在地球漫长年代的气候演变及各种地质和天体事件的影响下,不同物种层次的依次辉煌发展和没落,包括著名的物种大爆发(如寒武纪和奥陶纪大爆发)、绝灭(如奥陶纪末期导致 80% 的物种绝灭,泥盆纪后期海洋生物遭受了灭顶的灾害,二叠纪末期超过 95% 物种灭绝,三叠纪晚期爬行动物遭到重创,6 500 万年前恐龙绝灭)。也正是这些现象的发现,直接催生了达尔文的生物进化理论和著名的自然选择学说的建立。

显然,造成多细胞生物这一演化特征来自于多方面的原因,它包括有自然环境对生物生存的选择性和生命系统反转对环境影响的积累作用,包括有由于生物发育能力解放带来的生存模式的丰富展现,也包括有不同物种间在演化上的相互推动或抑制、淘汰作用。对于演化现象,从系统的角度,必然会引导我们注意到演化机制的多层次性,以及不同层次中发生的自组织作用和它们之间的互作效应。

总之,多细胞生物的演化特征是多方面的,不同的视角和侧重可以产生出不同的思考。但是作者认为,对于探查多细胞生物的演化机制,以上三方面特征可能是最基础的,它涉及多细胞生物演化的谱系传承、歧化,不同谱系演化势态的差异,多细胞生物对环境巨大适应能力的由来,发育程序的演化驱动和操作,生态系统的协同演化和层次呈现,演化中的物种大爆发和绝灭等,一系列重要的演化现象。接下来,作者将在认识多细胞生物演化特征的基础上,转入对多细胞生物演化机制的探讨。

对多细胞生物演化机制的探讨

长久以来,人们对多细胞生物演化秉持着这样一种基本的认知模式,即起因于种质细胞基因突变和这些突变的叠加,在保证可遗传的前提下,使个体发育程序不断发生改变,造成了生物体在结构与功能上的持续变迁,并且这种变化又经受着环境的考验和生存选择,由此塑造了多细胞生物的演化呈现。但是,站在复杂系统的角度,有如前面对单细胞生物演化讨论所谈,作者感到,仅仅秉持这样一种理念来认识多细胞生物的演化机制是单薄和片面的。为什么这样说呢?从上面对多细胞生物演化特征的讨论中可以明显地感受到,实现多细胞生物演化不会只是基因信息随机突变和环境生存选择那样简单,推动它发生的机制应具有多方面、多层次的动力学结构,因此对多细胞生物演变机制的探索,应该对各方面各层次有很好的容纳和涵盖,才可能获得对演化现象更合理的分析,这也正是作者接下来讨论这一问题的指导思想。此外,需要说明的是,在探讨单细胞生物演化时,对其可能执行的机制已做过讨论,例如包括有,遗传信息的变异,生命信息系统的收敛与发散,DNA–RNA–蛋白质程式与代谢程式之间的协调作用,形态构建中的对称性与极化性博弈,生命系统与环境之间的互作等。显然,从原理上讲,这些机制在多细胞生物中会继续发挥作用,包括在细胞层面的演化事件中,如多细胞生物中大量发生的细胞分化创建,并以调整的方式容纳在多细胞生物整体的演化机制之中。总之,由于生物系统结构发生了重大的变化,对多细胞生物演化机制的认识需要尝试应用一种新的分析坐标。

对于多细胞生物的演化机制,作者将从以下几个层面展开讨论:发育程序编制路线的选择对演化的影响和规范;从发育程序的角度考察多细胞生物演化的执行手段;发育程序编排与系统演化的衔接;多细胞生物演化的分形法则;对生物信息层面的分析。

1 发育程序编制路线的选择对演化的影响和规范

前面提到,多细胞生物体系的建立给生命系统带来的最显著的提升是发育能力的极大释放,而不同物种或谱系又呈现出这种能力的巨大差异。实际上,这表明多细胞生物发育程序的编制会给其演化带来深刻的影响,认识发育程序编制路线对演化的规范也就成为研究多细胞生物演化不容忽视的重要课题。

多细胞生物发育程序的初始设定　系统理论指出,一个复杂系统建立的初始条件对它未来的发展有着重要的影响,生命自然也不会违背这一原理。我们姑且不说原核生物与真核生物的原始创立对它们今后发展的深远影响,也不说同是多细胞真核生物的真菌、植物、动物建立初期形成的系统结构模式对它们未来发展分道扬镳的重要作用,仅就动物而言,同样可以察觉到发育程序的初始设定也会给它未来演化带来巨大的影响。

今天,地球上生活着大约 30 多个不同门类动物,如果再将已经绝灭的动物包括进来,历史上共计生存过起码大约有 50 多个不同的动物门类,它们几乎全部在晚前寒武纪的大爆发过程中出现。考察这些动物在以后漫长历史中的演化,人们发现,不同门类动物的命运很不一样,有的早早地绝灭了,有的在几亿年的时间中其结构几乎没有什么变化(如腕足动物),有的变化不大(如海绵动物、腔肠动物、环节动物),有的在结构复杂化和物种歧化方面呈现出强劲的发展势头(如脊索动物、节肢动物)。此外,这种现象在同一个门的不同纲目中也同样存在,例如同是节肢动物,昆虫纲和肢口纲(鲎)的演化势态显著不同,在近 3 亿年的漫长时间里,鲎的结构几乎没有什么改变,物种的分化寥寥可数。显然,这一现象不可能简单地用生物自然突变率和环境压力,以及生存选择的理论来解释。记录的现存扁形动物有 12 000 多种,环节动物有 9 000 多种,脊索动物有 41 000 多种,与其各自的结构复杂性相比较,它们之间物种多样性的差异程度并不大,而比较各门类动物生存方式和对环境的适应性,它们之间也不见得有根本性的区别,这表明只从随机变异和适应性选择的角度来认识生物的演化,是不全面的。那么,应如何看待不同生物类群间演化势态显著差异的现象呢?

基于对生命现象的系统分析,作者提出这样一种理念:**多细胞生物诞生和不同类群的初期形成,应该相伴于某种发育程序的初始设定和路线选择,并且伴随演化的深入,这种设定会被不断地强化,限定着系统随后的演化轨迹,即不同类别多细胞生物由于初始设定的不同,使其具备了不同的演化规范。**显然,前面讨论的多细胞生物的多起源,包括可能发生的多元和多样性现象,应是直接造就这种规范差异的根源所在。

那么这种规范在多细胞生物的发育过程中是如何体现出来的呢? M. Conrad 提出的基因组"健壮"(robustness)性的概念,即不同多细胞生物物种对变化条件的耐受或者缓冲能力的差异现象,可以对此给出较好的说明。当代美国著名发育生物学家 Gerhart 和 Kirschner 在此基础上,又做了进一步的发展。他们认为,实际上这种能力并不只限在基因组的层面。大量的实验结果表明,许多蛋白质成分具有相当的突变耐受性,即在维持其基本功能不变的情况下,蛋白质的序列可以在很大的范围内发生变异,而基因的多拷贝化现象更增加了对蛋白质改变的容纳性。Gerhart 和 Kirschner 认为,除了外界环境以外,生物体的内环境,特别是细胞间的相互作用对于生物的演化是非常重要的。发育生物学告诉我们,如果没有细胞间的相互作用,多细胞生物发育中的细胞分化是不可能发生的。在经过了一系列先导规范以后,每个细胞来到它特定的微环境之中,终末分化才可能发生。显然,由于多细胞生物内高度复杂的信号调节系统的存在,它在任何耐受性范围内的变动都可能造成个体维持其生存前提条件下的新的微环境的出现,细胞的分化也会由此出现新的变化,而这种变化又会因弱调节级联存在而诱发建立新的调节关系。例如,在发育过程中可能出现:偏离平衡状态的额外细胞群落;对某些发育程序出现弱信息沟通;非严格程序化的自组织过程发生;对发育缺失环节创立补偿程序的潜在性;等等。这些都反映出生物对于变化条件的耐受或者缓冲能力。因此,他们建议将这种生物体各层次中广泛存在的遗传健壮程度定义为生物对于有序改变的获取能力(capacity to absorb change),它可以表现在以下方面,如分化细胞组合方式的转换,细胞数目的变通,在不丧失功能前提下的某种成分的省略,等等。由此,当内外环境变化时,由于生物个体在许多层次上存在一定缓冲能力,自然构成了一种非致死性的压力,使生命系统的有序结构发生定向性的改造。显然,多细胞生物发育模式的不同初始设计,完全可能带来基因组和蛋白质,以及调控结构对突变承受的差异,也就自然带来了对演化方向和路径的不同导向,并在未来的发展中不断产生叠加效应。

认识多细胞生物演化初始条件的影响是一个尚未被充分重视的重要的生物学课题。粗略设想,多细胞生物发育程序演化的初始条件可能包含在基因的组成和组织结构之中,可能包含在发育程序的初始设计之中,也可能包含在生物与环境的相互作用方式之中,此外,许多环境偶然因素也可能加入进来。显然,这是一个十分艰难的研究课题,它有赖于对不用谱系生物间的全面生命信息的比对分析,或者还需要在此基础上通过建立不同演化动力学模型的手段进行深入的探索,作者提出这个问题也正是期待着这一研究方向能够引起人们的思考和关注。

　　发育编程策略的差异选择对演化的深远影响　前面在讨论发育程序性质时提到了发育编程中的策略选择现象,即不同多细胞生物的发育程序编排上有共同的法则,也有路线的差异。显然,发育编程策略的选择从多细胞生物初始形成便存在了,并对未来的演化发挥着长远的影响,由此呈现出不同谱系多细胞生物发育程序的个性维持和历史传承,因此也就成为上面所提的多细胞生物发育程序初始设定最重要的内容之一。

　　如何来理解发育编程策略对演化的影响呢?发育生物学研究在这方面提供了大量的线索。例如,果蝇对体轴的设定在卵细胞阶段已基本完成,而脊椎动物的体轴设定方式更突出的是母源基因产物在受精后的重组作用。由此作者给出一个大胆的猜想,虽然果蝇的滋养细胞和羊膜动物胚外器官对于胚胎体轴的设定,在功能上有相当的可比性,但是由于两种动物体轴设定策略上的差异,导致了脊椎动物胚外器官与母体结构相互嵌合的有利条件,从而使羊膜和胎生现象出现在脊椎动物之中,不是在节肢动物之中,而线虫发育的细胞谱系模式则决定了它的发展从根本上就不可能踏入这一条路线。由于发育编程策略不同带来不同生物学特征的另一个生动例子是再生现象。再生能力曾经被看作与生物结构的复杂程度和与演化程度有紧密的关系,认为"低等"生物的再生能力一般高于"高等"生物的再生能力。但是,随着人们对各物种研究的扩展和深入,逐渐发现这一认识是不可靠的。因为按照传统观念,线虫无论从结构复杂性上还是从所谓的演化程度上看,都显著低等于脊椎动物蝾螈,但是线虫可以认为即便存在,也是再生能力极弱的生物,而蝾螈的许多结构都表现出很强的再生能力(图9-1)。作者认为,这种现象从发育策略运用的角度将可能给出较好的解释,就是线虫的发育编程突出的是细胞谱系的命运决定(见图8-12),由此带来了发育程序更强的逐级既定特征,而在脊椎动物中,细胞间信号系统的互作结构发挥着更重要的作用,因此也就给发育重编程和逆向分化带来了更大的便利。显然,这种表现在个体发育中的策略差异现象,透视出了它可能给演化带来深刻的影响,因为我们从中似乎强烈地感到,这与漫长的历史过程中,线虫始终停留在简单结构的状态之中,而脊椎动物却分化和发展出了多种高度复杂的发育程序设计,不无有着内在的关联性,而与基因的多少,或者对基因变异的自然选择,以及生物体对环境适应能力的高低,并没有直接的因果关系。对基因组测序和分析发现,线虫有大约2万个基因,果蝇的基因数是1.5万个左右,这说明生物结构和发育程序的复杂程度并不一定和它

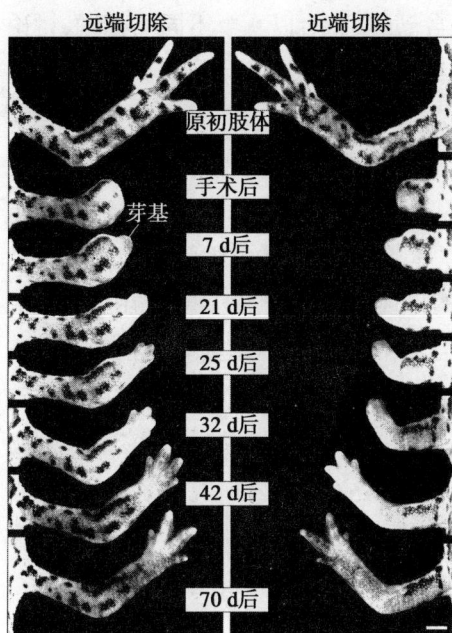

远端切除　　近端切除

原初肢体

芽基

手术后

7 d后

21 d后

25 d后

32 d后

42 d后

70 d后

图 9-1　动物的再生

红斑蝾螈(*Notophthalmus viridescens*)前肢再生，新基芽在远端肢体(尺骨中点)切除和近端肢体(肱骨中点)切除手术后的再生。(引自 Wolpert，2001)

们的基因数目成正比的关系，也就是说基因的变异和选择并不能解释全部的演化现象。采用的发育策略不同，基因数目少的生物同样可以创造出结构和功能更为复杂和多样的生物来。因此，探索演化机制，对发育策略的考查(或者说发育程序设计路线的选择)自然变得十分重要了。

实际上，有如前面讨论所谈，对比于采取特异性极高的操纵因子和它与被操纵元素序列之间建立严格对应关系的路线，采纳通过增加调控因子以提高其特异性的办法，后一种路线赋予了生物在演化上更强的灵活性、叠加性、重组性，因此出现原核生物与真核生物演化图景上的巨大差别，也就很好理解了。

2　从发育程序的角度考察多细胞生物演化的执行手段

近年，对于生物演化机制的探索，发育生物学取得了许多引人注目的成果。对于演化现象的研究，发育生物学开启的是一扇崭新的大门，并由此展现出一条有着无限生机的探察通道。例如，通过对不同多细胞生物发育程序的比较，考察其演化可能采取的手段，可为认识多细胞生物演化机制和路径提供有价值的信息，其中包括 John Gerhart 和 Marc Kirschner 在 1997 年出版的《Cell Embryos and Evolution》一书中所给出的杰出分析。以下作者将吸取 Gerhart 和

Kirschner 给出的许多生动例证,并加入自己的思考,以 9 个不同的标题,讨论来自发育程序操作层面上可能对多细胞生物演化的贡献。

发育的核心程序现象　发育生物学研究发现,存在有发育的核心程序(core process)现象,即许多发育调控基因和它们的工作模式,不仅在演化上相距极远的不同物种间显示出高度的保守性,甚至有些在单细胞生物中就已经存在。这一现象说明,对于多细胞生物的出现和发育程序的建立,在基因水平上,单细胞生物时期就可能已经做出了准备和铺垫,而在多细胞生物形成和演化的过程中,围绕形态和功能建造,选取和开发一系列核心程序,并在此基础上可以编辑出多样的发育程序。显然,这一分析与前面提到的,多细胞生物发育展现是始祖单细胞生物属性延续的思考是一致的。研究显示,发育核心程序的保守性不仅体现在基因利用和功能表达层面上,在形态构建、信息调控等许多方面也同样表现出来,而这些都与多细胞生物的演化有着密切的关系。下面举例说明。

多细胞生物由众多分化细胞组成,它们在形态结构上也呈现出很大的差异,因此人们曾猜测,伴随演化和细胞多样分化的出现,执行其形态构建任务的主要成分——细胞骨架,应该会对应发生显著的变化。但是,事实并不是这样。许多分化细胞的特异结构,例如感觉器官的触毛、鲨精子的顶体、小肠上皮细胞的纹状缘(微绒毛)、迁移细胞的丝足,尽管它们的形态结构很不一样(图9–2),但是,它们都是采用同样的线形多聚肌动蛋白(actin)作为其基本的骨架成分,差别的只是它们通过铰链蛋白的不同作用,形成不同的骨架纤维,但铰链蛋白在不同的物种间仍同样极为近似,而在演化上,细胞形态结构的差异主要是来自骨架成分聚合或铰链方式的不同,而它们的核心分子和构建机制却高度稳定和保守。

类似的情况还出现在与细胞极化现象有密切关系的微管中。微管具有很强的组装和去组装的动力学活性,许多细胞学过程,例如纺锤体的形成,细胞融合中的核转移,神经细胞递质小泡从胞体向轴突末端的传输,还有真核细胞纤毛、鞭毛、神经细胞突触的形成,一些视听感觉细胞的特化结构,细胞分化决定子的定位,等等,都与微管和它的动力学特征有关。研究表明,虽然在演化历史上,细胞对微管的利用出现很大的分化,并在细胞形态构建和功能发挥中起着重要的作用,但是自早期的后生动物出现以来,微管不仅就存在和被延续

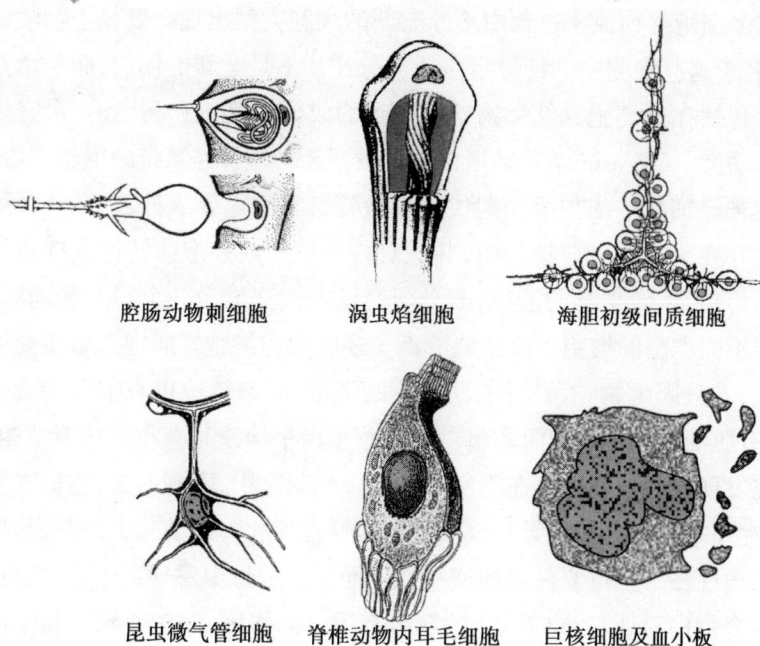

腔肠动物刺细胞　　　涡虫焰细胞　　　海胆初级间质细胞

昆虫微气管细胞　　脊椎动物内耳毛细胞　　巨核细胞及血小板

图 9-2　细胞形态多样性的形成
因多聚肌动蛋白的不同构建,形成形态与结构显著差异的各种细胞。(引自 Gerhart &
Kirschner,1997)

应用,而且它们的基本构成和性质几乎没有更改。

　　上皮细胞对多细胞生物的组织构建有着重要的意义。上皮细胞之间常有一些特殊的连接,将上皮细胞联系组成片层或者条索状的组织结构,它在器官系统的界限划定、微环境的维持、功能层面(如小肠黏膜)的建立中发挥着重要的作用。无脊椎动物和脊椎动物上皮细胞间的连接结构很不一样,无脊椎动物上皮细胞间的连接称为分隔连接(septate junction),它是一种栓塞样的结构,将两个上皮细胞的细胞膜连接在一起,脊椎动物则通过紧密连接、桥粒等结构,将相邻上皮细胞细胞膜紧密地黏结在一起。但是研究发现,尽管两种上皮细胞的连接方式很不同,它们构成连接结构的分子成分却有着高度的同源性,编码这一成分的基因在果蝇中称为 *disc large* 基因,在脊椎动物中称为 *ZO-1* 基因,而一些与它们同源的蛋白质成分,在无脊椎动物和脊椎动物神经组织与周围基质的黏着中同样发挥重要的作用。由此,有人认为,这些现象反映了在演化上,细胞黏着成分和机制的保守性。

在多细胞生物演化过程中不断有新的细胞类型出现。发育生物学研究发现,存在于这些细胞中的特异蛋白质成分往往不是全新的创造,而常常是来自对一些包括在单细胞真核生物中就存在的成分的改造和利用,一个突出的例子是驱动蛋白(kinesin)。驱动蛋白最早发现于乌贼神经系统的巨轴突细胞中,它是使神经细胞中的神经小泡快速沿微管转移的重要成分之一。实际上,驱动蛋白存在于一切真核细胞中,并且对各种细胞内小泡的转运发挥着重要的作用。但是,伴随生物的演化,驱动蛋白已经演变成为一个很大的同源家族,表达于不同类型的细胞中。类似的例子还有肌肉细胞。肌肉细胞是高度特化的细胞,并且因生物物种不同,肌细胞的类型、形态结构也有很大的分化。但是,所有肌细胞都是利用肌动蛋白和肌球蛋白来构建其有收缩功能结构的,并且研究发现这两种蛋白存在于所有的真核细胞之中,不同的是,它们在不同物种中,存在基因拷贝数差异和编码上的多样性变化。在演化上,核心程序的保守性还表现在一些重要机制的通用性方面。在酵母中发现属于 Ras 家族的小GTP 结合蛋白对肌动蛋白聚合的调节有重要的作用,而在哺乳动物中同样存在有极为相似的蛋白,并执行着相似的功能。

分裂是重要的细胞学行为,伴随生物的演化,细胞分裂的方式和控制出现许多重要的变化。在单细胞生物中,细胞分裂主要受环境的影响,而多细胞生物建立了不同的内环境,体细胞的分裂强烈地受着体内细胞间信号系统的控制。无论是脊椎动物还是无脊椎动物,在它们卵裂开始,细胞分裂常表现出不受其他细胞信号影响,也没有细胞的生长,而是呈现出快速自主分裂的特点。在以后的发育过程中,细胞间信号系统加入对细胞分裂的控制,不同分化细胞的分裂行为出现差异,有的长期维持旺盛的分裂活性(如各种干细胞),有的只能发生有条件的分裂(如肝细胞),而有的则几乎终生失去再分裂的能力(如某些神经细胞)。显然,伴随多细胞生物的演化,对细胞分裂的调节发生了巨大的变化。但是,近年的研究发现,控制细胞分裂的基础机制在各种生物及各种细胞中不仅没有变,它的核心成分仍维持着通用性。实验证明,人的同源成分可以完全取代酵母的 Cdc2,实现酵母细胞的正常分裂。因此,人们获得一种概念,虽然多细胞生物的出现和物种的演化带来了细胞分裂调控方式的众多变化,但它不是改变原来的基础,而是在原有基础上建立调控程序的修饰和添加,而它的核心机制并没有改变。

核心机制的高度保守性的另一个生动例子是前面提到过的光感受机制。

尽管,在解剖、形态发生和光接受通路上,昆虫和脊椎动物的眼有很大的区别,但是,转录调节因子 Pax-6 是两者共同的与眼的发育有着密切关系的基因。在脊椎动物眼的发育过程中,Pax-6 表达于视杯、晶状体和角膜组织中。含有 *pax-6* 基因突变的杂合小鼠的眼明显减小,并且虹膜发育受阻,而纯合的突变个体将没有眼发育,并且是致死性的。在果蝇中,*pax-6* 的同源基因 *eyeless* 表达在眼原基和随后发育的眼组织中,*eyeless* 基因突变可造成果蝇眼部分或者全部缺失,*eyeless* 基因的异位表达可以使果蝇在肢、翅、胸、触角的部位长出眼来。进一步研究表明,脊椎动物 *pax-6* 基因同样可以诱导果蝇眼的发育。现在知道 *pax-6* 基因不仅在各种生物中广泛存在,而且序列分析表明它们有着极高的同源性。历史上曾有这样一个故事,在达尔文创立进化论后,力图用自然选择学说来解释生物多样性发生的原因,但是他却无论如何也想不明白,精巧的眼是怎样通过自然选择一步步进化出现的。他说,每当他在镜子前看着自己的眼的时候,就感到心跳不止。今天知道,*pax-6* 基因在像海胆这样低等的多细胞生物中就已存在,并且在高等动物中,*pax-6* 基因突变的纯合个体带来的不仅是眼发育的缺失,并且造成个体致死,表明 *pax-6* 基因在多细胞生物发育中还有其他重要的功能。这无疑强烈地暗示了眼的出现来自于对旧有"元件"的利用和改造。但是,它并不是当年拉马克所说的原始器官,而表现出的是在分子和细胞水平上核心程序的开发和利用。近年,对线虫研究发现,*pax-6* 的同源基因 *VAB3* 在头和感觉器官的形成过程中发挥重要作用。因此,这可能是 *pax-6* 基因有更基础和原始的机能,只是在高等动物的演化中,它被利用发展出专一应答光刺激的眼。由于保守核心程序现象的发现,使发育生物学研究出现了在不同模式生物间相互借鉴和互补开展的生动局面,有力地推动着这一学科的发展。

对核心程序保守性的研究还得到了这样一个重要信息,即比之序列因素,对功能的选择更为基础和重要。珠蛋白具有结合血红素和氧的能力,在演化中,其序列出现显著的分化。广泛的资料表明,在演化上,各种蛋白质成分序列上的分化很不一样,有的高度保守,有的出现很明显的异化。但是,分析显示,有着明显序列差异的蛤珠蛋白和鲸肌红蛋白的三级结构却是惊人的相似(图 9-3)。因此,蛋白质的三级结构可能提供了一种平台,在保证其功能的基础上,给其序列歧化提供了很大的容纳空间,并暗示我们,对蛋白质的进化选择主要是来自对其功能的"考核",即蛋白质的保守性与其说是表现在氨基酸

图 9-3　不同物种间同源蛋白序列与三维结构的比较

软体动物蛤和哺乳动物鲸的珠蛋白,虽然它们的氨基酸序列相差很大,但是蛤珠蛋白(黑线)与鲸肌球蛋白(灰线)的三维结构几乎完全重叠。(引自 Gerhart & Kirschner,1997)

序列方面,不如说更重要的是表现在其三级结构和功能模块(motif)方面。

显然,发育核心程序现象的存在也从分子水平上支持了,在多细胞生物体系建立以后,许多发育程序的建立起始于单细胞生物诸多原有机制延伸和扩展观念的合理性。

建立对核心程序的特异控制　研究发现,多细胞生物发育程序的演化在很大程度上表现的是对核心程序不断建立新的特异控制,使其专一化程度不断提高,由此带动多细胞生物在结构和功能上的演变。在多细胞生物中,这种专一控制的确定似乎在很大程度上是来自生物内环境稳定性的需求。

对于单细胞生物来说,由于突变带来的细胞表型的改变更多的是面临着周围环境的选择。而在多细胞生物发育过程中,不同细胞类型之间会建立起复杂的相互作用关系,从而为其秩序建立带来一种机体内部生理选择的可能性。如果将生物体内广泛存在的各种生理需求与发育程序设计联系在一起,则会使多细胞生物获得大量的发育程序建设的机遇性(contingency)。显然,这一选择引发的是与生命系统稳定性、功能性密切相关的控制系统的调整,并且这一过程将会主要围绕各种核心程序展开。

下面举例说明。

研究发现,铁元素在机体中保持稳态平衡非常重要,高浓度铁离子会对细胞产生毒害作用,因此维持体细胞铁离子浓度的调节也就成为多细胞生物体系建立的重要内容。我们知道在机体中,铁从小肠吸收,通过血液中的转铁蛋白(transferrin)运输到不同组织中,又通过细胞表面转铁蛋白受体(TfR)进入到细胞内部。这时,铁离子或者结合到一种细胞内部的铁蛋白(ferritin)上,或者被用来制备血红素或其他含铁辅基。在这条通路上起码有 3 种成分,它们的基因表达受到铁离子浓度的回馈调节,从而实现铁在体内的稳态平衡。这 3 种成分分别是:①肝细胞中的铁蛋白;②所有细胞中都存在的转铁蛋白受体 TfR;③红细胞中合成血红素的第一个特异性酶——5- 氨基乙酰丙酸合成酶。铁离子对上述 3 种成分基因表达中的翻译调节依赖于在它们的 mRNA 分子中都存在的一种茎 - 环(stem loop)结构,它可与在细胞质中的铁结合蛋白(iron response element binding protein,IRE-BP)相结合。在低浓度铁离子环境中,IRE-BP 不与铁结合,而是特异地结合在 mRNA 分子的茎 - 环结构上,并且对它们的翻译产生不同的效果:对铁蛋白来说,这种结合抑制了铁蛋白的合成,使肝细胞中铁蛋白合成和铁储备停止;对转运蛋白受体来说,这种结合可增加 mRNA 的稳定性,从而促进了转铁蛋白受体的合成;对 5- 氨基乙酰丙酸合成酶来说,这种结合可以抑制其 mRNA 的翻译,降低血红素的合成。当铁离子浓度升高时,IRE-BP 与铁离子发生结合,同时解除了它与上述 3 种成分的 mRNA 分子中茎 - 环结构的结合,造成铁蛋白和血红素合成的增加和转铁蛋白受体含量的下降。由此,构成了一个对铁离子浓度可自动进行回馈调节的控制环路(图 9-4)。显然,在多细胞生物的演化中,对于铁离子的摄入和维持,利用细胞间存在的相互作用关系建立了一种特异控制的方式,从而奠定了多细胞生物对氧运输和利用的基本条件。那么,体内这一针对铁元素的复杂调控机制是怎样建立的呢? 研究发现,上述控制机制的建立并不是没有基础的。作为主要的铁离子调节蛋白——铁结合蛋白,它并不是一种完全新造的成分,而是脱胎于三羧酸循环中的一种含有铁离子的酶——顺乌头酸酶(aconitase)。就是说,这一演化采取的是利用先期存在的生物分子,把它们转变成为特异的功能信号分子。至于问到 mRNA 中茎 - 环结构对调节因子差异应答的建立,实际上可以想见这也不是一件十分困难的事:分子生物学研究表明,茎 - 环结构序列在基因中的随机插入是一个高频率发生的事件,如果一个茎 - 环结构序列插在 mRNA 翻译的编码序列附近,它与调节因子的结合将表现出对翻译的抑制;如果这个茎 - 环结构序列插在对 mRNA 有降解功能的序列部位,它与调节因子的结合将提高 mRNA 分子的稳定性,表现

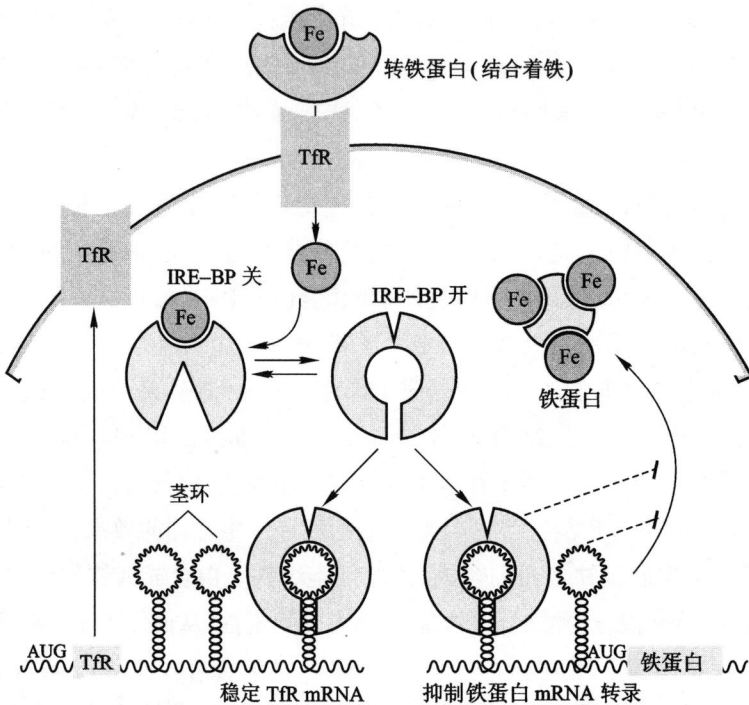

图 9-4　生物体中铁离子的调控通路

血清中的转铁蛋白(transferrin)运输铁离子,转铁蛋白与细胞膜上的转铁蛋白受体(TfR)结合,进入细胞后,转铁蛋白释放铁,然后回到血清中。这时,进入细胞的铁离子或者结合到铁蛋白(ferritin)上,或者被用作为酶促反应的辅助因子与细胞质中的铁结合蛋白(IRE-BP)结合。铁结合蛋白有两种构象:开时不结合铁离子,关时结合着铁离子。当铁离子浓度高时,IRE-BP 与铁结合,无调节活性。当铁离子浓度低时,IRE-BP 与铁脱离后便获得调节活性,即结合到转铁蛋白和转铁蛋白受体 mRNA 的茎-环结构上。对于转铁蛋白受体 mRNA,由于结合位点在 3′ 端,因抗降解而增加了其稳定性,所以 TfR合成量升高。对于铁蛋白 mRNA,结合位点在 5′ 端,可抑制其翻译,即抑制了铁蛋白的合成。可见,铁离子通过 IRE-BP 对铁蛋白和 TfR 进行不同的调节。(改绘自 Gerhart & Kirschner,1997)

出对翻译的促进。显然,与代谢程序密切相关的铁离子调节系统的出现是一种机遇性新程序的建立,顺乌头酸酶可以看作是捕获这一机遇的始作俑者(contingency mediator),而这一机制的建立又为多种相关发育程序的建立(如肝细胞分化中铁蛋白的表达及红细胞分化中血红素的合成)奠定了基础。

　　另一个例子是,人们知道肌球蛋白和肌动蛋白的互作是肌肉收缩发生的核心程序,而这一过程中钙调节发挥着重要的作用。研究发现,正是钙调蛋白工作机制的调整带来了肌肉类型的分化。钙离子是真核生物广泛应用的最重要的调节因子之一(如神经元神经递质的释放、肌细胞的收缩、细胞分泌等)。

真核细胞胞质中的钙离子维持在低浓度水平(0.1 μmol/L),而在胞内特定结构中(如肌细胞的肌浆网,sarcoplasmic reticulum),钙离子浓度可高出 1 万倍。有多种信号系统可以打开钙离子通道,使钙离子从高浓度向低浓度区域流动,而由 150 个氨基酸残基组成的钙调蛋白(calmodulin)及其家族是这一过程中钙离子的传递者,并因此介导多种生理生化过程。研究发现,同样是利用钙离子和钙调蛋白控制的肌肉收缩过程,脊椎动物平滑肌、骨骼肌(或心肌)、软体动物肌肉,它们的机制并不相同(图 9-5)。在平滑肌中,因肌球蛋白头部有一小多肽轻链(LC)结合而使之处在非活化的状态,这时钙离子、钙调蛋白的作用是:首先活化肌球蛋白轻链激酶,使肌球蛋白轻链磷酸化,进而促使肌球

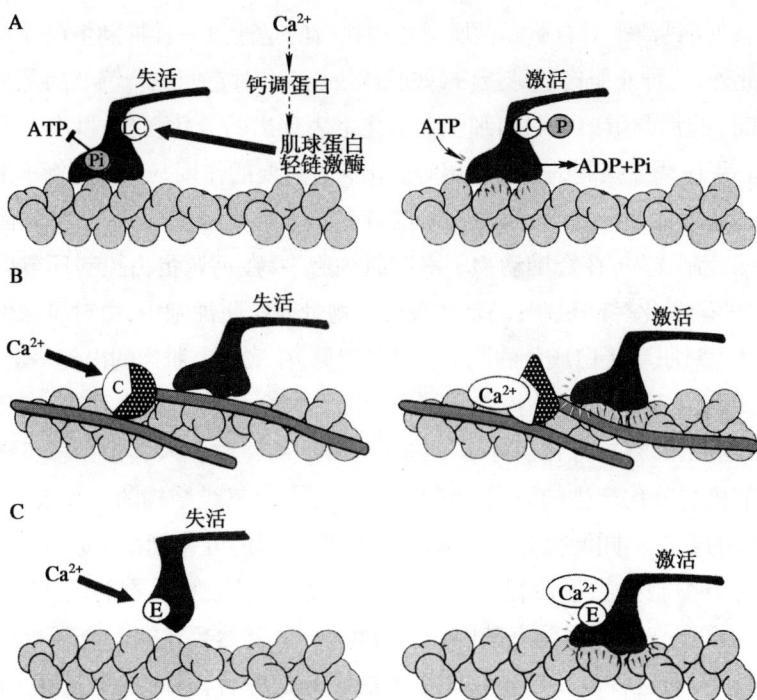

图 9-5　不同类型肌肉收缩的钙调路径

钙是肌肉收缩的信号分子,钙调节类型与肌肉分化密切相关。A. 平滑肌中,肌球蛋白(黑色)无催化活性,要激活它,必须由肌球蛋白轻链激酶来磷酸化小多肽轻链(LC)中的一个。结合了钙离子的钙调蛋白能激活肌球蛋白轻链激酶,同时也是肌球蛋白轻链激酶的亚基。磷酸化的 LC 改变了肌球蛋白头部的构象,使其与肌动蛋白结合。B. 骨骼肌中,肌球蛋白始终有活性,但是由于长长的原肌球蛋白的阻挡,不能与肌动蛋白结合。肌钙蛋白能使原肌球蛋白移位。肌钙蛋白的一个亚基 C 与钙调蛋白同源,也能与钙离子结合。钙离子结合肌钙蛋白后,原肌球蛋白移位,肌球蛋白与肌动蛋白结合,肌肉收缩。C. 软体动物肌肉中,钙离子结合到轻链 E 上,直接激活肌球蛋白。轻链 E 与钙调蛋白同源。(引自 Gerhart & Kirschner,1997)

蛋白顶端构象改变,发生与肌动蛋白的结合,引起肌肉收缩。在骨骼肌和心肌中,肌球蛋白总是处在活化的状态,但是由于长长的原肌球蛋白(tropomyosin)纤维的阻挡,不能与肌动蛋白结合,当钙离子与钙调蛋白同族的肌钙蛋白(troponin)结合,使原肌球蛋白纤维发生构象改变,引发肌球蛋白与肌动蛋白的结合和肌肉的收缩。在软体动物肌肉中,钙离子直接结合到肌球蛋白上的与钙调蛋白成分同族的轻链上,使肌球蛋白活化,结合肌动蛋白,引起肌肉收缩。显然,同样的是由钙离子引导的肌球蛋白与肌动蛋白结合的肌肉收缩过程,演化出了不同的控制机制和途径,出现了不同肌肉类型的分化。其实,因收缩控制机制调整引发的肌肉演化现象还不止以上3种,研究还发现有,海鞘动物平滑肌的收缩是通过对肌钙蛋白而不是肌球蛋白轻链活化完成的(类似于脊椎动物的骨骼肌),钙离子对合胞黏菌肌球蛋白执行的是通过一种抑制蛋白介导的负调节。此外,几种非肌肉肌球蛋白(如肌球蛋白 V),对它们执行调节的是一种称为 bonafide 的钙调蛋白。肌肉细胞在演化上表现出的分化现象,再次向人们显示了核心程序调控机制的差异应用对演化有着重要的作用。从上述例子中我们可以清楚地察觉到,不同肌肉的收缩调节有两个重要的差异:一是与软体动物肌肉收缩控制比较,在脊椎动物平滑肌肌细胞中,在钙调蛋白控制环节后面插进了 LC 的磷酸化控制机制;二是在脊椎动物骨骼肌肌细胞中,由对肌球蛋白的控制转换为对肌动蛋白成分的调节。可以想见,在演化上肌肉的出现一定很早,并且在开始,对肌肉的收缩控制是与原始的钙结合蛋白密切联系在一起的,而这一调控机制的特异分化引导了不同肌肉类型的建立。人们正在思考和探察这一调节机制分化产生的原因。近年,对钙调蛋白三级结构的研究表明,它具有相当强的叠加不同调控方式的潜能,为肌肉类型的分化创造了条件。

作为单细胞生物生命程序的延伸和发展,在多细胞生物的演化中,调控机制的加入和修饰不仅具有其内在的合理性,也显然要比一套全新程序的建立容易得多,而这种改变对生物体表型的影响是综合,有时甚至是巨大的,它带来的不仅是生命程序结构的改变,也同时潜移默化地积累着新的演化机遇,准备着未来演化发生的条件。显然,伴随着生命程序复杂性的提高,这种演化潜能的获取和积累可能会急速增加,由此,突发性的、剧烈的生物演化现象也就获得了它发生的合理性。尽管,生物永远逃不脱承受外界环境,即自然对它的选择,但是,在同样和近似的外界环境中,一些微小的突变或者信息的差异利用,同样可能引起发育程序的巨大改变,这表明生物自身存在有演化的能动性。这样一来,对生物演化现象的认识也就自然离不开对生命自身复杂系统背景的考察。

上述分析给我们认识生物演化现象带来一种新的思考路线,即许多演化发生的基本条件可能在生物的有序结构中早已潜伏存在,演化的发生在相当程度上是获自于程序的调用和特异调控机制的建立。

调控信息的级联组建　受发育生物学研究的启发,上面我们讨论了在演化中,对核心程序实施特异控制的重要性。现在,我们进一步考察多细胞生物控制系统的演化。

在前面讨论多细胞生物发育程序的时候谈到,发育调控系统以指导程序级联和组合的方式形成复杂的网络结构。考察调控系统的演化将涉及以下几个方面的问题:生物如何建立它们的调控程序连锁;在演化上调控连锁机制出现哪些分化,以带动生命程序的多样发展;调控系统如何获得程序构成的分析和综合能力(computation),以推动生物的演化。

下面,通过对 3 类重要调控通路的分析,探讨发育控制系统的演化,它们分别是:离子通道和膜电位信息处理方式;G 蛋白对信号的分析与综合;转录水平上的基因表达调控。这 3 类信号系统在多细胞生物发育程序编排中(如细胞分化、形态构建)发挥着重要的作用,而对这方面演化轨迹的探索却可能追溯到生命建立的早期阶段。

(1)钾离子通道广泛地存在于一切真核生物中,被认为可能是真核生物演化中最早采用的离子通道,并且它的初始功能可能也不是用来处理信号,而是维持细胞的渗透压和体形。植物与动物的钾离子电压门控通道蛋白表现出序列上的相似性,故认为它们是同源的,并且这种同源性应追溯到真核细胞形成的阶段。在植物中,钾离子电压门控通道蛋白对电压并不敏感,更像是利用渗透压来实现其对细胞形态的调控功能,例如叶片保卫细胞控制气孔的开启与关闭,但在动物中,钾离子通道的功能发挥需要膜内外电势差的形成和维持,在实现这一功能的过程中,电压门控通道蛋白通过构象改变获得了对胞内外离子出入的控制能力。

钙离子通道蛋白可能源于钾离子通道蛋白,因为它们之间有明显的同源序列存在。多细胞生物的钙离子通道蛋白与细胞的分泌和收缩功能联系在一起,并且它们都不是通过胞外配体的方式来实施控制。对此,人们推测,由于临近的钾离子通道控制过程中的膜电位变化,偶联引发钙离子通道开启,发生功能效应。实际上,这一情况在脊椎动物 β 细胞的胰岛素分泌调节中也可以看到。在血糖水平过高时,将依次出现 ATP 浓度提高,钾离子通道关闭,细胞膜极化,钙离子通道打开,胰岛素分泌。这一例子提示,通过膜电位介导,将两个不同的生物过程—代谢和分泌联系在一起,建立了新的生命过程调控路径。推理,两种通道的偶联应该最终完成于多细胞生物细胞间信号系统创建的过程中。

猜测,一个大致的与膜电位有关的细胞间信号系统进化历程是,从钾离子通道首先引发钙离子通道和与钙离子通道极为相似的钠离子通道的建立,它们再进一步与第二信号系统,如 G 蛋白联系在一起,建立了钙依赖蛋白激酶和钙调蛋白间的联络,逐渐形成一个复杂的信号控制网络。在离子通道及膜电位的基础上,级联新的调控程序有两个十分突出的特征,它们是:第一,离子通道信号控制作用在细胞中表现出区域划分的特点,而重复的信号输入可以使其作用范围扩大,产生一种空间效应;第二,离子通道调节系统有较好的兼容性,即加入新的控制程序一般不影响旧有系统的工作,例如,将一个新的离子通道人为地加在蛙卵细胞上,细胞仍表现出正常的功能。显然,上述细胞间信号控制系统的发展对多细胞生物的演化是十分重要的,它促使生物对环境应答精度以及生物有序组织程度不断提高,成为推进生物演化的强大动力。

(2)多细胞生物中存在的另一大类调控系统是以若干不同生化分子为介导信号的调控系统,它们在生物演化中表现出很强的分化特征。所有已知的十几种这类调控系统,有的存在于一些门类物种中,有的存在于另一些门类物种中,而只有 G 蛋白信号调控程序出现在植物、动物、真菌,以及包括黏菌、酵母在内的所有真核生物之中,这暗示 G 蛋白信号程序很可能是这一大类生物信号控制系统建立的发起者和整合者(integrator)。

G 蛋白信号通路由跨膜受体和由 α、β、γ 组成的三聚体——G 蛋白组成,并在其功能过程中需要有 GTP 的介入。在接受胞外信号以后,结合于 G 蛋白的 GDP 转化为 GTP。之后,三聚体 G 蛋白分解为 α 和 β/γ 两部分,带有 GTP 的 α 亚基是一个活跃的可以进一步启动多种反应的信号分子,而 β/γ 二聚体也有一定的信号功能。在完成它们的功能以后,α 亚基与 β/γ 二聚体再次自动聚合,恢复到功能执行前的状态(图 9-6)。

G 蛋白介导的信号控制系统在多细胞生物演化中表现得异常活跃。分子

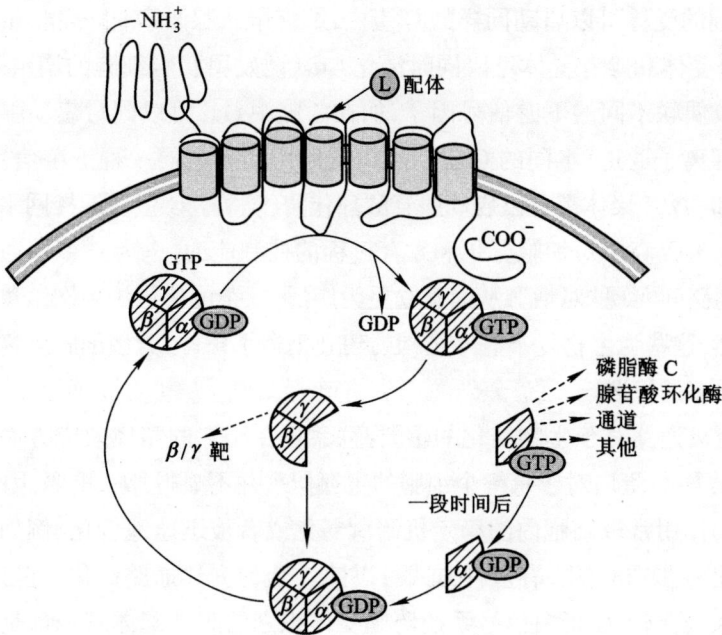

图 9-6　G 蛋白信号通路

G 蛋白信号系统的胞外信号结合到有 7 个跨膜区的膜受体上,使结合有 GDP 的三聚体——G 蛋白与膜受体的胞质面相结合,进行 GTP-GDP 的改换。G 蛋白被激活,分裂成两部分:结合着 GTP 的 α 亚基和 β/γ 亚基二聚体。大多数信号由 α 亚基延续传递,少数信号由 β/γ 亚基二聚体延续传递。α 亚基本身具有 GTP 酶活性,在几秒或者几分钟内,GTP 被水解成 GDP,不同类型的 α 亚基激活不同的信号途径。结合着 GDP 的 α 亚基与 β/γ 亚基二聚体重新结合,结束一次信号应答。(引自 Gerhart & Kirschner,1997)

生物学研究表明,通过增加拷贝、插入外显子等方式,G 蛋白受体分子在演化中发生了极大的分化。在哺乳动物中,G 蛋白受体多达 100 种以上,它们都有同样的 7 次跨膜结构,显示了它们之间的同源性。此外,G 蛋白自身起码包括有 3 个高分化的 α 亚基群,分别为 Gαs、Gαi 和 Gαq,它们之间在氨基酸序列上的差异可以高达 60% 以上。但是,同亚基群内部表现出高度的保守性,在鼠中它们对应于 15 个同源基因。与此类似,已有 4 种不同的 γ 亚基类型被鉴定。发育生物学研究表明,G 蛋白信号系统的演化可以发生在信号通路的不同水平,使之由一个简单的调控程序转变成为一个复杂的调控网络,表现在以下几个方面:G 蛋白通路表现出高度的专一性,如视网膜中的视杆、视锥细胞,鼻上皮组织中的嗅神经元,味蕾中的味觉细胞,它们有各自特异的 Gα 表达;同一受体可以偶联不同的 G 蛋白,如降钙素(calcitonin)受体可以同时启动 Gαs 和

Gαq;不同的受体可以启动同样的 G 蛋白,如促甲状腺激素(thyroid stimulating hormone)受体和腺苷受体可以同时活化 Gαs,诱发甲状腺细胞的增殖;同一 G 蛋白可以偶联不同的下游信号因子,如在心脏中 Gαi 可以同时启动腺苷酸环化酶和钾离子通道;不同的 G 蛋白可以同时作用启动同一种下游信号因子,如 Gαs 和 β/γ 二聚体都可以启动腺苷酸环化酶,等等。G 蛋白调控网络的建立不仅极大地提高了对细胞分化和发育过程的控制能力,也为 G 蛋白通路和其他信号通路间实现"对话",从而建立更为广泛、复杂的信号调控网络奠定了基础。显然,这些为生物复杂有序结构的建立创造了条件,为多细胞生物的演化创造了更多的机遇。

　　G 蛋白通路对于生物演化的重要意义,还在于它的整体效应方面。在多数的情况下,G 蛋白对于每一个细胞的生存似乎并不显得那么重要,因为 G 蛋白信号的作用常被细胞内的稳定机制所弱化或者被迅速地转化(例如磷酸化酶可转化 G 蛋白激酶),有多种方式可以使 G 蛋白受体通路钝化。但是,与其他信号系统比较,G 蛋白信号系统跨膜受体识别的胞外配体基本都是小信号分子,并且它们在机体中具有循环和全身流通的特征,而不是只局限于临近细胞间的相互作用,这使 G 蛋白信号对于整个机体正常生存的作用变得十分突出。显然,与其他同类信号系统比较,由于 G 蛋白对于生物整体稳定性更为敏感,自然也就更易造就影响全局的演化机遇。实际上,离子通道信号系统也具有这样的性质。

　　以 G 蛋白和离子通道为基础,发展不同的信号控制程序推动着生物演化的一个生动例子来自对动物眼发生的分析。眼的结构在许多门类动物中都存在,研究表明,它的形成在历史上起码独立地发生过 20 次。比较不同动物的眼,它们在发育和解剖上可能会有很大的差异。脊椎动物的眼发育来自脑泡的外突,而昆虫的眼发育来自外胚层,而后再与脑通联。这使脊椎动物和昆虫之间,神经和光受体细胞的空间定位是相反的,在脊椎动物的眼中,光线先穿过神经细胞层,再到达感光细胞层,在节肢动物中,光线直接射入光受体细胞。此外,在眼的组织构成上,与脊椎动物的单眼设计明显不同,节肢动物采用的是复眼中大量小眼面(果蝇有 700~800 个小眼面)分别获取全视野的部分信息,再在脑中进行图像综合的方式。从演化发生上看,光信号的接受、转化和传导系统的建立在眼的形成过程中无疑是十分重要的。面对动物眼的多元发生和它们在解剖结构上的巨大差异,人们自然在探察眼的演化发生时,把注意力集中于对它们信息通路建立层面的考察。前面已经提到, *pax6/eyeless* 基因对视觉产生的重要性和演化上的保守性,它们编码特定的转录调节因子,以控制一种光敏感成分的最初形成。深入研究表明,生物对光子接受的关键事件是光受体细胞中的视黄醛光异构化。在原核生物中,它是光能驱动质子泵产生 ATP 的一个环节。在真核生物中,它被用来实现对光信号的接受。在不同的眼中,生物化学上完全一致的是视黄醛结合在视蛋白上形成视紫红质。对照地,将脊椎动物和无脊椎动物眼中,从光子射入到离子通道开启,进而引发神经冲动的全过程进行比较,可以发现,它们从光子激活视紫红质到开启 G 蛋白通路的过程几乎一样。但是,在其后的信号通路级联上发生了明显的分化,而最终又都殊途同归地回到了离子通道调控的方式上(图 9–7)。对视觉功能过程中信息通路分析,我们得到的启示是,保守的核心程序在演化上各自独立地导致了同功器官——眼的发生,但是,由于它们的信号路径的发展不尽相同,其中,令人注目的是在 G 蛋白与离子通道之间插入了不同的信号级联,由此驱动不同的细胞分化路线和组织方式,创造出眼不同形态结构和差异发育程序的建立,这自然是对眼发生和其多态现象存在的一种合乎逻辑的分析。

从上述的分析中,我们可以强烈地感受到,信号系统的建立和级联是多细胞生物体系形成的基础,可以说从发育的第一次细胞分裂开始,对这一机制的运用就须臾不能离开。由此我们完全有理由推想:第一,细胞间信号系统的建设必然从多细胞生物形成初期就开始了,而实现这一艰难复杂的系统工程,多细胞生物的形成走过一段漫长的探索之路是不言而喻的,也就可以更好地理解前面对多细胞生物形成讨论涉及的一系列问题,包括多细胞生物形成的三种模式的分析。第二,细胞间信号系统的建设绝不会因多细胞生物的形成而终止,反而出现的应是一系列信号系统加速发展的局面,因此推动着包括发育程序和物种歧化在内的多细胞生物的演化,并且这一操作将永远持续下去。因此,如果说本质而言,多细胞生物发生和演化体现的是生命调控系统的演化,这一概括是有道理的。联系前面作者在对生命早期 DNA–RNA– 蛋白质秩序对代谢和自建程式归纳的分析中,同样强调了调控系统建立的重要性,这实际上强烈地暗示了两者之间的一脉相承。生命与其他复杂系统的一个显著区别是,它创建了特有的信息工作体系,并实现着生命信息结构的不断扩展和对各种生命活动的指导,由此,在演化中,调控的变迁占据核心地位也就成为一种必然。

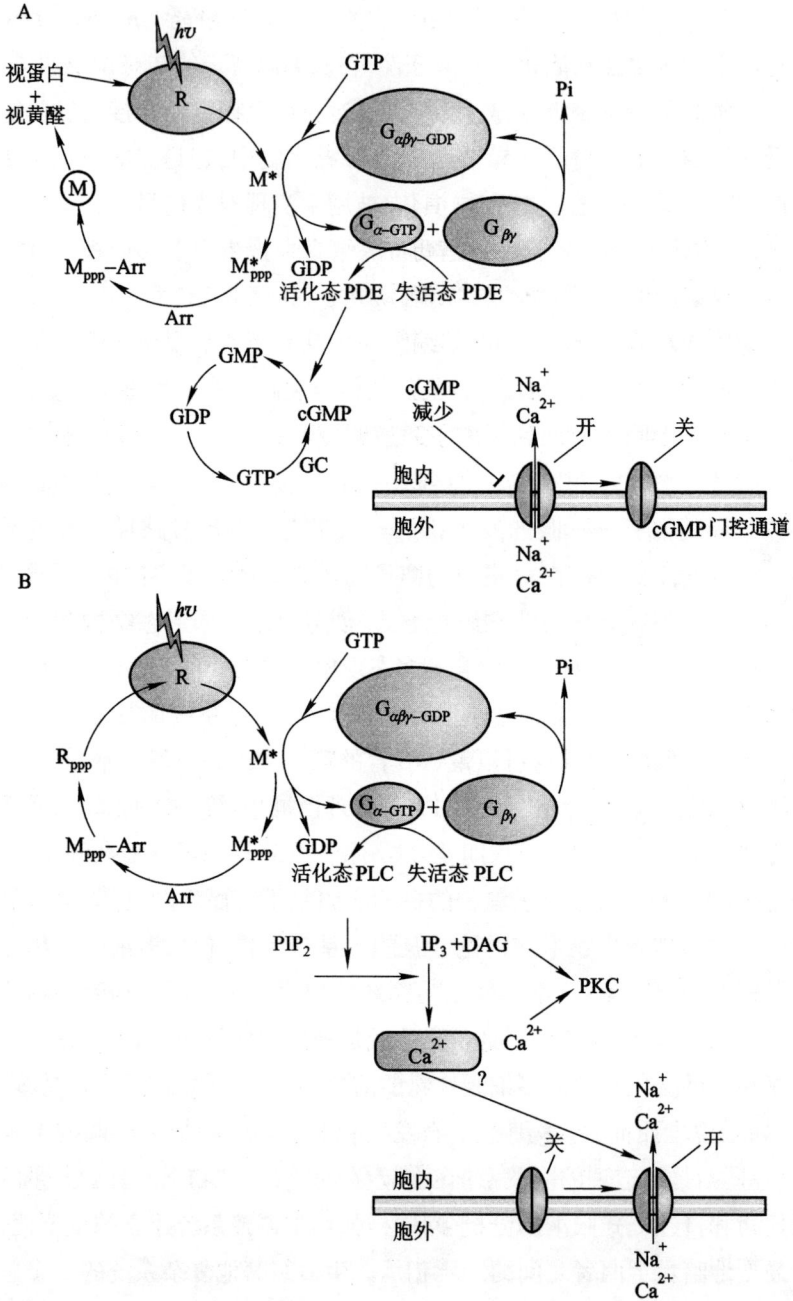

图 9-7 视觉光感受通道的比较

脊椎动物(A)和无脊椎动物(B)的视觉光感受信号通道。(引自 Gerhart & Kirschner, 1997)

(3)另一个重要的调控系统的演化发生在基因转录环节。原核生物与真核生物在基因转录控制方面存在许多重要的区别。我们知道,原核生物基因启动子一般很小,参与转录调控的因子也较少,而真核生物基因的启动子常常很大,它可能覆盖达 50 kb 的 DNA 序列范围,并且其功能发挥往往需要大量辅助因子的协同加入。研究表明,演化上,基因表达调控序列的改变速率远远超过基因编码序列的改变。比较酵母与人,基因组规模相差大约 200 倍,它们之间的差异主要体现在与基因转录调控有关元素的增加方面(如启动子、增强子、非编码 RNA 对应的序列),而其编码序列仅仅增加了大约 7 倍。是什么原因造成真核生物在演化上,特别是在进入多细胞生物发展阶段后,DNA 分子中基因表达调控元素出现如此显著的变化呢?根据近年的研究,有人认为,这与真核生物转录调节因子对 DNA 序列识别特异性差、亲和性低,而基因表达特异控制更主要是通过不断增加调控因子的策略来实现有着密切的关系。显然,基因表达调控程序叠加和组合无疑也就成为推动多细胞生物强力演化的重要依托。

一个生动的例子是同源异型基因(*Hox*)。同源异型基因广泛地存在于所有动物中,它在发育中起着极其重要的作用,并表现出它的发展在演化中扮演着重要的角色,例如,研究显示从文昌鱼到小鼠,*Hox* 基因的数目从 10 个增加到 13 个,并且它们还同时整体性地加倍为 4 个拷贝(图 9–8)。*Hox* 基因产物分子中包含有一个由 60 个氨基酸组成的结构域,形成具有三个螺旋的空间结构,它是实现同源异型蛋白与靶基因 DNA 调控元素结合的功能集团。当它结合到 DNA 分子上时,两个螺旋处在调控元素 DNA 序列上方,第三个顺伏在 DNA 主槽之中。在发育中,同源异型蛋白通过此功能域与靶基因 DNA 分子中的调控元素结合,实现对靶基因表达的特异性指导。但是,对这一重要的结构域深入研究,人们惊奇地发现,这一结构域的序列特别是它们的三级结构在众多同源异型蛋白之间却高度保守。由此自然提出了一个疑问,就是虽然同源异型基因在演化上发生了显著的分化,形成了一个在功能上有着明显差异的很大的家族,即它们各自针对不同靶基因的表达实施调控,带来了发育程序上的显著分化。但是,为什么它们与靶基因调控序列结合的功能域在空间结构上几乎没有变化呢?那它们又是如何实现对各自靶基因表达的特异调控的呢?发育生物学研究还发现,即使是演化距离很远的物种,对应的同源异型蛋白之间在功能上仍表现出某种相互间的通用性,例如,将果蝇的同源异型基因

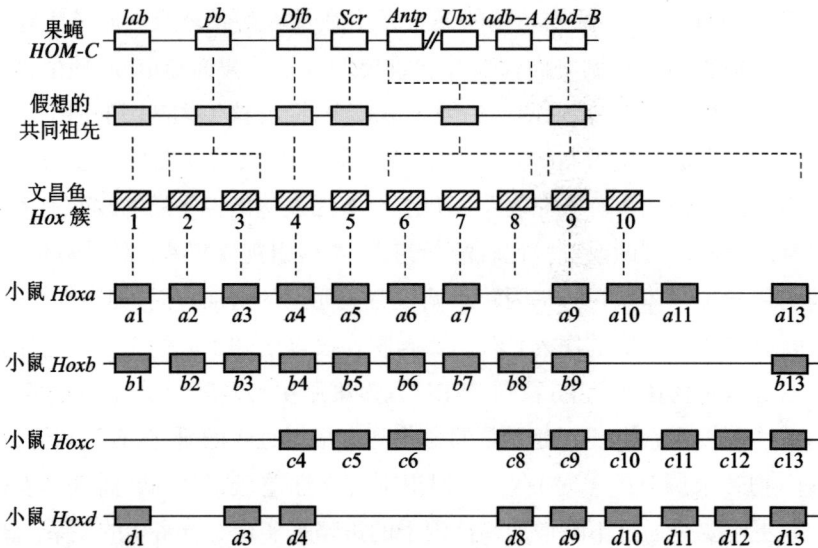

图 9-8 *Hox* 基因的演化关系

果蝇(节肢动物)、文昌鱼(头索动物)、小鼠(脊椎动物)和它们假想的共同祖先的 *Hox* 基因的演化关系。共同祖先单个 *Hox* 基因的倍增为果蝇和文昌鱼增加了发育调控的新基因。头索动物祖先整体 *Hox* 基因簇的两次倍增使脊椎动物有了 4 套分离的 *Hox* 基因复合体(包括丢失了部分的 *Hox* 基因),有力地支持了脊椎动物的演化。(引自 Wolpert,2002)

Antennapaedia 引入到封闭了其同源基因表达的线虫体内,可以完全替代宿主的同源异型基因,使发育正常进行。按照演化生物学的研究,尽管如果存在,节肢动物与线虫的分离起码超过了 5 亿年,并且两类动物的发育程序也很不一样,但是同源异型基因在异种动物体内却完全可以正常工作。更有甚者,如果将某些同源异型基因的同源异型框删除,它的表达产物仍可能正常发挥功能。难道说,同源异型蛋白对靶基因 DNA 调控元素的特异识别与结合并不重要,甚至是可有可无的吗? 深入研究发现,同源异型结构域对 DNA 结合的特异性确实不高,不同的同源异型蛋白可以结合到同一基因的调控序列上,而同一种同源异型蛋白也可以结合到不同靶基因的调控序列上,其亲和性都没有明显的区别。这点与增强子调控因子比较,对各自靶向 DNA 序列的亲和力测定显示,它们之间可以相差达 10^3 数量级,即同源异型蛋白与 DNA 的结合力远远低于增强子结合蛋白(如 lac 抑制因子)。此外,实验还表明,同源异型蛋白对调控元素 DNA 序列突变的耐受性也远远高于增强子结合蛋白。现在知道,同源异型基因家族对于细胞分化、体制建立、器官形成有着极其重要的作

用,多种同源异型基因的剔除都可以造成发育终止、器官易位等严重后果。显然,这表明同源异型蛋白对靶基因的转录调控一定有着严格的专一性。那么,这种专一性由何而来呢?面对演化中同源异型基因的活跃分化,它们各自对靶基因表达的专一调控又是通过什么方式建立的呢?根据近年发育生物学的研究,同源异型基因对靶基因表达调控,也包括它们自身的表达调控,其特异性主要是通过发展多种协同、辅助因子的方式来实现的。实际上,正是由于同源异型蛋白对靶基因调控元素 DNA 序列结合力弱,给这种发展带来了很大的便利和更多的机遇。如果将果蝇同源异型基因 *ftz* 中的同源异型框删除,它仍然可以正常发挥其功能,这表明,辅助因子可以弥补因相关结构域丧失而造成对 DNA 特异结合的影响,即在大量辅助因子存在的情况下,同源异型蛋白本身对 DNA 特异识别的影响就变得不那么重要了。研究还发现,与同源异型基因对靶基因调控特异性建立的策略相似,同源异型基因自身的表达也同样有大量的调控因子参与,因此其基因上游调控元素的 DNA 序列呈现出广泛的分化,其长度远远大于编码基因本身(图 9-9,见彩插)。

现在看来,真核生物在开发新的转录调节机制方面,增加转录因子及加强它们之间的相互协作起着重要的作用。可以想见,通过增加因子并开发新的 DNA 调控元素,不仅可选择性地获得高特异性的基因表达调控分化,同时因为新因子的加进,使它们与 DNA 间的结合可能产生新的不稳定因素,由此提供了更多调节因子介入及与 DNA 序列相互作用的机会。因此,这是一个不断增强特异性又不断创造新的不稳定因素的过程。自然,除了参与因子的加入外,与转录调控演变密切相关的还包括有转录后 mRNA 的加工环节——剪接(splicing),更丰富了调控的多样性,这也是当今生命科学研究中的一个热点问题[如剪接体(spliceosome)结构和功能的揭示]。**总之,在中心法则执行和蛋白质 – 蛋白质、蛋白质 –DNA 相互作用方面,真核生物体现的是,这个复杂体系一方面朝着特异化提高和建立复杂信号网络的方向前进,同时又不封闭它不断拓展的可能性。由于原初的调控因子是从新增的因子中获得其对靶基因表达调控特异性的提高,而不是强调对自身的改造,它自然长久地保持了被重复利用,以及建立新的调控特异性的潜能性,**也正因为此,给多细胞生物的演化带来了极大的便利,这一点与前面有关核心程序特异控制的讨论是一致的。

基于以上的分析,我们可以很自然地推想到,在多细胞生物演化过程中,伴随基因表达调节系统中多种因子加入和其信息结构的不断复杂化,当其处在某种动力学结构变异的临界状态时,某种触发因子出现或者调控因子的组合发生改变,引起发育程序结构的显著变化是完全可能的,它带来的将是生物发育图案上的巨大变化(图9-10,见彩插),表现出演化上的跃迁。历史上,同源异型基因可能正是处在这一地位上的重要的发育调控基因之一。

区域与阶段的划分使发育程序及基因的重复利用和功能分化成为可能　前面讨论过,多细胞生物的发育过程存在有程序模块化现象,由此构成发育的时间和空间结构。发育程序的这一特征带来了演化的又一个便利,就是使发育程序、包括各种调控因子的分配(sorting)和重复利用成为可能,从而进一步丰富了发育程序的构建手段。

节肢动物不同类群在形态结构上有着明显的差异,而体节的划分为其多样性演化创造了有利的条件。甲壳动物和昆虫是节肢动物的两个不同纲,比较卤虫(*Artemia*)(甲壳动物)和蝗虫(昆虫)的 *Hox* 基因表达图案,发现蝗虫的 *Hox* 基因表达与果蝇相似,即 *Antennapedia* 和 *Ultrabithorax* 表达于胸部,*Ultrabithorax* 和 *abdominal-A* 表达于腹部,*Abdominal-B* 表达近于体末端,而在卤虫中,*Antennapedia*、*Ultrabithorax*、*Abdominal-B* 联合表达于胸部,出现彼此类同的体节结构,而 *Abdominal-B* 表达于生发节(图9-11,见彩插)。可以说,从演化的角度看,卤虫的胸可类比于昆虫的胸和绝大部分的腹。显然,这种差异来自于卤虫和蝗虫祖先 *Hox* 基因利用方式的分化,而体节的设置为 *Hox* 基因的重复利用和差异组合提供了可能性。由于发育程序区域与阶段划分带来的 *Hox* 基因的重复利用和不同组合造成了动物发育体制的差别,出现了动物演化上的歧化现象。

化石显示了演化上昆虫附肢位置和数目上的变化:一些昆虫在每一个体节上都发育有肢,而有些昆虫的肢只限定于胸的部位。探察这一现象发生的机制,我们可以分析现存的两种昆虫——属于鳞翅目的蝶蛾类和属于双翅目的蝇类的发育过程。鳞翅目昆虫胸腹部都发育有肢,双翅目昆虫演化上发生较晚,它的腹部没有肢的发育。对果蝇(双翅目)研究表明,是双胸复合体的产物抑制了 *Distal-less* 基因的表达,使其腹部没有肢体的发育。这暗示在双翅目昆虫中,腹部体节原本存在有发育肢体的潜能,是 *Hox* 基因表达在不同体节中的调整改变了它的发育。在鳞翅目昆虫发育过程中,双胸复合体的 *Ultrabithorax* 和 *Abdominal-B* 基因在腹部腹面处在关闭状态,由此 *Distal-less* 基因获得表达,出现腹部肢体的发育。正是体节的分隔为 *Hox* 基因的差异表达创造了条件。

很早人们就猜测,脊椎动物的鳍和肢体在演化上是同源器官。化石发掘表明,四足的出现发生在 4 亿~3.6 亿年前的泥盆纪。比较泥盆纪 *Panderichthys* 鱼的叶状鳍和四足动物 *Tulerpeton* 的肢体的化石,发现它们的主要区别在于 *Tulerpeton* 的肢体出现了远端指部的骨骼,而它们在 *Panderichthys* 鱼的叶状鳍中并不存在。如果指掌部发育的建立在从鳍向四足演化的过程中起着重要的作用,那么这一发育图案的变化是如何发生的呢?近年发育生物学研究表明,在斑马鱼胚胎鳍发育的早期,即在它处在芽体的阶段,它们与四足动物极为相似,在它的近端形成了 4 块骨骼,它们与四足动物肢体的近端骨骼是同源的。这时,像四肢动物一样,在斑马鱼中,*sonic hedgehog*(*shh*)是这一发育调控的关键基因之一。随后,由外胚层发育的鳍褶出现在鱼鳍的远端,其内部形成多条骨质辐肋。但是,这一结构不存在于任何四足动物之中,而是在其肢体发育的远端又出现了一次 *sonic hedgehog* 基因的额外表达峰,并在此基础上进一步发育出指部的骨骼和相关的结构。这一过程就好像是鱼鳍近端的发育程序被再次重复实施,由此芽体延伸并诱导新的远端结构建立,成为肢体样的结构(图 9–12)。发育生物学研究发现,像 *shh* 这样在发育编程中被多次反复使用的基因比比皆是,各种调控因子重复利用的现象十分普遍。在两栖动物和昆虫的变态过程中,有限的激素种类,由于它们利用的环境和条件的不同,几乎可以同时启动在内容上差别很大的多种不同的发育程序。

从更广泛的角度看,如上面讨论中提到的,G 蛋白通路在其受体、G 蛋白类型、下游控制途径等方面,在演化上出现了很大的分化。研究表明,它们对于发育的区域和阶段划分发挥着基础性的作用。在发育中,由于分化细胞群体之间的逐渐分隔和不同微环境的形成,给出了不同类群细胞中启动有限数量的信号通路和控制着有限数量的下游程序,也就是说通过这一策略,实现了众多发育调控信息的差异组合分配,引发了发育程序的区别性编辑,即 G 蛋白系统在多细胞生物演化过程中,可能以发起者的姿态带动了发育时空模块的建立,并因此推动了基因在发育中重复利用和差异效应现象的出现。

新基因及蛋白质新功能的开发　从上述发育调控程序的级联组建,以及发育时空结构划分的分析中,我们可以感到调控因子的分化,即新编码和新功能蛋白质的开发,是多细胞生物发育程序及调控系统演化得以实现的重要条

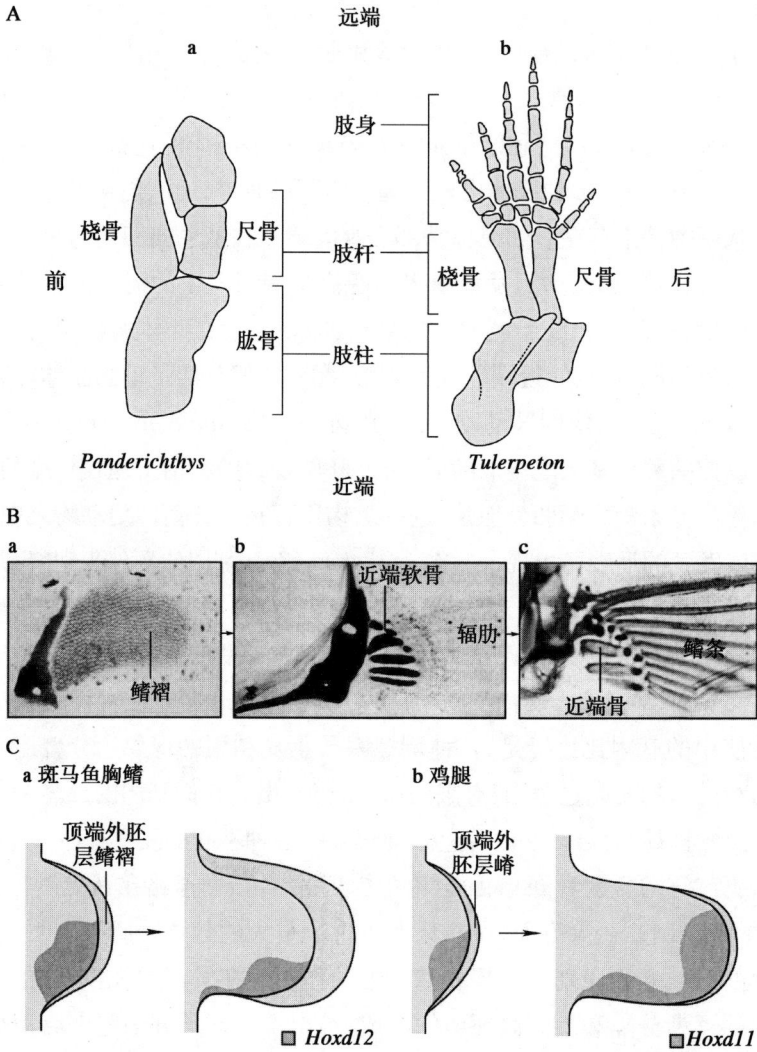

图 9-12　从鳍到肢体的演化

A. 泥盆纪的鱼 Panderichthys 的叶状鳍已经有了与肱骨、尺骨、桡骨对应的肢体近端结构，但没有远端结构（a），而泥盆纪的四足动物 Tulerpeton 则已经有了肢体远端的指骨结构（b）。B. 斑马鱼 Danio 胸鳍的发育，早期发育形成胸带和鳍褶（a），4 个近端软骨元素和远端辐肋形成（b），成鱼中 4 个近端骨支持着远端辐肋（c）。C. 斑马鱼胸鳍芽的顶端外胚层褶从中胚层向外伸出，中胚层表达 Hoxd12 基因，产生近端软骨（a）；鸡胚胎腿芽中胚层早期表达 Hoxd11 基因，晚期 Hoxd11 基因在远端又出现一次额外的表达（b）。（引自 Wolpert，2002）

件之一。从分子生物学和发育生物学的研究中,人们获得如下的概念,新基因及新功能蛋白质的开发可能采取以下几种不同的方式:①利用原有蛋白质开发新的功能,例如,眼中构成晶状体的主要成分是 α- 晶体蛋白 A(α-crystallin A),它显然是对细胞中普遍存在的 α- 晶体蛋白 B 的再造。②通过不同亚单位联合构建新的功能蛋白,例如,乳汁的重要组成成分酪蛋白是一个非共价结合的双亚基复合体,其中之一是只发现于哺乳动物中的 α- 乳清蛋白分子。研究表明,它与鸡卵清 C 型溶菌酶蛋白有很高的同源性,但在哺乳动物中已完全失去了其防卫的功能,因此有人推测,乳汁的起源可能来自于与免疫功能有关的分泌物的转化。③在不同水平上对旧蛋白质修改,如氨基酸突变、翻译后剪切或修饰,产生新分子。④基因外显子的转移和 DNA 重组造就新基因和新蛋白质分子,大量的蛋白质表现出保守模块嵌合的特征,可以看作是这一途径的产物。⑤基因多拷贝化,不仅增加了生物体对基因变异的耐受性,也为今后的改造和筛选创造了条件。以上各方面,分子生物学中已有大量的研究,显然这些路径对于新调控因子的出现同样是适用的。应该注意的是,新基因的出现可能不只是一个简单的基因变异的问题,它还可能与某些特定的生命过程(如性别的偏好性、优选性、发育环节和程序的集约性、协同性)关联在一起,这对于调控因子的分化来说可能有着特殊重要的意义。此外,除了编码蛋白基因以外,近年研究表明,非编码 RNA(ncRNA)基因在发育调控中的重要作用(包括对变化环境的适应性调整),以及它们在演化上的贡献,已越来越受到人们的关注。

显然,新基因的形成直接关系着生命信息系统的演化和相关的操作,本书将在后面对此作进一步的探讨。

发育的异时现象 任何发育图案的构建都包含着时间因素,即发育程序有着严格、精确的时间秩序。一个物种,如果它的某些发育程序出现时序性变更或者错位,将可能造成原有生物形态结构、生理习性的显著改变,这一过程在发育生物学中称为发育异时现象(heterochrony)。无疑,发育异时可造成物种的多样性分化,推动生物演化的发生。

例如,有性程序的建立常常被认为是许多多细胞生物个体发育成熟的重要标志。在各种多细胞生物的发育过程中,性器官成熟的设定是严格程序化的,典型的例子是,昆虫在幼虫蛹化以后才进入性功能成熟阶段,无尾两栖类动物的性成熟发育在变态过程中才开始。但是,在动物中常常可以发现一些物种,它们的性成熟设定与近缘物种间出现明显的不同。例如,墨西哥钝口螈(*Mexican axolotl*),在它性成熟时仍保留着幼虫的特征,还具有鳃的结构和维持其水生习性,这种现象又称为发育的幼态成熟或幼态持续(neoteny)。如果人为用甲状腺素来处理早期发育的钝口螈,不仅鳃退化了,成体的生活环境也由水生转为陆生。在蛙类动物中,有一个属名为 *Eleutherodactylus* 的物种,与其他绝大多数蛙不同,在它的发育中失去了蝌蚪的幼虫阶段,从受精卵直接发育为成蛙(图 9–13)。这种蛙的卵产在陆地上,不出现鳃的发育,在神经管形成以后很快出现肢芽结构,它的尾在胚胎发育中转化为一种呼吸器官,并且适应于胚胎直接向成体发育的"繁重"任务,在卵细胞中有超常量卵黄物质的储存。这种不取两栖生活方式的两栖类动物的出现,演化上包含着很多复杂的变化,显然其中发育异时发挥着重要的作用。

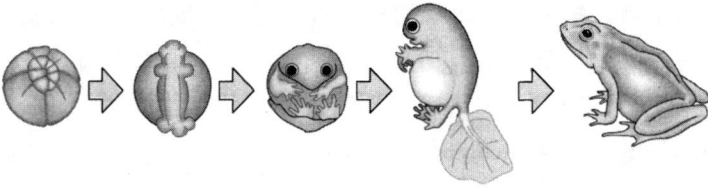

图 9–13　不是两栖的两栖动物

两栖动物 *Eleutherodactylu*s 在陆上产卵,卵不经过水生蝌蚪阶段,直接发育为成蛙,幼虫尾变成呼吸器官。(引自 Wolpert,2002)

昆虫发育程序的设定同样可能产生发育异时现象。昆虫有两种不同的发育模式:长胚基模式(long germ model)和短胚基模式(short germ model)。果蝇的早期体制展现表现为从头至尾各体节同步性的发育,此属于长胚基发育模式。与之不同,一些昆虫(如缨尾目),在胚胎发育早期,它首先形成一个生发带,然后各体节从头至尾逐步推进出现,并依次陆续完成各体节的形体建设,此属于短胚基发育模式(图 9–14)。显然,长胚基发育模式动物与短胚基模式动物之间,在体制构建过程中存在一种复杂的发育时序变更现象。前者表现为各体节同时建立,然后不同体节同步地进入器官(如附肢)形成的发育阶段,后者表现为体节形成与其后继的器官发生紧密地捆绑在一起,而不同体节的发育则从前向后依次发生。

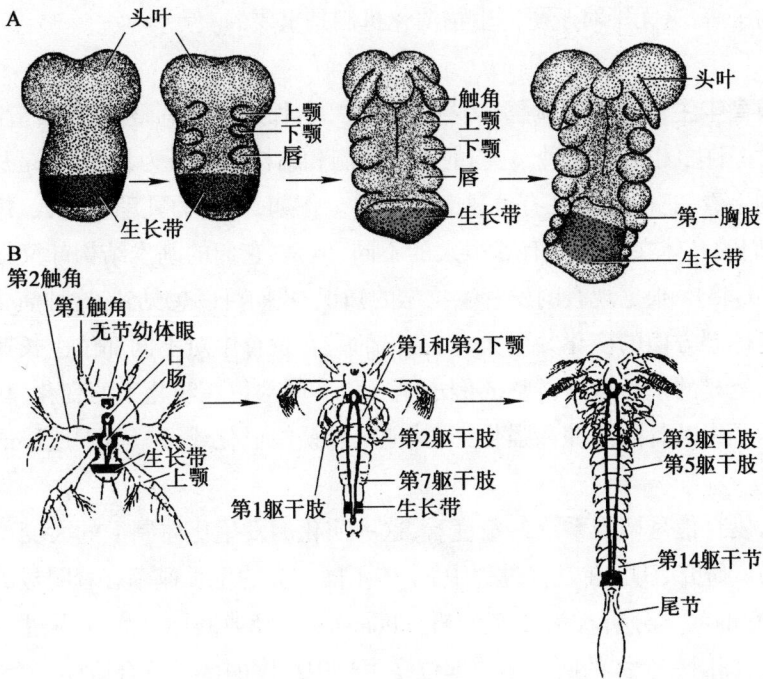

图 9–14　动物发育的短胚基模式和长胚基模式

A. 无翅缨尾目昆虫 *Petrobius* 受精卵首先发育出个体的最前端部分（包括颚、唇）和末端部分，但是没有胸和腹，但在靠近身体末端处形成由增殖细胞组成的生长带（深色），然后生长带按体节陆续增加的方式发育出胸和腹的结构。在这个过程中，生长带不断消化吸收卵黄中的营养成分，到孵化时，长出全部体节。B. 甲壳动物的卵黄相对很少，到孵化时，幼体只有头部和末端结构。幼体有完整的肠，以浮游生物为食，而在肛门之前是生长带（黑色），生长带细胞吸收营养并陆续按前后顺序形成各体节，当全部体节长出后，甲壳动物成体发育完成。（引自 Gerhart & Kirschner, 1997）

发育异时现象在动物中十分普遍。多数海胆的发育存在幼虫阶段，但是，也有一些物种没有独立生活的幼虫阶段，而是直接发育为成体海胆，这种海胆的卵细胞也大于一般海胆的卵细胞。此外，因为人与猿类胚胎在体形结构上有很多相似的地方（例如面骨较为平坦，拇指与其他四指对立程度低），有人提出人类可能是起源于猿类动物的幼态成熟。

对于动物发育异时现象发生的机制，目前还不清楚，但发育调控结构的改变是必需的。发育生物学的研究已经了解，在昆虫体制建立过程中，体节的形成主要受一组体节极化基因调控，而后继的体节分化受 *Hox* 等基因的控制。因此不难推断，异时现象与上述基因的表达顺序，以及相关的调控程序设定改变有着密切的关系。随着发育生物学研究的进展，人们对发育异时现象将会有新的了解,这无疑对于研究生物演化机制是重要的。

发育中生长速率的调整　发育过程中,生长速率的调整同样可产生生物多样性。许多相近的物种,它们的发育体制和结构图案极为相似,但是从外形和解剖上看,它们之间又有着显著的差异。例如,同为哺乳动物的人、蝙蝠和马,它们的肢体在外观上有着很大的不同,但是,它们的基本结构却又极为一致(图 9-15)。根据现有的发育生物学的知识,我们可以想见到,这种演化在基本发育体制方面的变化并不大,而突出的是在发育中对不同部位生长速率的调整。经典的生长速率调整的例子是马腿不同部位在演化上的变化,化石比较显示了中趾骨的延伸和强化、而其他趾骨最终退化或者只留下遗迹的演化过程。

从发育信号调控系统的角度看,这一演化的发生比体制上的大变革可能要容易。研究表明,在发育过程中,个体不同部分的生长速率有着明显的相关性,对它的数学分析称为比速分析(allometry)。经典胚胎学曾获得过一个经验公式,即同一个体的两个不同部位在生长中尺度的变化符合这样一个公式: $y=bx^a$ 其中 a、b 为常数,y、x 分别代表不同被检测部位的长度。例如在昆虫的

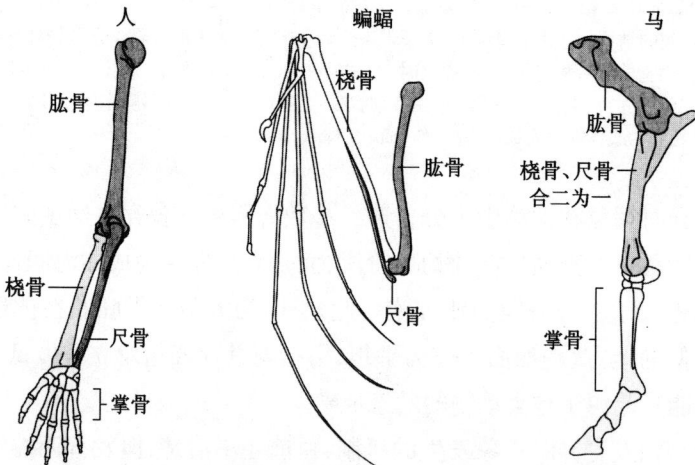

图 9-15　哺乳动物肢体结构的比较

人、蝙蝠、马前肢骨骼的基本图案是保守的,但是不同骨骼的比例变化很大,有的还出现了融合和丢失的现象。这一点马的肢骨特别明显,尺骨和桡骨融合成一块骨骼,中趾骨大大伸长了,其他的趾骨则消失或者退化。相比之下,蝙蝠的指骨都大大伸长,以支持它的膜质翅膀。(引自 Wolpert,2002)

发育中,以其头和腹部长度值的对数分别为横坐标和纵坐标作图,不同生长期的作图点构成的是一条直线(图9-16)。人的个体发育生长也符合这一规律。今天,人们对于发育过程中个体发育表现出的维持这种相关性机制还不清楚。但是,起码这一现象告诉我们,身体各部分的生长不是可以任意改变的,就是说它们之间存在一种相互制衡的机制,即它的改变不是单纯的某一器官的生长速度的改变,而是关系到a、b值的改变。显然,a、b值反映的是一种整体发育调控设计。从发育生物学的角度探察a、b值存在和设定的机理,这不仅对认识多细胞生物的发育现象是重要的,而且从中我们还可能获得对生物演化机制的深入了解。

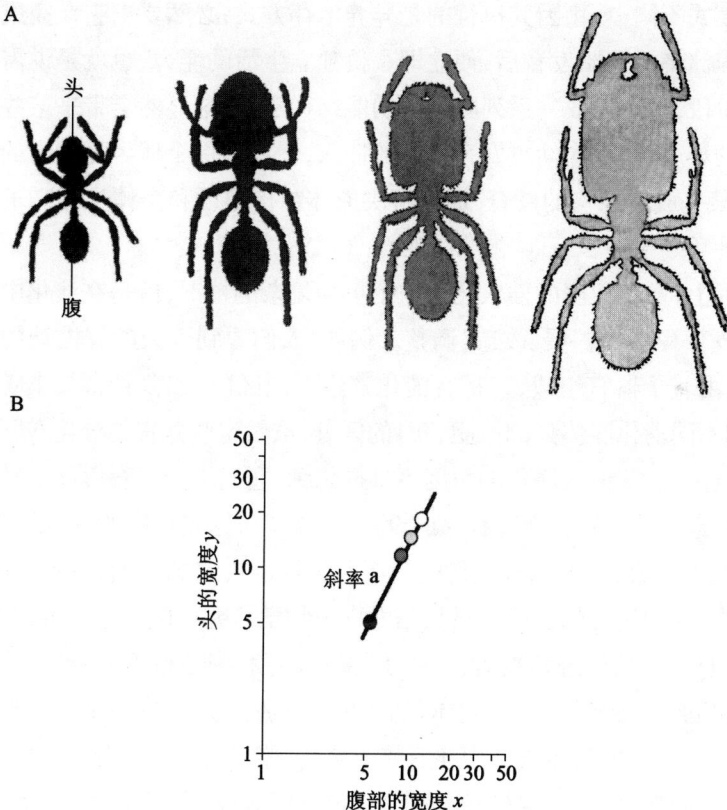

图9-16　动物发育中不同部位的比例呈现

A. 蚂蚁身体不同部位的生长率不同,在发育中头部宽度比腹部宽度增加快很多,所以成体头部相对大许多。B. 研究发现,头与腹宽度的生长变化关系符合方程 $y=bx^a$,取对数作图时,得到的是一条直线。(引自 Wolpert, 2002)

发育程序的插入与调整现象　　发育程序展现的是一个生命秩序递进的过程。考察各种不同多细胞生物物种的发育程序,我们可以很容易发现,在演化中存在有发育程序的插入和调整现象,就是在已有的某些发育程序中,镶嵌一段后继加入的发育环节,并由此带来了演化上的巨大变化。脊椎动物羊膜结构的建立显然是一种在演化上对早期发育程序的插入。昆虫成体器官的原基(成虫盘)在胚胎发育完成后便基本处在发育的休眠状态,随即个体发育转入数次蜕皮的幼虫发育程序,之后才进入成蛹和羽化的阶段,实现了对某些幼虫结构的改造以及器官原基的终末发育,完成成体结构的建设。在演化上这一现象也显然是来自于幼虫多龄发育程序的插入。究其原因,我们可以设想这与动物的异养性代谢有着密切的关系,为什么这样说呢? 与前面提到的植物自养模式不同,动物因其执行的是异养生存方式,必然要求它在完成依赖于母体营养储备的胚胎发育后,便立即获得独立生活的能力,也就是说需要在胚胎发育阶段,迅速完成一系列必要的功能结构建设,这显然会带来某些发育程序构建的难度,而数次幼虫发育程序的插入,使在确保个体生存能力的前提下"暂缓"某些成体结构的发育,成为解决成体结构建设和个体生存需求之间矛盾的一种巧妙策略。

实际上,发育程序的插入还应包括更为复杂的情况,就是在演化中对早期建立的发育程序的扩展、改造、调整。例如,人们看到今天的脊椎动物的消化系统,它由若干器官组成,包括有消化管道不同区段(如食管、胃、小肠、大肠、直肠)和不同消化腺体(如肝、胆、胰)的区分,虽然这些器官的分化在胚胎发育的早期就决定了,但从演化的角度不难推想到,它们之间发育程序的歧化应该远远晚于最早消化管道发育程序的设置,体现了对原始程序的改造和调整。

对此类现象,作者想特别讨论一下有关性别决定的问题。在多细胞生物的发育中,性别过程的多样性设计是发育生物学研究中的一个重要课题,涉及的内容包括有:从生理角度看,出现了性腺发育和副性特征的分工;从性别展示看,包括有雌雄异体、雌雄同体(如线虫)、性别转换(如某些鱼类)、孤雌生殖(如蚜虫),在植物的雌雄同株中还有雌雄异花、雌雄同花的区分;从性别决定方式看,有基因型、环境因素(如爬行类)决定的区分;从发育控制层面看,有性染色体决定(如哺乳动物)、性染色体与常染色体数量比(如果蝇)决定的不同方案;从相关信号通路的结构看,不同物种之间也有显著的区别(如线虫、果蝇、哺乳动物)。这些现象的存在无疑为生物的多样性做出了重要的贡献,但是也引起人们的困惑,在多细胞生物众多的生理功能建设中,各类器官系统的发育在不同物种之间,在发生模式,或程序设计,或基因利用方面,都表现出很强的可比性(如果蝇翅与鸡翅发育中呈现出有可比对的同源基因的表达图案),为什么在性别决定方面,以至于在相近的物种间,都会出现如此复杂和巨大差异的分化呢?

有如前面讨论说谈,作者认为性别的起源应该追溯到细胞形成的早期阶段,它产生于生存选择对染色体倍性化和细胞分裂与结合程序的利用。就是说,从系统的角度分析,性别现象从真核单细胞生物阶段开始就具备了择一选择的属性,包括二择一以至于有更多的择一选项(如四膜虫有 7 种性别),也正是这一原因,埋下了未来各种生物性别决定多态性呈现的伏笔。为什么这样说呢?显然,现存任何多细胞生物物种的性别程序从它们远古多细胞形成初期就同时建立了,在随后漫长的演化过程中,这一程序可以被不断地调整,但唯一不能丢失的是每个配子类型的择一选择和最终实现异性配子相互结合的生命过程。换句话,这也就是说,只要能满足这一基本要求,不同性别决定模式、路径、相关形态结构的建设都是可以被允许的,而多细胞生物建立起来的发育平台又为此创造了广阔的发展空间。对比于其他生理功能和器官系统的形成(如消化、循环、神经),它们所体现的是一个与某种特定生理功能绑定的发育程序构建和发展过程,它的每一个环节几乎都与此生理过程密切联系在一起的,但性别程序的建设却没有这种限定,要求的只需是配子的择一成熟分化和最终的结合。可以设想,在多细胞生物漫长的演化中,配子决定和分化过程中的这种择一选择属性给相关的发育程序发展带来了很大的灵活性,或者说伴随多细胞生物整体结构与功能的演化,与性别表达相关的程序可以插入在许多不同的发育环节之中,包括种质细胞决定、性腺发育、配子分化、生殖细胞发育的生理配合、精卵的特异识别、受精的信息整合、子代的发育启动,等等,也因此造就了在不同物种中,性别的染色体决定、环境决定、雌雄异体、雌雄同体、性别转换,以及在基因利用和信号通道水平上的形形色色差异(图 9-17)。针对这种现象,作者愿意概括为,根本而言,性别过程遵循的是 A 或者 B(C 或者 D……)的原则,而其他生理功能的建设体现的是没有或者有的模式。总之,这一分析不仅使我们对多细胞生物性别程序的多样性呈现有了更加深入的认识,也对发育程序插入和调整机制有了更深入的理解。

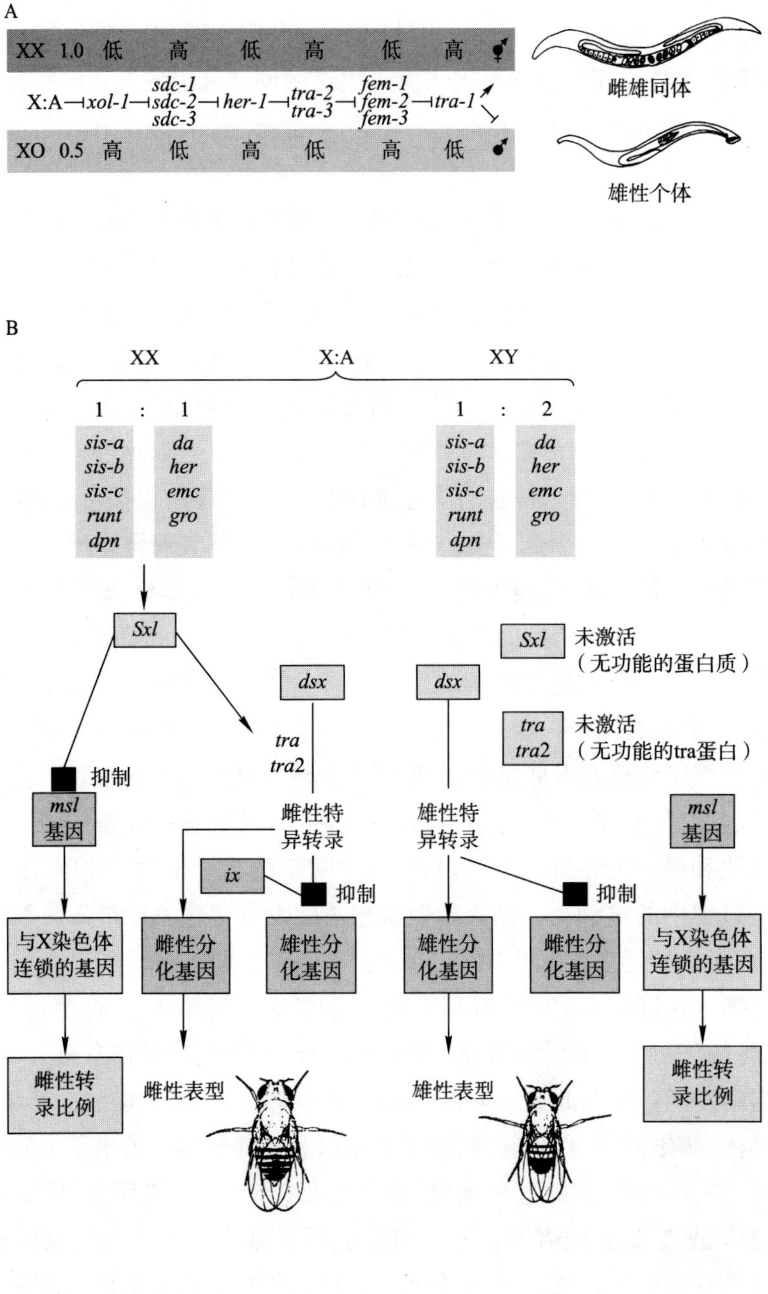
A
XX 1.0 低 高 低 高 低 高
sdc-1
X:A ⊣ xol-1 ⊣ sdc-2 ⊣ her-1 ⊣ tra-2 ⊣ fem-1 ⊣ tra-1
sdc-3
tra-3
fem-2
fem-3
XO 0.5 高 低 高 低 高 低
雌雄同体
雄性个体
B
XX
X:A
XY
1 : 1
sis-a
sis-b
sis-c
runt
dpn
da
her
emc
gro
1 : 2
sis-a
sis-b
sis-c
runt
dpn
da
her
emc
gro
Sxl
Sxl
未激活
（无功能的蛋白质）
dsx
dsx
tra
tra2
tra
tra2
未激活
（无功能的tra蛋白）
抑制
msl
基因
雌性特
异转录
雄性特
异转录
msl
基因
ix
抑制
抑制
与X染色体
连锁的基因
雌性分
化基因
雄性分
化基因
雄性分
化基因
雌性分
化基因
与X染色体
连锁的基因
雌性转
录比例
雌性表型
雄性表型
雌性转
录比例

C

生殖嵴 →(SF1 WT1)→ 双潜能性腺

双潜能性腺 →(DAX1 Wnt4a)→ 卵巢 → 滤泡细胞 / 膜细胞 → 滤泡

双潜能性腺 →(SRY SOX9)→ 睾丸 → 支持细胞 SF1 → AMH；间质细胞 SF1 → 睾酮 → DHT

卵巢 → 雌性内生殖器官：子宫、输卵管、子宫颈、上阴道

穆勒氏管 → 抑制

AMH → 穆勒氏管 → 抑制

睾酮 → 中肾管 → 雄性内生殖器官：附睾、输精管、贮精囊

DHT → 生殖结节 尿殖窦 → 阴茎 前列腺

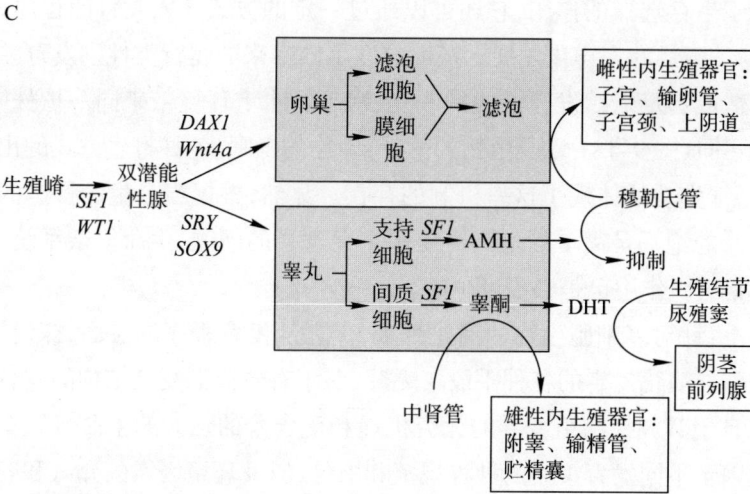

图 9-17　动物性别决定的不同模式

A. 线虫的性别决定：目前认为 *sdc-1* 基因的表达与个体 X/A 比率有关，如果 X/A 比率是 1，由于 *sdc-1* 基因的高表达率而抑制 *her-1* 基因表达，进而控制着 X 染色体的级联基因的表达，获得了两性个体发育所需得剂量补偿组合，图中"高""低"反映各基因的活性。由于 *sdc* 基因最终导致 *tra-1* 基因激活，启动了两性同体表型的发育程序；反之 *xol* 基因只在雄性个体中表达，使 *sdc* 基因表达受到抑制，最终引导雄性个体发育。B. 果蝇的性别决定：在 XY 基因型个体中，*Sxl* 基因的产物不活化，使 *msl* 基因获得表达，进而激活了雄性 X 染色体上的剂量补偿性基因的转录，形成了雄性发育决定因子组合的表达。图中箭头代表激活效应，黑方块代表抑制效应；C 哺乳动物的性别决定：双潜能性生殖嵴的性别决定转变需要 *SF1* 和 *WT1* 基因的作用，缺少这两个基因中的任意一个，小鼠都没有生殖腺的发育。然后，在 *Wnt4a* 和 *DAX1* 基因的作用下，双潜能性腺原基向雌性途径分化；在 *SRY*（位于 Y 染色体上）和 *SOX9* 基因的作用下，双潜能性腺原基向雄性途径分化。卵巢产生滤泡细胞和颗粒细胞，两者都能合成雌激素，在雌激素的作用下，穆勒氏管分化成雌性生殖器官，并诱导产生雌性的第二性征。睾丸产生两种主要激素：①抗穆勒氏管因子（AMH），造成穆勒氏管退化；②睾酮，导致中肾管分化成雄性生殖器官。在尿殖区，睾酮转化成双氢睾酮（DHT），DHT 引起阴茎和前列腺的发生。（引自 Gilbert，1997）

　　无疑，发育程序插入和调整现象的存在会给我们对演化轨迹的追踪带来一定的困难，也引发了我们对多细胞生物重演率的重新认识，起码不应将今天个体发育呈现出的因果关系与它历史形成的先后顺序全然对应起来，而发育程序插入和调整带来的必然是生命秩序的重组，例如哺乳动物发育初期与母体联合的形成、昆虫变态羽化程序的建立、多细胞生物性别设计众多环节的歧化，也自然成为探索演化机制的一个重要课题。

　　环境影响对发育程序设计的介入和干预　　前面对多细胞生物发育程序的讨论曾提到发育对环境因素的容纳性现象。这表明环境对于生物演化的贡献

不只限于生存选择的作用,它还可以通过一定的方式介入发育的程序设计之中,推动了生物的多样化发展。环境温度不同带来的爬行类性别发育差异、降雨规模造成铲足蟾蜍发育模式的改变、水下与水上环境带来同一植株叶形态结构的不同(图9-18),以及植物的落叶、动物的冬眠、各种寄生方式的出现,凡此等等,都生动地体现了这一机制的存在。显然,根据当今生命科学的知识,它所涉及的绝不是简单的基因突变和生存选择的问题,生命复杂系统对环境依赖的自组织作用也是必不可少的。

以上,针对多细胞生物的演化现象,作者从发育程序的层面,探讨了可能执行的引导演化发生的各种手段。无疑,对于有着极端复杂结构的发育程序,无论来自于其调控网络变异的无穷机遇和蕴含着的强大的生命自组织潜力,还是起因于不同发育策略的种种规范和引导,以及环境因素的介入和容纳,发育可能展现出的生命结构演化的多样性绝不会逊色于迄今系统理论研究给出的许多令人惊叹的模型。当然,人们还可能发现和挖掘出这方面更多的内容,而作者想借此强调的是对演化机制探索的一种理念调整,即只用基因突变和自然选择的模式来解读生命的演化现象,显然是偏颇和单薄的。

3　从生物信息层面探讨多细胞生物的演化机制

前面提到,生命与其他复杂系统的一个重要区别是,生命发展出了一套信息储备系统和确立了生物信息对生命活动指导的中心法则。无疑,从结构和

图9-18　植物叶发育的环境适应性调整
杉叶藻水生叶与气生叶形态具有显著差异。(引自 Mauseth,2002)

动力学属性上挖掘生物信息对演化的贡献也就自然成为探索生命演化机制的一个重要层面。自生命遗传的分子机制揭示以来，人们逐渐建立了生物信息的概念。今天，生物信息已经是生命科学研究中经常谈及的话题，它涉及极其广泛的内容，从 DNA 测序到编码基因与非编码 RNA 的注释，从染色体的各种修饰到基因组学和蛋白质组学，从各种信号通路的网络结构分析到不同生命过程的动力学建模（如计算细胞学），从药理的综合分析到疾病的辨证施治，生物信息已成为生命科学的一个庞大的分支学科。相并而行，从信息系统角度展开对多细胞生物演化机制的探讨也同样受到越来越多的关注。实际上，突变选择的动力学模拟和效应检测已经进入到生物信息的研究范围之中。接下来，继前面的讨论，作者尝试从生物信息的层面对多细胞生物演化机制给出分析和思考。

多细胞生物对生命信息容纳与简约属性的继承　首先，作者认为，前面在细胞层面讨论的生命系统具有的信息容纳与简约属性，自然被多细胞生命体系所传承，并因为多细胞生物发生的多起源和漫长的历史积累，带来不同物种生命信息冗余性的差异。表 9-1 所给出的数据不仅体现了多细胞生物冗余信息现象的广泛存在，对从酵母到人基因组的扩展和非编码序列比例显著提高看，可以理解是生命信息演化的必然"效果"，也反映了信息结构的不同发展带来了物种演化的巨大差异。

表 9-1　不同物种基因组的基本特征

物种	基因组大小	估计的基因数	每百万碱基的基因数
大肠杆菌	4.2×10^6	4 000	950
芽殖酵母	1.5×10^7	6 000	400
拟南芥	1.0×10^8	25 000	250
线虫	1.0×10^8	20 000	250
果蝇	1.2×10^8	10 000	83
小鼠	3×10^9	80 000*	27
人	3×10^9	80 000*	27

　＊目前尚为一个争论的问题。

考察多细胞生物的信息结构,由于染色体的加倍、基因拷贝数的增加、功能域(domain)的重复利用与组建、等效信号分子的广泛存在、信号通路的网络结构,等等,这些相关于冗余和简约属性的发育编程选择和录用现象为生物演化提供了可能。例如前面讨论提到的,同源的哺乳动物 G 蛋白受体多达 100 种以上,给信号通路的高度分化和不同发育程序的建立奠定了基础,同源性的 actin 基因差异地表达于不同的组织中,并发展出不同的信号调控系统和程序结构,形成了骨骼肌、平滑肌、纤维细胞的分化,这种现象在发育中到处可见。基因拷贝数的增加不仅缓解了基因突变造成的致死效应,而且大大地增加了获得新的功能基因和发育调控程序结构的潜能性。当人们用实验的方法封闭某些重要基因表达时,出人意料的是,实验动物有时仍能实现正常或基本正常的发育,多细胞生物体内存在有大量的同功成分和许多同源基因表现出强烈的补偿效应,得到广泛的证实。例如,在脊椎动物中,*myoD* 和 *myf5* 是两个在功能上相互独立的基因,前者对于肌肉正常发育至关重要,后者与骨骼发育相关,但是如果封闭 *myoD* 基因的表达,发现可引起 Myf5 蛋白在体内的含量提高 3.5 倍,暗示两者之间存在有某种潜在的补偿机制。

生物信息补偿利用的另一个重要表现是生命程序弱调节机制的存在,而这一点在多细胞生物中显得尤为突出。所谓发育的弱调节机制是指一种间接或者部分参与的调控机制。例如,在因钙离子释放而引发的细胞分泌现象中,可因为受到钠泵作用的影响使钙离子释放加强,这是真核生物中普遍存在的级联调节现象。在这一过程中,*ras* 基因产物对跨膜酪氨酸激酶和 MAP 激酶的信号通路活化发挥着重要的作用。对 *ras* 基因进行突变,发现在小鼠实验组中虽然可诱发瘤细胞形成,但并不表现出对发育功能的干扰。再如,另一个重要的信号传导因子 Fos,当其基因被删除以后,只表现出对小鼠发育一定程度的影响。深入分析表明,并不是因为这一基因不重要,而是许多信号通路具有多控制方式,即它们同时联系着相当数量的弱反应控制系统,在它们缺失的情况下产生补偿。发育信号控制系统的这一特征使它们很容易在程序受到干扰时,发生包括建立新控制程序在内的信号通路结构的变化。显然,这为发育程序的演化创造了很好的条件。今天在演化研究中,人们常常更多关注的是编码基因的层面,对基因表达调控元素和非编码基因的演化还知之甚少,作者认为,这些对揭示演化机制同样有着特别重要的意义。

从更广泛的角度看,由于多细胞生物的信息操控呈现出跨越细胞界限的立体结构,更带来了对信息容纳与简约发展的深刻影响,例如在发育策略的层面,不同生物体节的差异设计(昆虫),发育中对细胞谱系程序的强调(线虫、水蛭),发育图案建立时对细胞互作效应的突出(脊椎动物),成体构建中变态策略的应用(某些两栖动物和节肢动物)等方面,都可以察觉到信息容纳与简约影响和差异发挥的存在。总之,生物信息冗余与简约属性对多细胞生物演化的贡献来自两个方面,一是它可能为生物体的程序构建提供差异的选择和开发机遇,二是它可能为多细胞生物创造不同的信息利用环境。

对多细胞生物生命信息系统结构和演化动力学属性的猜想 今天,对演化的探索已不是简单地立足于现存物种和化石形态结构层面的比较,而是深入到信息比对的层面,并期望由此逐步解开演化发生的分子机制之谜。但是,环顾当今这一领域的研究,似乎存在这样一种现象,即人们普遍遵循的是将多细胞生物的演化与各种信息的变异直接对应考查的原则,也就是说,潜意识中认为引起发育程序演化的信息改变具有显著的相互离散的特点,并由此各自独立地推动着生物结构与功能上的演化。这样一种认知路线的效果是,由于只关注于 DNA 分子的突变及遗传信息序列间的比对,对于演化的揭示更像是轨迹的追踪,而对机制的探索难免给人一种隔靴搔痒的感觉。作者认为,生物演化轨迹的揭示非常基础和重要,但是如果只停留于这样的水平,对于认识生命的演化现象是远远不够的。为了说明这一点,不妨考察多细胞生物体中的两个实例。

发育生物学研究发现,*Hox* 基因家族不仅广泛存在于不同的物种之中,而且它们在像节肢动物和脊椎动物这样两种高度差异的动物门类之中,都平行地表现出加倍和在染色体上线性秩序排布的演化势态,而且这种演化对于各自器官的设计,例如节肢动物不同体节的附肢(包括触角和翅)设置,脊椎动物从鳍到四肢的跨越,都发挥着重要的作用。更让人感到惊叹的是,有如前面提到的,不仅 *Hox* 基因编码序列本身,它们的表达调控元素排布与形态构建的空间定位间也同样呈现出严格的顺序对应关系。显然,如果将这一切都只归因于 DNA 序列的随机变异和选择机制,产生这种变异的频度和参与这一筛选的规模恐怕就是达到天文数量级也难以实现。此外,在发育程序中还广泛存在有这样一种现象,就是它包含有建造大量具有回馈特征的环路结构,而其中任何一个环节的缺失都会造成整体功能的丧失,例如,在包括有几十种蛋白因子参与的凝血调控通路中,存在有不同环节的反馈回路,对这一结构的建立,采取随机变异和选择的分析路线显然将很难给人以起码的自信。面对这些疑问,作者强烈地感到,多细胞生物的出现不仅是生命整体结构重大进步,也必然对生命的信息层面带来巨大的冲击和改造。从而,对多细胞生物的信息系统,包括它的组成、结构和动力学属性,进行深入的研究将变得十分重要。以下是作者对此的一些分析和推测。

如前面提到的,生物信息层次性、结构性、方向性的存在,作者猜想,由于多细胞生物对生物信息解读和利用的多层面性(如发育、代谢、生理),在各种生命过程的推动下,将应该会引导生命整体信息出现不同功能分类集约的现象,如可能形成发育编程信息子集、代谢程序构建信息子集、生理功能实施信息子集,以及冗余信息子集等。当然,这种所谓的子集并不是指信息载体物理上的集中分布,而更多是体现它们在功能和动力学过程中互作与协同层面。如果这种子集现象真实存在的话,对于与演化有密切关系的发育编程子集,它应该具有以下特征:①从组成上看,发育信息的构建和发展无疑基于整体生命信息系统的存在和演变。可以说,一方面是,生物整体信息的发展表现出强烈的先导性,成为发育信息获取的土壤,也同时可能因为不可避免的"垃圾"信息的积累或历史遗留,给演化带来阻碍。发育信息的集成体现的是对有利生物信息的选取和对其阻碍作用的排除。另一方面是,因为发育程序的改变直接联系着生物体的生存选择,它又必然会造成对生物整体信息发展的反向制约,在新确立的发育程序限制下,通过冗余与简约的持续博弈,生物体再次开始新的生物信息演化历程。这表明,虽然广义的生物信息对发育信息集合的形成占据明显的前导地位,但是两者并不是严格的从属关系,在一定程度上,它们可以产生互为因果的效应。②从动力学属性上看,广义的生物信息间有着明显的离散性,也就是说它们的存在和发展表现出强烈的各自独立的特征。而对于发育编程信息来说,一旦某些生命信息被发育编程所采纳,便进入到一种因发育程序而联系在一起的动力学体系之中,构成了一种相互关联的结构,使不同信息的互作和影响凸显出来,如因某发育程序激活而带来的有着显著针对性的信息转移、诱变、筛选、自组织作用的强化,以及建立了某种信息间的因果或者主从关系,造就了发育信息演化的内在连锁性和导向性。

如果这一过程真实存在,并且多细胞生物发育信息子集因此而建立,它对于演化的推动无疑是巨大的,不仅为前面讨论的发育演化操作提供了信息系统的支持,也使一些演化聚焦和方向性得到较好的理解,例如,前面列举的一些难以用完全独立性的信息随机变异与选择机制解释的现象,包括 G 蛋白受体的高拷贝强分化、*Hox* 基因调控元素序列上的高密度规则排布等。当然,这一分析只是一种假设,对它的证实面临着巨大的困难,因为这一工作需要以对生命信息系统的全面检测和功能鉴别为基础,关注的重心也不是对这些信息的现实功能价值考查,而是转向探察它们在信息演变中的获取方式,自然包括冗余信息产生的动因,发育信息的开发利用模式等方面的内容。也就是说,它不是只对特定信息演化轨迹的追踪,而是探索演化中可能发生的群体信息间发生的相互诱导和组织效应,并由此从信息层面找出驱动演化发生的机制,这一探索将必然会对信息分析量和模型设计方面提出很高的要求。

顺便说及,对生物信息系统演化探索的这样一种理念,当然也同样可以推广于对代谢、生理、疾病的研究之中,并且在真实的生命过程中,它们之间也不会是决然分开的,当前发育研究中对代谢程序开始的重视便说明了这一点。在 J. Gerhart & M. Kirschner 编写的《Cell, Embryos, and Evolution》一书中,提出了这样一种观点,即不同生物对于演化可能存在有生理耐受性的差异,因此带来了演化能力的不同呈现(图 9–19),并因此同时存在有自然选择和生理选择的现象(图 9–20)。总之,对于生物信息领域的研究,面临的是艰辛崎岖的路和任重而道远。

多细胞生物可能存在有演化聚焦现象 如果上述对多细胞生物发育信息结构和演化动力学属性的分析是合理的,它对于我们认识多细胞生物演化现象无疑是有益的。但是,全面考察多细胞生物的演化,我们会发现有一种现象令人费解,这就是生命史中多次发生的物种大爆发,除了著名的寒武纪大爆发外,还有以后爬行动物、哺乳动物呈现出的物种集团分化,节肢动物昆虫展现过的物种密集发生。当然,造成一段时间里物种的急剧扩张是多因素的综合效果,它不仅与生物自身的演化阶段联系在一起,还与地球的气候变迁,极端事件的发生,生态的调整,优势物种扩张带来的发展机遇等密切相关。但是,这一切如果没有发育程序的迅速歧化,大量新物种的协同建立仍不可能出现。显然,这不仅与演化发生的信息随机变异模式不相容,也难以从发育编程系统的信息连锁和导向属性中获得令人信服的分析。

那么如何思考这一问题呢?为了给出一种合理的解释,在讨论了发育信

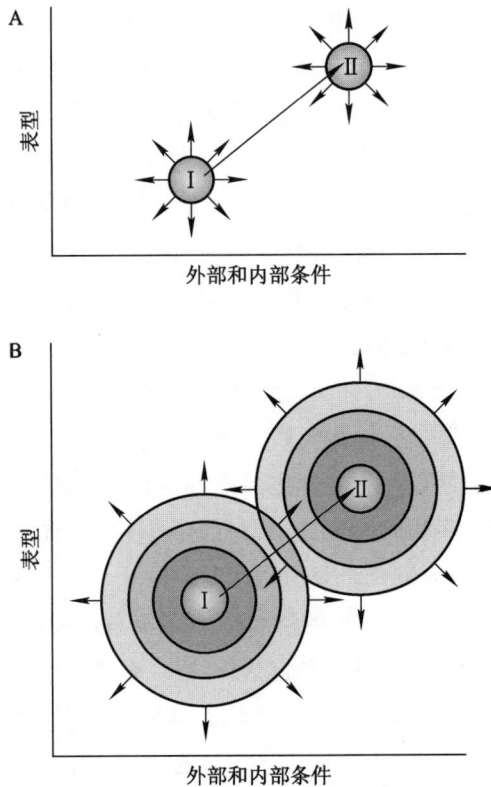

图 9-19 生理耐受性与演化

Ⅰ和Ⅱ为两种基因型,外部和内部环境(横坐标)规划出它们表型(纵坐标)各自的适应范围。A. 两种表型的生理耐受性都很小,从基因型Ⅰ跨越到基因型Ⅱ往往很困难,内外环境的变迁更多的是导致死亡。B. 两种表型的生理耐受性都很大,甚至有部分重合,Ⅰ型将更容易通过突变(起码有更多的存活时间使其获得突变的机会)来到Ⅱ型的位置。(引自 Gerhart & Kirschner, 1997)

息系统地位和属性的基础上,作者愿意进一步提出存在有发育编程某些环节聚焦演化现象的设想。**由于发育编程信息系统的存在和发展,由于对冗余信息积累的持续开发,以及特定环境的支持和诱导,生物体发育程序可能会在某些环节进入到一种发育编排重新调整的敏感状态,它不仅可能触发发育程序在这些环节中的重大改变,并且由于这种发育程序编排自组织多路径分形的潜在性,可能引发在较短历史时期中若干差异物种的集中发生,出现了一种演化上的聚焦现象。**无疑,这一假设的基础是,多细胞生物的形成造就了发育信息体系的建立,由此带来了其动力学过程的能动性和方向性,以及这一过程中体现出的量变 – 质变规律,也同时包含了它对谱系、演化阶段和环境条件的强

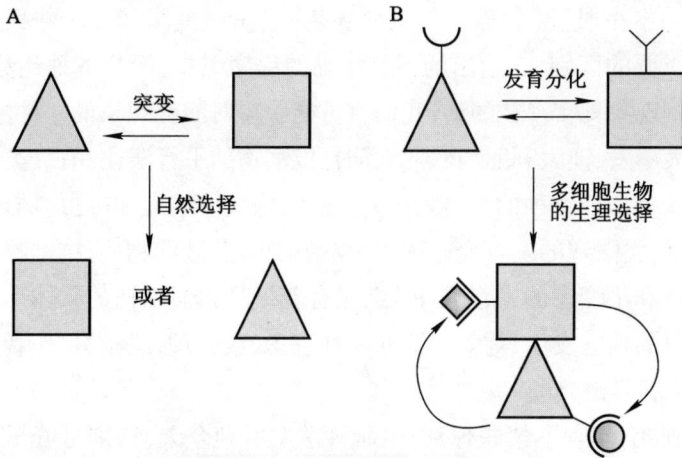

图 9-20　多细胞生物演化的自然和生理双重选择

A. 单细胞生物中,突变产生新的细胞类型,自然选择将在两种表型(三角和方形)间进行。B. 多细胞生物中,还可以通过生理稳定性的建立实现新的秩序关系,即多细胞生物的演化来自于对遗传变异的自然选择和生物体自身的生理选择的双重作用。(引自 Gerhart & Kirschner, 1997)

烈依赖。如果说生命结构的某些变化发端于特定结构基因或调控因子的突变,那么这种聚焦演化现象更像是发生于对系统某种演化临界状态的激活和触发。我们可以对这种演化做这样的分析:这种演化潜能的获得与其说是根源于基因的随机变异,不如说更重要的是蕴含在系统的信息结构之中;这种演化对于环境和生态结构有着较强的依赖性;这种演化的触发可以起因于某些基因的变异,也可以来自于基因组织结构的某种变动(例如位置效应的形成),因此它造就的可能是一种多因素协同操作的聚焦演化现象;这种演化现象有着明显的生物演化进程阶段性以及程序区域和环节集中的特征;这种演化一旦在特定物种中启动,往往会表现得异常迅速;这种演化的易发生性可能会维持在于一定的历史阶段之中,造成了类同物种间平行演化的现象。

　　如果这一假设是合理的,我们可以推演并提出一个重要的理念,即在多细胞生物物种变迁的历史中,渐进并不是演化采用的唯一动力学模式,还可能发生在某些发育程序区域或环节上的演化聚焦和跃迁现象,它的出现与生物的系统演化进程,以及生态和环境的影响有着密切的关系。可以设想,在多细胞生物漫长的演化历史中,可能出现过多次演化聚焦现象,并且这种聚焦呈现出一种层次递进的图案。这也暗示,不仅个体发育,系统发育也同样可能存在某种“程序”属性。当然,有如肿瘤发生与正常器官形成的比较(见作者与刘诚合著的另一本小册子《肿瘤——生命复杂系统的"黑洞"》),这种程序与个体发育有着重要的区别,它给出的不是精确的程序编排,而是一种趋势和路线。但如果这一现象真实存在的话,我们将可能获得对演化现象的一种整体理解,包括物种大爆发、澳大利亚与欧亚大陆脊椎动物的平行演化(有袋类和无袋类哺乳动物众多类似物种的平行发生)、脊椎动物肢体结构和昆虫口器的多样性分化、突破门类限定的发育变态现象(腔肠动物、节肢动物、脊椎动物中都同时存在有变态和不变态的发育程序设计)、有着极其相似结构的软体动物乌贼和脊椎动物眼的独立发生,等等。这样一种理念,或有理,或荒诞,作者希望未来的研究给出科学的判断。

讨论到此,作者不禁联想到,生命科学发展到今天,特别是分子生物学在各研究领域的深入,人们似乎形成了这样一种共识,即对生命现象的基本规律已经把握,主要的任务更多的是完成对未知生命过程的分子细节的了解。对此,作者提出疑问,有如在自然科学(物理)和艺术(绘画)进程的历史中,观察坐标的突破带来了它们各自跨越性的发展,当今生命科学研究理念中是否也存在有类似于观察坐标系的制约呢?并因此造成生命现象中仍有不少的重要规律没有被破解,而突破这一桎梏,用复杂系统的思想对生命现象进行新的审度和换位思考,尝试新的"坐标"转换和研究手段,可能是非常重要的。在此,作者不禁联想到中国传统医学中发现的一些现象,即人体许多脏器的功能偏差,可以从耳朵、足底以至于手掌的特定部位,以某种可行的方式查验出来。按照当前的生物学知识,这几乎是不可思议,甚至是近乎滑稽。但是,这却是中国人普遍知道、并且为许多人实际体会过的事实。更让人感到迷惘的是,对这些部位的适当处置竟然能够起到某种医学治疗的效果。如果说某器官脱离正常的功能状态是一种病理表现,并且可以在其他器官中以某种方式显露出来,那么,个体发育某环节的"变异"是不是也可以作为一种"病理"状态来理解呢?如果再提出这种"病理"信息可以以某种方式在组织间传递,这似乎也不应该被完全看作是一种荒唐的想法。接下来,作者将转入对个体发育与系统发育衔接课题的探讨。

4　个体发育与系统发育的衔接

在前面讨论多细胞生物如何形成时,作者提出多细胞生物给生命体系带来了一个重要的变化,就是生命的演化空间由一维扩展到二维,即在生命系统中,不仅出现了显著的个体发育过程,并且通过有性程序(或孢子)的传递,个体发育被整合在生命的世代更迭过程之中,进而又呈现出发育程序的世代演变,即形成了所谓的系统发育现象。显然,生命系统这种二维结构的建立给生命的演化创立了新的操作平台,也同时带来了新的挑战,其核心便是个体发育程序编排与系统演化之间的衔接。

上面作者从发育程序和发育信息的角度,讨论了它们可能赋予多细胞生物演化的规范和操作。但是这些显然都是限定于个体发育过程的事件,按照现代生命科学的观点,对比于生命的世代演化,它的变化应属于个体微进化的范畴,而发育编程的任何改变只有纳入系统演化的轨道,才真正获得了历史演化的价值,否则有如肿瘤形成那样,它最终只能是昙花一现,湮灭在世代交替的长河之中,也就是说个体发育与系统发育之间的衔接在演化研究上是一个不可回避的重要课题。

一个挥之不去的历史谜题 种质细胞的设置是多细胞生物体系得以建立和延续的重要条件之一,也就提示我们,发育程序编排与系统演化间衔接的问题从多细胞生物体系创立初始就存在了,并且一直伴随着历史的发展影响着多细胞生物的演化进程。

无疑,个体发育的世代传递最直接和最根本的方式是来自于种质细胞的遗传设定。可以设想象,在多细胞生物形成的早期阶段,发育程序的建立应该经过一个动荡的磨合阶段,而其"种质细胞"的设定可能来自于体细胞中的"遴选",也就使之获得了对发育程序演化的天然承载能力。实际今天,在许多植物和某些动物(如水螅)中,仍存在有体细胞转化为种质细胞的现象,也就自然给亲本发育程序的改变,通过种质细胞传递给下一代带来了便利。

但是,伴随多细胞生物演化的推进和种质细胞发育程序的完善与提升,体细胞与种质细胞间的信息壁垒越来越森严,通过种质细胞实现将个体发育的改变传递给系统发育也就变得越来越困难。在不少多细胞生物特别是动物的许多门类中,发育生物学研究揭示,它们的种质细胞在胚胎发育的很早阶段就从个体发育程序中分割出来(如果蝇、脊椎动物),以至于从第一次卵裂(如线虫)开始,就呈现出配子发育与个体结构和功能建设的分道扬镳。显然这种情况下,个体发育信息的改变传递给种质细胞将变得很困难,这对于系统发育演化的推动是极不利的,而如果期望发育程序的改变都归因于种质细胞自身的随机变异,面对多细胞生物演化的复杂呈现,又不能不让人们对这一模式是否有这样大的法力产生疑问。一个典型的例子是 *Hox* 基因,这是一个在演化上异常保守的很大的基因家族,它的保守性以至达到在果蝇和哺乳动物间可以部分进行功能替换的程度。研究发现,在这个基因演化过程中发生过多次加倍,不仅出现了若干同源基因在同一条染色体中成簇排列的现象,而且还通过倍增在不同染色体中形成若干不同的族,如人类就有 4 套 *Hox* 基因族。令人惊奇的是,如前面提及的,不仅同一簇 *Hox* 基因在基因组中的排列顺序与动物沿体轴前后发育的器官设定有着显著的对应关系,更让人惊叹的是,每一个 *Hox* 基因转录前端众多调控元件的排列顺序也存在有与体轴前后区域划分的对应关系(见图 9-9)。如果将这一现象的发生也归因于种质细胞基因的随机变异和随后的选择认定,这种推理恐怕与天方夜谭的神话传说没有什么区别。因此,长久以来,伴随对生命现象认识的不断深入,人们反复提出这样一种猜测,是否存在有体细胞与种质细胞之间的遗传信息交流呢?或者存在有对应于个体发育编程改变而产生的对种质细胞遗传信息变异的导向机制呢?就是说,除了种质细胞遗传背景的自主变异外,是否还存在有对演化发生更为有利的,发育程序编排与系统演化间的其他衔接机制?显然,这里提出的是一个历史性难题,并已被前人多次以不同的方式提出过。

一些值得关注的生命现象 对于上述猜测,虽然至今仍然是迷雾重重,但是生物学研究已经给我们在这方面提供了许多暗示和值得深究的线索。例如,生命系统中的遗传信息转座以至于发生在细胞间的遗传信息传递现象,广泛参与生命过程的表观遗传学机制和反转录现象的存在,这些都为生命信息的远距离传递提供了一种可能的路径,即它或许具有参与个体发育与系统发育遗传信息桥梁构建的价值。除此之外,作者认为还有一些现象似乎也应该引起我们的关注,包括发育程序的世代重叠,生殖腺体建立的屏障结构和雌雄性腺发育程序的差异设计,这些现象直接、间接地暗示着,发育程序编排和系统演化间可能存在有某些尚未被认识的工作机制。

在前面多细胞生物发育程序的讨论中,作者提到发育程序编排的世代重叠现象,就是从时间以及基因利用来源和体细胞的介入来说,在一些物种中,发育程序的编排显著存在有亲本与子代间部分重叠的现象。从一些动物发育的研究中(如果蝇),勾勒出这样一幅图案:由于在亲本发育过程中,子代生殖干细胞命运很早就被决定了,使其分化不仅几乎经历亲本的全部发育过程,而且由于在亲本体内子代的发育设计便启动了(如体轴的设定和母源因子的储备),并且在这一过程中,亲本某些体细胞(如滤泡细胞)是直接参与的。由此看来,在这些物种中,个体发育并不是真正世代间相互"独立"的事件,也不是双亲各提供给子代一套基因组和发育必需的营养物质储备就万事大吉了。长久以来,人们一直猜度亲本发育程序的改变有可能以某种方式通过生殖细胞传递给子代,即所谓的获得性遗传。遗憾的是,至今人们并没有找到实验证据。但是,按照这一猜度,无论是亲本发育信息直接或者间接地向子代生殖细胞的传递,还是亲本对子代生殖细胞遗传信息的导向性诱变,都必然要求子代生殖细胞发育与亲本发育过程之间有一个交会期的存在。显然,发育程序的世代重叠现象对此提供了可能,它不仅给发育世代间遗传信息的沟通留下了可操作的空间,也给我们提供了探察这一问题的一种结构依托。由于亲本的遗传背景在其发育中可能发生改变,亲代与子代发育程序的重叠将为这一改变传递给子代或者对子代产生诱导提供了机遇,如果确实如此,这将是对系统演化完全由种质细胞自主随机变异理念的一种挑战。实际上,不仅在一些物种中明显存在有发育编程的世代重叠现象,而且不同物种,它们的重叠设计又表现得不同,体现在种质细胞的发生部位、命运决定程序、迁移方式、种质细胞向配子发育过程中体细胞的参与程度、雌雄配子成熟的路径选择、卵细胞对未来发育体制设定采取的模式等方面,这些都可能带来个体发育对系统发育的影响。

发育编程世代重叠的概念不仅强调了对这一现象的关注,而且也可能为我们认识多细胞生物演化提供一种新的视角。例如,果蝇和哺乳动物,前者表现的是在亲本卵巢中滋养细胞对卵细胞未来发育体轴信息设定的参与,而后者执行的是受精后在母体中,发育早期利用卵细胞的信息储备,采用胚外组织辅助的模式完成胚胎发育的体制设置。基于此,作者愿意继前面对发育程序的插入与调整现象的讨论,对脊椎动物羊膜卵和胎生动物的出现作进一步的推衍。人们知道,羊膜卵和胎生动物的出现是脊椎动物生殖方式的重大进步。长期以来,人们对这一演化发生的机制一直不清楚。实际上,如果我们有了个体发育世代重叠的概念,这个问题就变得不那么费解了,或者说为我们提供了一种思考线索。在果蝇卵巢中,卵母细胞的发育经过 4 次分裂,形成一个由 15 个滋养细胞和一个卵细胞通过连桥联系在一起的多细胞克隆体。在果蝇卵细胞未来个体发育信息的设定中,滋养细胞和滤泡细胞起着重要的作用。如果把这一现象和脊椎动物的羊膜卵进行比较,可以发现它们之间存在有明显的可比性。发育生物学研究表明,羊膜卵动物胚体早期发育的一些重要设定也是来自于胚外组织器官。由此,引导作者产生这样一种设想:与果蝇滋养细胞类似,在脊椎动物的演化中,由于陆生环境的胁迫,从爬行动物开始,其早期发育的受精卵(全能干细胞)细胞分裂首先产生一个"滋养"细胞群体,再由它们诱导胚胎干细胞向胚体发育,而这些"滋养"细胞转而发育为包括羊膜在内的胚外器官。进而,如果这个胚胎发育留存在母体内(实际上假胎生现象在动物中并不罕见),并且胚外器官进一步建立了与母体的组织联系,以实现胎儿发育和代谢所需的能量与物质交流,则形成了胎生的生殖方式。从现代发育生物学知识来看,这些应该是一件并不十分难以发生的现象。实际上,从胚外组织对胚体早期发育程序设定的角度来看,果蝇的滋养细胞和滤泡细胞与羊膜动物的胚外器官之间并没有实质性的区别,至于雄配子遗传信息获得的早晚(果蝇的滋养细胞事件发生在卵细胞受精之前,羊膜动物胚外组织出现在卵细胞受精之后),倒不见得有那么重要。

除了发育的世代重叠现象外,对多细胞生物性腺结构的研究还发现一种特别的现象,哺乳动物精巢不仅几乎具有终生原发性地产生雄性生殖细胞的能力,而且精巢中还有一种称为血-睾屏障的结构。实际上,哺乳动物体内发现和鉴定出有4种不同的屏障:血-脑屏障,血-胸腺屏障,气-血屏障、血-睾屏障。如果说血-脑屏障避免了神经信号的相互干扰以确保其传递的秩序性,血-胸腺屏障维持淋巴细胞的特定分化环境和确保淋巴细胞克隆选择的正常进行,气-血屏障保证了在缺乏结缔组织支撑和保护的肺泡中,机体内外环境氧气和二氧化碳的交换。那么,血-睾屏障建立的意义又是什么呢? 这一现象暗示我们,似乎不是体细胞对种质细胞干预作用不存在,似乎倒是如何有效地操控这种影响,以保证发育程序的世代稳定更为重要。有意思的是,至今尚未见到存在有"血-卵巢屏障"的报道。哺乳动物卵巢的发育存在有一种很独特的现象,与精巢不同,卵母细胞在个体性成熟之前就全部停留在减数分裂的阶段,其染色体都处在高度压缩的状态之中,形成了对基因组变异的极大屏蔽作用,这是否暗示,血-睾屏障的设置是为一种可控的特殊信息"传递"机制所建立的呢? 另一方面,在卵巢中不存在有所谓的屏障结构,这对细胞质的信息传递带来了便利,而卵细胞的发育分化也确实需要如此(如营养物质和母源因子的积累),这是否又暗示对于演化的贡献,雌性与雄性之间是有差异的？近年对自闭症的遗传学研究发现，病儿起因于母亲生殖细胞变异的可能性明显地高于父亲，并且让人费解的是它与母亲的年龄、生活状况有统计学的相关性。进一步研究发现，在哺乳动物中，雄原核与雌原核虽然它们貌似都是为子代各提供一套基因组，但实验证实它们在功能上并不是等效的，它们之间的互补是实现胚胎正常发育的必要条件。取两个尚没有发生融合的哺乳动物的受精卵，对其中一个，用核移植的办法去除一个原核，再从另一个受精卵中取一个原核来进行补充。研究发现，只有同时包含雄原核与雌原核的细胞才可能实现正常的发育，而具有两个雄原核或者雌原核的细胞都不可能完成正常的个体发育（图9-21）。对于这一现象的研究还在继续，已发现，两种配子基因组的修饰（如甲基化）存在差异，受精后的发育过程中，有的产物只表达自父源等位基因，而有些产物只表达自母源等位基因，它们之间并不能相互替代。根据发育生物学研究，许多动物的雌性配子和雄性配子的分化程序很不一样。除了对生殖生理的适应以外，它们是否还可能对发育程序演化产生不同的效果，这是一个值得探究的问题。近年出现了关于果蝇X染色体和常染色体可能对演化贡献有所不同的报道和讨论，这也是一个与此问题有关的很有意义的研究课题。

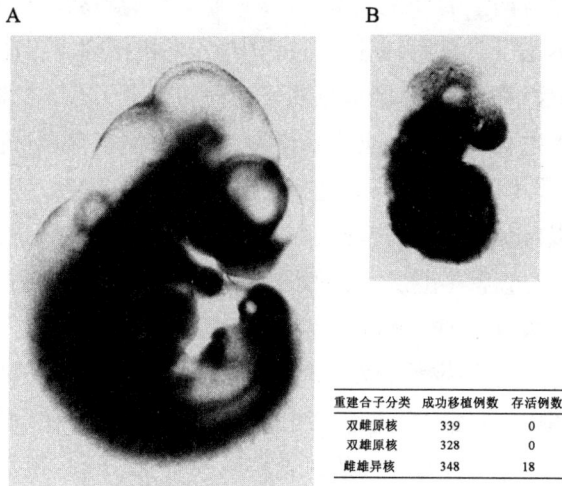

重建合子分类	成功移植例数	存活例数
双雌原核	339	0
双雄原核	328	0
雌雄异核	348	18

图9-21　雌原核与雄原核发育贡献的差异性

将包含有一个雌原核与一个雄原核的正常小鼠受精卵（A）和包含有两个雌原核的单性卵细胞（B）植入同一母体，11天后检测胚胎发育，单性小鼠胚胎小而发育不良，其胎盘也较小。配子移植试验统计表进一步证实了这一现象（注意：由于移植手术的伤害作用，异核卵也只有少数个体可以正常发育）。（引自 Gilbert, 1997）

来自肿瘤现象的启示　在多细胞生物的许多物种中(包括动物和植物)都发现了肿瘤。肿瘤是一个很奇特的生命现象,在一个有着严密组织和秩序维持能力的多细胞生物体中,因极其广泛的外部或者内部原因,在不同的器官组织中,竟然可以在既定发育编程之外,殊途同归地形成这种极为相似的生命结构。作者与刘诚 2014 年共同完成了一本名为《肿瘤——生命复杂系统的"黑洞"》的小册子,从对肿瘤发生和癌转移现象的分析中,我们得到了对多细胞生物演化的启示,现将其中有关的讨论简述如下。

从肿瘤的发生看,根据当今这一领域的研究,人们普遍接受这样一种观念,肿瘤的形成是一个来自于逃逸多重生命秩序维持防线的个体微进化过程,对这方面相关的内容在此不做更多的引述,只是侧重介绍因此引发我们对多细胞生物演化的一些思考。受肿瘤现象的启发,我们推想,类似于肿瘤的发生过程,由于对内外环境的不适应或者不协调,在生物体中可能会形成某种功能需求的压力,由此引起生命系统紊乱发生和基因重编程机制的激活,产生系统局部结构的微进化现象,即在这种压力的驱动下,可能通过变异和选择,在体内快速演化出一种新的"秩序"来。当然,这里说的新秩序远不是器官组织的形成,而是指出现应对与此功能压力相关的某些信息通路、生命程序,以至包括少数细胞分化方向上的歧化现象,形成一种微小的新功能核心结构,这是微进化启动的基本条件。显然,在这一过程中,如果机体内已存在某些可以借用的基因,或者基因组的早期冗余信息积累已经为此做了必要的铺垫,这种与功能压力绑定的微进化发生相对会容易许多,但是即便不存在这样的条件,从肿瘤现象看,通过遗传信息的变异和选择,在体细胞中实现新基因的创建也不是不可能的。可以想见,无论是变异的积累和路径的选择,还是相关核心程序的选取或建设,这一过程一定要比肿瘤艰难许多。一个基本的原因是,这种微进化不可能像肿瘤发生那样走彻底逃离细胞增殖和分化控制的路线,它的变异和选择也自然不会达到像肿瘤发生那样随心所欲的程度。但是,既然存在有适应性需求的压力,在细胞自主性和自私性(对这一概念,在《肿瘤——生命复杂系统的"黑洞"》一书中有详细的讨论)存在的前提下,出现基因变异的导向性选择是完全可能的。当然,这种与功能绑定的微进化,它一方面与肿瘤发生类似,必然来自于变异(不是简单的只有基因突变,也包括信息结构的创新)和选择,但是又与肿瘤有着明显的区别,它不仅没有彻底走上逃离细胞增殖和分化控制的道路,而且其选择的核心来自于功能压力,它体现的不仅应无害于生物体的生存,而且也不可能像肿瘤那样迅速发展出大规模的组织结构。

那么这样一种微进化即便发生,其意义何在呢？显然,无论是肿瘤或者是假设的所谓与功能绑定的微进化,它们都是发生在体细胞层面的事件,因为没有出现对种质细胞的改造或者替换,这种微进化即使发生,也不具有世代遗传的效应,它对生命演化的贡献也只能是空中楼阁。就像肿瘤发生一样,虽然在个体中确实发展出了某种全新的结构,但是随着个体生命的终结,这一结构(包括它的发生程序)也就自然地在历史上湮灭了。那么,功能绑定的体细胞水平上发生的微进化如何进入种质细胞,这是摆在这一假设面前的一个巨大挑战,也就是说,我们必须要直面一系列更为艰难的质疑:是否存在有体细胞信息向种质细胞传递的可能？是否存在有机体秩序改变产生对种质细胞信息变异的导向作用？是否存在有体细胞通过迁移直接转换为种质细胞的可能性？三者必择其一,否则即便真的发生了体细胞功能绑定微进化,它也不具有推动系统发育演化的实际价值。

又是来自于肿瘤现象的启发,我们在《肿瘤——生命复杂系统的"黑洞"》一书中提出了一个与演化有关的猜想。在介绍肿瘤癌变过程的最新进展中,提到了一些令人值得注意的现象,就是癌变和癌细胞转移的发生似乎联系着多细胞生物干细胞的某些固有属性,暗示着生命系统中可能有一种尚不清晰的机制存在,即某些经重编程产生的干细胞似乎具有一种通过细胞转移将自身蕴含的生命程序向其他部位扩展的能力。这种扩展需要先期的信息传递,如通过"外来复合物"(exome complex)的媒介,以及相关识别程序的建立,才能实现它的靶标选定,而细胞转移的实现还机制性地依赖于某些类型细胞的协同作用(如骨髓 VEGF R1阳性细胞),以及相关微环境的创建。受此启发,这一机制是否同样可能被生命演化所利用呢？即是否有可能经由类似途径,将上述的功能绑定微进化产生的程序信息,或者通过中介的遗传信息传递,或者产生信息变异诱导,或者直接地通过体细胞重编程产生的干细胞迁移,加入到种质细胞之中呢？

魏斯曼的种质学说突出了生殖细胞在生物演化中的重要地位,引起了人们对这一问题的深入研究。尽管,并不是所有的多细胞生物都存在有所谓的"种质细胞世代连续"的现象,例如植物,就是在许多动物中,也很难找到严格意义上的魏斯曼的"种质细胞",例如哺乳动物的生殖干细胞,它是在胚泡形成以后,从内细胞团的胚胎干细胞中随机选定分化而来,而并没有被预先设定。但是,魏斯曼学说的核心,重要的不是种质细胞在世代间是否严格地直接传承,而是它独立于成体构建的发育过程,由此造成了种质细胞分化与亲本发育过程之间的程序隔离,以及它在子代发育中所占的主导地位。这样一种设计虽然确保了发育程序在世代传递过程中的稳定性,但是也带来了演化的艰难,迫使人们只能希冀于种质细胞自身基因组的变异,但是这一模式又带来了对许多演化现象难以给出满意解释的困境。

显然,在此作者尝试提出的是这样一种思考路线,即在个体发育与系统演化衔接的层面,既有种质细胞遗传信息独立变异的一面,又有它在一定条件下可以从体细胞吸纳新的发育信息的一面,两者的综合与协调,构成了种质细胞适应系统演化发生的基础。可以设想,对于前者,种质细胞的自主性变异(如DNA序列的突变、转座,染色体的加倍、有性结合的重组),赋予了发育编程再选择和自组织的新机遇。对于后者,种质细胞从体细胞吸纳发育信息的路径有二,一是存在有体细胞向性腺信息传递的可能机制(如遗传信息的中介传递),二是性腺具有接纳由体细胞干细胞化和迁移嵌入的可能性。前面讨论提到的发育程序的世代重叠现象,血 - 睾屏障现象,雄性配子与雌性配子在分化成熟中的细胞学程序差异现象,以及发育中的细胞迁移和肿瘤现象,加之分子生物学已经知道的多种遗传信息传递转导机制,作者感到,这种可能性是存在的,并因此提出了发育程序功能绑定微进化和信息传递或干细胞迁移的猜想。近年,肿瘤研究提出,癌细胞抗原可以大致区分为四大类:癌基因突变诱发表达型;正常组织存在但超常表达型;胚胎早期发育细胞表达型;精巢组织细胞特异表达型。不难看出,后二者明显地暗示,肿瘤过程与早期发育和种质细胞在分子层面上的关联性,也自然给揭示体细胞程序变异和系统演化衔接的可能机制,提供某种启示。

当然,如果这一推测有其合理性,我们也还不能将其与演化的发生直接对应起来。为什么这样说呢？因为,即便通过这一机制可以使体细胞微进化创立的发育编程进入到种质细胞世代传递的主流中,但是由于微进化难免存在的局限性,它的贡献应该集中体现于核心程序的层面,与规模性细胞分化和形态结构建设(如新器官的发生),以及完成在整体发育程序网络中的定位和协调,还有一段相当长的演化路程要走,也就是说,跻身进入系统演化行列的微进化程序还有一段很长的路要走,还必须要经历一个系统演化的再造过程,才能逐步纳入世代遗传的个体发育程序之中。对比于个体发育微进化,我们或许可将此过程称为系统发育"宏进化",而微进化的历史功绩则有如是多细胞生物发育程序中的生发中心现象,在生存选择和系统协调需求的作用下,推动着新的发育程序在系统演化中的构建。对此,以至于可以设想出这样一幅图景:可以将多细胞生物的演化区分为个体微进化和系统宏进化两个不同的层面,并且这种以微进化为先导、宏进化为确认的演化过程必然是一个相互推动、反复进行、异常曲折复杂的系统工程。但可以推想,一旦微进化核心程序纳入系统演化的主流以后,有如前面讨论多细胞生物形成时所描述的、在发育体制建立后宏体生物将爆发性地展现一样,通过微进化和宏进化的互动与磨合后,它也可能会以极快的速度将因功能绑定产生的微进化程序结构迅速落实到细胞分化和组织结构建设的层面,并在宏观形态上迅速地展现出来,也就同时完成了个体发育微进化向系统演化的过渡(图9-22)。当然,这种宏进化不同于人类为某种目的针对性完成的发明创造,它体现的是在微进化核心程

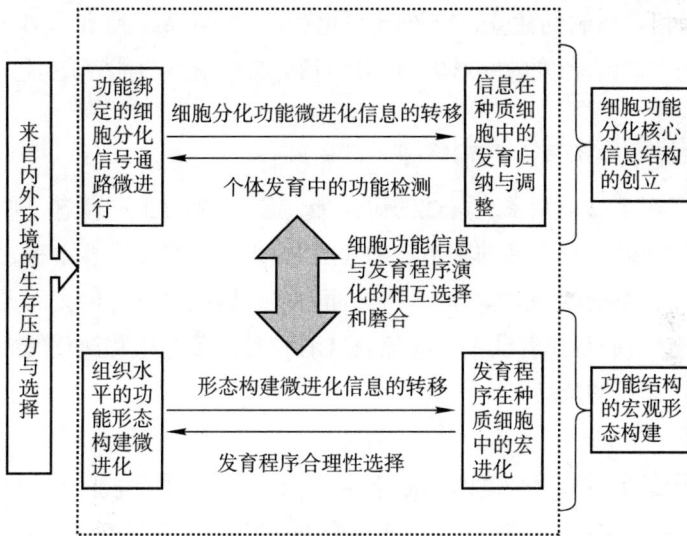

图 9-22 对多细胞生物发育程序演化模式的猜想

一个物种的个体发育程序集中体现了它所处的演化地位,因此多细胞生物的演化可以看作是其发育程序的演化。受到肿瘤发生和癌变现象的启发,我们提出了对多细胞生物发育程序演化模式的猜想,其要点是:①类似于肿瘤发生的微进化现象,多细胞生物受环境生存压力,可能发生与功能绑定的微进化过程,并且不排除功能微进化依托肿瘤发生的可能性;②鉴于癌转移发生的各种表现,在特定的情况下,体细胞信息可能会以某种方式向种质细胞的传递;③受肿瘤发生程序的启发,多细胞生物发育程序的演化可能起始于在体细胞中,推动细胞分化的核心信息结构的创立,再通过体细胞与种质细胞间的信息互动,演化为向发育程序的归纳;④凭借来自环境的生存压力和生物的世代发育选择,生命系统可能通过以体细胞为载体的微进化与以种质细胞为载体的宏进化间的磨合,逐步实现在分子路径和形态构建层面新功能发育程序的完善与协调,新的发育程序因此而实现了世代遗传。(引自樊启昶、刘诚,2014)

序基础上的系统整合和程序调整,以及形态结构多样展现和与功能相关的生存选择,例如形形色色的昆虫口器、争奇斗艳的花朵,它们的出现应符合这一发生模式。其实不难看出,这一微进化－宏进化的演化模式,对于因种质细胞遗传信息随机变异产生的演化也同样是适用的,它也需要经历一个个体发育微进化发生和与宏进化相互磨合的过程,只是它的复杂性和波及面可能要简单一些。显然,如果这一思路是合理的,包括前面提到的对 *Hox* 基因的表达调控元素的排布、平行演化、物种大爆发,以及演化聚焦现象,都变得易于理解了。当然,真实故事到底是什么,只能等待未来的研究。

总之,受肿瘤现象的启发,上述种种讨论虽然只是一种推想,但是作者认为,伴随对肿瘤研究的深入,如果证实上述的分析是合理的,那么前面对演化机制的各种讨论都有了着落,由此引申到对演化的整体理解也就获得了更多的支持。其实,个体发育与系统发育的衔接虽然是生命科学中的一个历史性难题,但是相关机制的建立,比较于生命从原始生命系统到 DNA–RNA– 蛋白质生命秩序的归纳和细胞的形成,其艰难和复杂性应该只能算是小巫见大巫。

5　多细胞生物演化的分形法则

前面在对生命复杂系统属性的讨论中,多次提到分形的概念,例如细胞诞生、单细胞生物的演化、多细胞生物的建立、多细胞生物的发育编程,都明显地体现出了复杂系统的动力学分形特征,而在多细胞生物演化的方面,这一特征不仅更为突出,而且作者认为还应该将其看作是多细胞生物演化的一条法则,并归入演化属性的范畴。

用分形理念考察多细胞生物的演化　在分形的研究中,有过这样一种简单的比喻,就是注油入水指进动力学模型:将油连续地从一个小孔注入充满水的双层水平玻璃板间,油质逐渐在两层玻璃板间排斥水而形成一个不断分支,并向周边推进的图形(图 9-23)。凡是对生物演化有所了解的人,看到这种酷似地衣的动人图案,都会立即联想到它与进化树极其相似。

实际上,注油入水指进模型还只能看作是对生物演化现象一种表观的粗糙比喻,分形理念对于理解多细胞生物演化的无限精妙呈现还有它更深层的意义。面对美丽的孔雀羽毛、动人的蝴蝶翅膀、缤纷的花朵造型、斑斓的珊瑚鱼呈现、精巧的食虫植物设计,人们惊叹和赞美着大自然奇妙的创造力,并寻

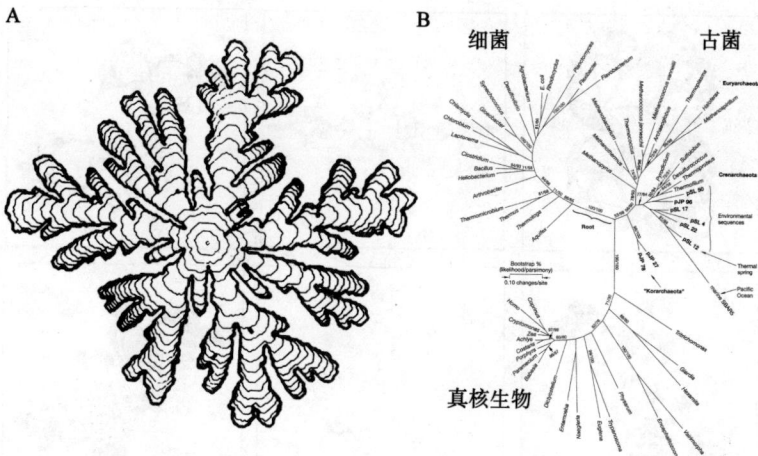

图 9–23　注油入水的黏性指进模型
A. 将油脂从中央小孔注入充满水的双层玻璃板之间形成的分形图案,获得黏性指进模型。B. 基于 rRNA 序列分析而绘制的古菌、细菌、真核生物演化树。(A 引自 Stewart,1994;B 引自 Freeman & Herron,1998)

找其发生的原因。一百多年来,当人们按照达尔文的生物进化原理,力图对如此丰富多彩的生物演化呈现作以说明的时候,常常会产生出种种的困惑,似乎这一切仅仅用遗传变异和生存选择的理念难以给出令人信服的解释。达尔文曾感叹地说,每当在镜中看着自己的眼时就感到一种震骇,因为当他力图用自然选择学说来解释有着极其精密结构的眼如何形成时,深深感到自己理论中的诸多无奈。但是,如果我们更换一种角度,应用复杂系统的分形理念来思考,会获得一种全新的感觉。

　　分形几何研究告诉我们,一个数学公式,例如尤利亚集,只要简单地施以些微差异的约定,就可能创造出一幅幅形态各异的精美图案(图 9–24)。这一发现和它揭示的复杂系统可能具有的分形属性使人们大有茅塞顿开的感觉,生物演化的千姿百态呈现是否也可归因于这一原理的造化呢? 实际上,在运算法则和影响因子方面,生命系统不知道要比尤利亚集复杂多少倍,因此而造就出千姿百态的生命世界,是毫不奇怪的。如此看来,对于生物演化的丰富多彩呈现,与其说是根源于适应选择的创新,不如说是起因于生命复杂系统分形创造力的必然,由此产生的生命在结构与功能上的绝妙展示,不禁让人联想到李白的诗句:天生我材必有用。利用一切可能利用的条件创造出无限精妙的图案是生命复杂系统的本能,而自然选择所执行的只不过是对其功能的开发

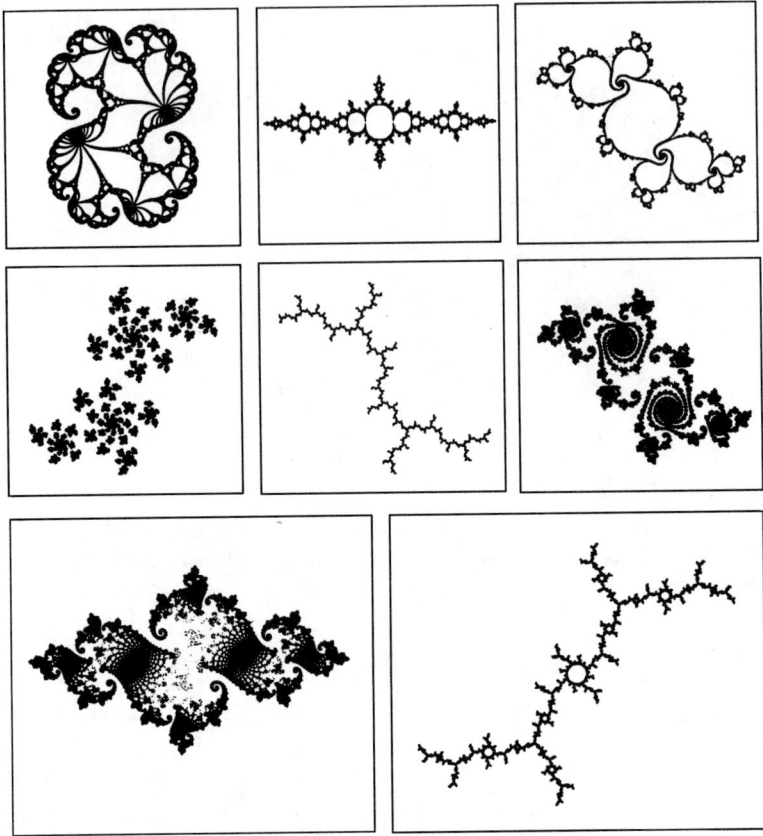

图 9-24　尤利亚集（Julia set）

各图均定位在一个复数平面上，在这个平面里的每一个复数点有两种选择，黑色或白色，它的颜色的决定按以下原则进行：以此数为初始值对 Z^2+C（C 为参数）进行迭代，如果迭代所获得的数列趋向无穷大则取黑色，反之则取白色，图中所示为 C 取不同值时所得到的图案。尤利亚集向我们形象地展示出，对于一个简单的法则，由于参数条件的变化（C 值），就可以产生出无穷变幻的精美的图案来。细心的读者可以发现，所有的尤利亚集代表的仅是对动力学系统一个简单"属性"的选择（迭代数列是否趋向无穷），但是因为参数的不同而获得的图案是如此的丰富，这对我们理解生命演化的多态性是很有启发的。（引自 Stewart，1994）

和对不适应的淘汰，并不具备美轮美奂的原创力。在这方面的研究中，计算机的应用发挥了很大的作用，由于计算机不仅实现了人手工不可能达到和承担的计算速度和计算量，使原本受到手段制约的资料分析变为可能，并且由于它可以以图形的方式直观地将各种结果综合和比较性地显现出来，有力地推动着人们对复杂系统分形属性的理解和认识的深化。生命科学研究表明，基因调节系统的改变同样可对其发育图案产生各种各样的影响，并由此引发出丰富多彩的形态分化,一个基因的变异就可以像万花筒的一次微小转动一样,造就出蝴蝶翅膀图案和色彩的全新设计(见彩插:图 9-10)。受此启发,英国生物学家 R. Dawkins 用计算机模拟,在计算机上进行形态结构构建工作(computer generated morphology)。对于设定的图案编制程序,在给予随机的简单"突变"指令以后,可以获得极为丰富多样的人造"昆虫"图案,它完全可以与雄性黾蝽(*Rheumatobates*)肢体的多样性相媲美(图 9-25)。其实,分形几何研究所采用的数学公式和它们可能创造的各种精美图案,对比于复杂生命系统可能给出的分形展示,只能是九牛一毛。可以说,生命复杂结构的造就,更多的是来自于其组成和结构中蕴含的巨大分形潜力,而由此带来的各种精巧功能,只是对这一分形展现的现实开发,这方面生命有着巨大的创造力。

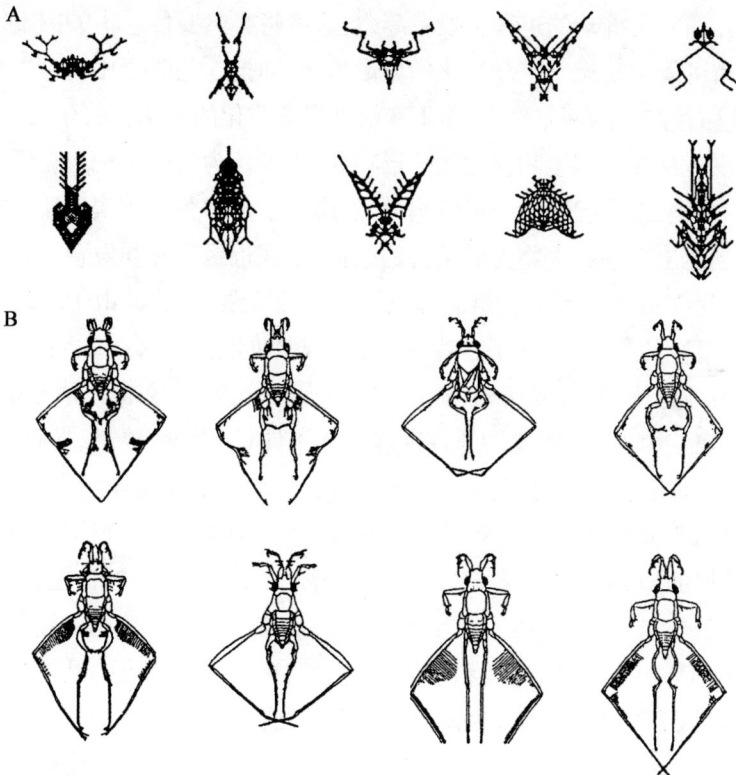

图 9-25 生物结构多样性的计算机模拟

A. 根据 R. Dawkins 编写的一个程序,只需对初始条件进行某种重复性的修改,便产生了多种多样的"生物形态"。B. 黾蝽不同种腿的多样性举例,这是雄性黾蝽的交配器官,而不同种黾蝽雌性个体的触角和腿变化则很小。(引自 Gerhart & Kirschner, 1997)

多细胞生物发育过程与建筑不同,它不是按照蓝图,从基础向上依次推进完成各项建筑任务,而是从受精卵开始,伴随细胞的持续增殖,通过细胞的分化和自组织,体现出的是胚体全方位不断分形演变的动力学过程,以最终实现复杂成体结构的建设。个体发育的这一特征必然会深刻地投射到系统演化的层面,就是说,多细胞生物发育程序形成于漫长的演化过程,演化的分形特征深深植根于发育程序的分形属性。但是,与数学分形模型(如芒德勃罗集)或者自然中的某些分形现象(如海岸线)不同,我们应该同时看到,多细胞生物演化的分形是在时间进程中逐级体现出来的,并且它的表达图案明显地受着生态结构和环境作用的调整。因此,前面提到的用注油入水模型比喻生命演化的分形性不失过于简单,假设注油入水图案的形成,除了决定于油与水的理化性质外,还有其他因素的加入,如将玻璃板倾斜,或者玻璃板不是平面而是曲面,或者在油向水推动的进程中设置障碍,这些将必然要使原本的图案发生改变,而这将可能更贴近于生命演化的分形呈现,即把这些改变比喻为生态与环境对演化路径产生的调整作用,而不变的是生命演化的原动力的存在。

由此,考察多细胞生物演化的分形特征,作者认为它的呈现来自于三方面的原因。首先,发育程序的分形结构,必然带来了多细胞生物演化轨迹的分形属性,并创造出多细胞生物无穷精美的结构,寻找近缘物种间发育编程的分歧点也自然为探索新物种形成机制提供了重要的线索。其次,由于多细胞生物复杂生态系统的建立,造成了各物种间生存势态的相互影响,或弱肉强食,或和平共处,或相依共生,或蓬勃,或压抑,或淘汰,也自然带来了不同物种的演化差异。第三,自然环境提供的各种理－化条件(如温度、辐射、光照、氧含量等),它不仅对不同物种时时刻刻施加着功能开发和生存选择的作用,而且它还可能通过不同的介入方式对于发育编程产生各种影响,不利的环境可造成对生物发展的抑制或成为变异的诱因,有利环境可造成种群的快速扩增,也提供了更多的演变机遇。总之,作者认为,**多细胞生物多样性演化的发生植根于发育程序的分形属性,而环境和生态系统的选择实质上执行的是对生命演化分形展示的调整,也就是说,生命无限精美的结构不是因自然选择而成,它是创造于生命系统的分形属性,而自然选择的贡献正是在于对于这种创造的生存选择和保留作用。**显然,这一认识明显地区别于传统的认为生物多样性创生于"适应性"的选择作用,如此看来,达尔文在镜前直视自己眼的尴尬实际上是没有必要的。

接下来,作为一种属性,作者将尝试用分形的理念对一些重要的多细胞生物演化现象做进一步的分析。

生殖隔离 在多细胞生物分形演化图案的形成中,生殖隔离现象的存在起着重要的作用,它是真核生物物种歧化得以建立的基础。生物学研究表明,生殖隔离的发生依赖于多种发育机制的参与,包括受精各环节的物种特异性、受精卵发育启动的细胞学动力学屏障。此外,前面提到的四膜虫、果蝇物种间rRNA转导障碍现象存在表明,不同物种间遗传信息的不相容性更体现了物种隔离的深层原因。那么自然会引发一种思考,即发育程序的改变是如何与生殖隔离秩序建立联手的呢?这其中必然有特定的动力学机制为基础。

当然,最容易想到的是,由于某些原因,例如迁徙、物种扩张、地理环境变化,同物种生物出现分布区域的隔离,并在各自的区域中发生着不同的演化积累,逐渐形成了两种区别的发育编程,最终造成它们之间有性结合或者结合后的发育障碍。这一方式并不要求针对受精程序特异性的先期完成,也就是说这一机制的核心是长期的地理隔离,使它有足够长的时间来"等待"生殖隔离的逐步建立。一旦这一任务完成,两个不同的物种即得到确立,非洲高原不同湖泊中鱼类物种的分化便是佐证。

但是,许多化石和现存物种的生态分布表明,物种的歧化也不一定都必须在长期地理隔离的条件下发生。那么,它们产生物种歧化的机制又可能是什么呢?我们不妨从生命系统的动力学角度做这样的设想:在没有地理区域分隔的情况下,由于生物信息的改变不一定立即产生发育程序的改变,从而出现了没有选择作用下的变异信息积累,并通过有性过程造成群体中这些信息在同物种不同个体中的差异分布。当某些触发因素出现,因信息分布的差异可能会导致同一物种中不同群体发育程序的歧化现象(如猫科动物的分化),进而诱发不同群体间生殖隔离或者发育障碍(有如马和驴、狮和虎间的交配仍可以产生后代,但是却不能再生育),形成了一个种内歧化的分选作用。当然这一过程会造成暂时性的此物种整体繁衍能力的浪费和下降,对于物种的发展是不利的,但是它并没有从根本上造成对该物种生存的威胁,带来的却是新物种的形成。此外,我们也不能排除这样的可能性,即生殖隔离直接起源于受精程序的歧化,然后才是发育程序的歧化。但是,从发育生物学的角度看,由于它过于专一和细节,多细胞生物也缺乏无性繁殖对这种变异的个体扩散作用,针对性产生出受精特异性突变的个体，并能够与有同样变异的个体相遇，由此繁衍形成一个新的种群，这种可能性应该是极其微小的。

物种爆发　顾名思义，物种爆发是指在短时间中，一个原始的物种爆发性地歧化，产生出若干不同的新物种，历史中有过数次物种大爆发现象，即大批新物种集团性地形成，成为多细胞生物演化中的奇观。

对物种演化的爆发现象，引起人们很多的思考和讨论。从系统的角度如何来认识这一演化现象呢？在前面关于发育信息层面演化机制的讨论中，作者提出了演化聚焦和层次递进的猜想，即当一个物种的某种结构或者环节进入秩序演化发生的敏感阶段，加之气候变迁和生态失衡的推进，可能会激活特定发育程序的多向歧化，若干新物种由此而爆发形成。可以设想，伴随生物的演化，这种敏感的结构会以递进的方式，阶段性地在生物的不同环节出现，它的影响规模和效果也会不同，由此造成演化过程中的大大小小物种爆发串联现象。长期以来，人们似乎默认着这样一种观点，演化应该是"循序渐进"的，新物种形成之前，特别是大的改变，应该存在一个相当长的逐级过渡阶段。实际上，化石的发现往往令人感到困惑，例如，被认为代表鱼类和四肢动物之间过渡类型的是总鳍鱼，但已发现的化石显示，两栖动物远远早于总鳍鱼类出现。那么，鱼类和四肢动物之间的过渡物种又是什么呢？按照前面的讨论，我们或者可以大胆设想，四肢动物的发生与总鳍鱼的发生，也可能是来自于类同的演化聚焦产生的发育程序歧化现象，今天的两栖动物与总鳍鱼完全可能是演化中的独立事件，而总鳍鱼代表的只是一次失败的演化，两者之间并不一定存在有前因后果的亲缘关系。当今发育生物学研究发现，肢体形成可能起源于鱼鳍调控基因的重复利用，在这个过程中，或者出现了从鱼向四肢动物的快速跨越，或者产生了"不伦不类"的总鳍鱼物种，这里投射出的不是总鳍鱼在演化上的过渡地位，而是聚焦演化发生过程中的多样呈现。因此，作者认为，在探究演化现象时，不应该完全固守于外观形态的比较，先验性地规定不同物种类别演化的递进与渐进关系，并依照演化单线发生的理念，人为地求证它们之间的亲缘关系。就是说，有如前面讨论所谈，一旦某些敏感的发育程序的核心结构获得了系统发育的认可，便会迅速地在组织和器官的水平上多样性地呈现出来，因此秉持渐进和跃迁并重的演化理念可能更为合理。

对演化阶段现象的解读　与多细胞生物演化聚焦现象密切相关的还有一个对演化阶段性解读的问题。前面提到演化聚焦可能会具有阶段递进发生的特点,但这并不表明这种阶段性与发育程序的时序性有必然的联系,也就是说多细胞生物的演化并不存在有对演化环节有时序性的特定限制。为什么这样说呢？无疑,多细胞生物的历史演化必定在后代发育程序中留下印记,成为一种多细胞生物演化的记录。在对生物发育现象研究的早期,即19世纪,人们就注意到动物胚胎发育过程与生物进化有密切的关联,其中最著名的是一幅鱼、蝾螈、龟、鸟、猪、人胚胎发生重要阶段的形态结构比较图(见图1-5),因此,赫克尔(E. Haeckel)提出了生物重演律,即动物个体发育重复其系统发生的主要内容。按照生物重演律的提法,似乎从逻辑上应该得出这样一种推论,即演化事件的发生应该总是加在前次演化事件发育程序的下游,只有这样才可能产生个体发育重现演化过程的效果。但是,深入考察表明,情况并不总是这样。羊膜的出现是动物登陆过程中发生的事件,而羊膜的建设几乎在胚胎发育一开始就启动了,这显然与生物重演律是相违背的。昆虫在变态前,幼虫往往要经过数次蜕皮,但是我们无论如何也不能设想,在演化上,幼虫阶段发育的所有内容都是发生在成虫出现之前,因为许多未来成体才展现的器官已经以原基(成虫盘)的形式在早期胚胎发育中形成了。被子植物种子发生程序也存在同样的现象。显然,这与前面关于发育程序插入的讨论,是对同一现象的不同视角分析。

看来,发育程序中蕴含着丰富的生物演化信息,有如前面讨论所提到的,如何解读这些信息是十分重要的。对此,我们可以做出如下的归纳:①发育程序的变更在发育的各个环节都可能发生,它不应该有对应于发育时间先后的先天偏好性,而获得成功的早期发育程序的改变带来的必然是对重演律的否定,例如羊膜的出现、种子程序的建立。②一个发育程序模块一旦建立,它便获得了一定程度相对独立的演化能力,并由此还可能产生对整体发育程序的修改和调整。例如,我们可以设想,由于激素的调整作用,昆虫幼虫的龄期更替程序可被重复执行,而成虫盘的发育程序则被延迟或调整,形成了现今昆虫发育的各种模式(全变态、半变态、不变态)。③一般来说,由于早期发育程序的变动会比后期发育程序的变动对胚胎发育产生更大的影响,因此可能形成某种来自生理或者发育的选择作用,使成功的发育程序演变更易发生于晚期程序环节之中,产生出某种重演的特征。④演化中,一些程序的改变有可能带来对原有程序的重大调整,使一些原有的发育程序湮灭,从而出现演化中的跃迁现象,由此带来认识演化过程的困难。

从演化的物种爆发现象和新物种发育程序的调整来看,我们能更深刻地体会到多细胞生物演化的歧化图案根源于多细胞生物发育编程的分形属性。由此,作者形成了这样一种认知,比较于前面提到的相对简单得多的数学模型,生命具有的分形潜能不知道要精妙和复杂多少倍,但由于诸多层面的生存合理性选择,它的实际展现只能是被大大地压缩了。由此看来,过去曾经高度赞美和感到不可思议的生物多样性现象,现在反倒认为它的呈现只能是被各种选择大大约简了,也就自然不再一味追求适应性的解释了,只要不违背生存的合理性,生命复杂系统走着自己分形展示的路。对于演化现象的理解,分形理念的引入确实给我们带来一种豁然开朗的愉悦心情。

物种绝灭　物种绝灭是生物演化中经常发生的现象,它同样对多细胞生物的演化图案做出了重要的贡献,成为演化研究中的重要课题之一。作者认为,物种绝灭大致可以分为两种不同的类型。

一种是由于环境改变,物种又不能发生相应的改变,使其生存受到威胁,最终导致绝灭。环境因素是多方面的,如气温、大气条件、有害元素积累、生态竞争、人为破坏,等等。

另一种是来自物种自身发育程序演化的原因。应该看到,发育程序的发展与生物的生存能力之间并没有必然的适应关系,而其适应性只能通过选择作用来判定。伴随多细胞生物的演化,不少物种生物体的结构越来越复杂,各种生理功能的分工越来越精细,生理功能建立所需的发育环节越来越多,不同生理功能之间的相互依赖性也越来越强。例如,生物的繁衍早已经不是简单的配子形成和受精完成的过程。在许多生物中,配子在亲本体内要经历一个相当长的发育分化阶段,配子的成熟、排放密切关系着个体一系列的生殖生理活动,胚胎的发育受着亲本的直接控制,幼体的成活很大程度上依赖于胚胎或者胎儿期的完备发育,以及亲本的哺育实施,等等。发育程序的演化完全可能对其中的某些环节带来冲击,产生一种积累效应,导致此物种生存能力的持续衰退,例如,造成生殖能力、发育成功率、幼体成活率的低下,最终导致此物种走向绝灭。今天,地球上生活着一些物种,它们表现出明显的繁衍能力低下的特点(如大熊猫)。人们正在研究对这些物种进行保护。人工的办法(如人工授精)

可能在一定程度上弥补它们繁育能力的不足。但是,根本而言,找到这些物种生育能力低下的原因,才有可能谈及对其进行"改造",才有可能从根本上扭转此物种走向绝灭的命运。显然,这是一个十分复杂的生物学问题。

实际上,任何一个物种,从它诞生的一开始就不可避免地带来了对它有序结构发展的制约。具有强大演化潜力的物种可能带来它未来的辉煌发展,也可能一路埋下它走向夭折的种子,而一些难于发展的物种也可能承担较小的演化风险,获得更长的寿命。比较"低等"的多细胞生物与"高等"的多细胞生物,从它们的出现和在历史演化进程中,我们强烈地感觉到这一现象的存在。按照演化聚焦的观念,对于跌宕起伏的生存环境变化,绝灭可能是个别物种的行为,也可能是一类群体物种的集体行为,也可能是在一个门类种群中规模发生的行为,使物种绝灭呈现出极其复杂的图案(表9-2)。根本原因是,环境在变化,生物有序结构在变化,而特定的物种、种群,它们都不可能逃脱其有序构成演变能力和生存适应能力的制约。有如在漫长的生物演化历史中,当一些物种和种群有序结构的发展进入多态演变的关键阶段,它可能出现爆发性的辐射演化一样,如果特定的有序构成发展走到不可能再回避的制约点的时候,或者遇到了不可抗拒的环境因素的作用,带来的只能是绝灭的命运。与上面讨论提到的演化聚焦现象相对应,或者可以称之为演化的"死点"。有一种称为"蜘蛛牌"的计算机游戏,游戏者期望每一次通关能早早完成,但是并不是每次通关的尽早实现都是好事,它完全可能潜伏下未来不能解开的死结,使后续的所有途径都难逃灭亡的命运,反而是前期的迂回,倒可能带来最终的全部通关。

表 9-2　生命史上主要的集群绝灭事件与生物危机时期

生物危机时期	发生时间 (距今 Ma)	受影响的生态系统和灭绝涉及的主要类群	说明
中元古代末	1000	陆棚前海和滨海层叠石、微生物席生态系统;蓝菌及某些真核微藻类	有待研究,资料不足
晚元古代末	550～650	陆棚前海和滨海底栖与浮游生态系统;底栖叶状体植物、疑源类浮游植物、伊迪卡型后生动物	多次适应辐射和多次绝灭事件
早至中寒武世	510～535	海洋生态系统;早期多门类无脊椎动物,三叶虫、古杯类、单板类、某些甲壳类、一些分类地位不明的动物门类	多次辐射与灭绝,最大的绝灭发生在寒武纪

续表

生物危机时期	发生时间 （距今 Ma）	受影响的生态系统和灭绝涉及的主 要类群	说明
晚奥陶世	439～440	海洋生态系统；三叶虫、笔石、头足类、腕足类、苔藓虫、珊瑚等	持续时间较短
中志留世，文洛克阶/鲁德洛阶	420	海洋生态系统；海洋无脊椎动物	包含一系列小灭绝事件，持续时间长
晚泥盆世，弗拉斯阶/法门阶	360～380	海洋生态系统；四射珊瑚－层孔虫礁生态系统消失；某些鱼类和浮游藻类	可能包含一系列小灭绝事件
晚二叠世	220～230	海洋生态系统；菊石、蜓、腕足类、四射珊瑚、海百合、苔藓虫等	显生宙海洋生物损失最大的灭绝事件
晚三叠世	175～190	海洋生态系统；菊石、瓣鳃类、腹足类、牙形石动物	地层记录不全，资料不足，有待研究
晚侏罗世	130～140	海洋生态系；菊石、瓣鳃类	规模较小的绝灭
晚白垩世，马斯特里赫特阶	65	陆地生态系统与海洋生态系统；恐龙、菊石、瓣鳃类、钙质浮游植物（颗石藻）	大型爬行类绝灭令人注目；白垩纪上界有铱（Ir）富集
始新世晚期	35～40	海洋生态系统；浮游生物、软体动物、鲸类	可能有一系列小的绝灭事件构成，持续 3 Ma～4 Ma

（引自张昀，1998）

以上，作者尝试从 5 个方面探讨了多细胞生物的演化机制，其中，"发育程序编制路线的选择对演化的影响和规范"，强调了多细胞生物初始设计对未来演化的重要作用；"从发育程序的角度考察多细胞生物演化的执行手段"，辨析了发育编程可能贡献于演化的各种操作；"从生物信息层面探讨多细胞生物的演化机制"，突出了对演化信息动力学属性的认识和它在演化中能动作用的关注；"个体发育与系统发育的衔接"，给出了微进化与宏进化演化模式的思考；"多细胞生物演化的分形法则"，分析了多细胞生物演化的核心原理以及它与生物适应性呈现的关系。当然，面对这样一个巨大的生命课题，上述种种讨论，存在有错误、偏颇、片面是难免的，或者说是必然的。但是，有一点作者是自信的，就是多细胞生物这样一个复杂的生命系统，它的演化必定是一种多层次参与的极其复杂的动力学过程，对其机制的揭示，只遵循变异与自然选择的法则,只关注 DNA 序列比对和演化轨迹的追踪,只延用小进化与大进化的模式,恐怕难免显得单薄和表面,这也正是作者在本章中力图表述的中心思想。

从复杂系统的全视野理解多细胞生物的演化现象

作为本书篇幅最大的章节,在结束对多细胞生物演化讨论前,作者还想联系生命现象,从更宽的视野对复杂系统的演化谈一些个人的感受,这也是对生命演化认识的一种深入。

不仅复杂系统现象广泛存在于自然界和人类社会之中,复杂系统的演化现象也同样广泛发生在各种不同的复杂系统之中。大从星系、天体、地质、人类社会,小到气候、飓风、湍流,都展现出了它们各自的演化图案。例如恒星,从星云聚合开始,到进入主星系的不同演化阶段,再到后期离开主星系进入衰亡期,揭示它们的动力学过程是认识恒星演化的重要内容,并且进而从对它们所组成星系的动力学属性分析中,预测了宇宙更深层次的构成和演化规律,如暗物质的存在、宇宙起源于 150 亿年前的大爆炸等。

在认识复杂系统和复杂系统的演化现象方面,生命科学曾做出过它开创性的贡献。自达尔文进化学说建立,人们突破了物种神创论的桎梏,并将它们组合在一个巨大的历史演化图景之中。经过二百多年的探索,按照发生的时间顺序,大量不同物种被逐级定位在复杂的进化树图案之中(图 9-26)。在进化树中任选一条首尾连续的路径,便可清楚地显示出所涉及物种的变迁和歧化的谱系关系,实现了人类首次对一个自然界复杂系统演化轨迹的全面描述,由此引发了人类思想界的一次深刻革命,推动了自然科学和社会科学的巨大进步。生命科学的另一次巨大贡献发生在 20 世纪 30 年代。1937 年,奥地利生物学家贝塔朗菲首先提出了复杂系统的概念,指出生命是一个具有整体性、动态性和开放性的动力学系统,开启了系统论研究的先河。继之,经普利高津对耗散系统有序自组织现象的发现,托姆复杂系统突变理论和哈肯复杂系统协同理论的创立,以及艾根对复杂系统超循环结构属性的揭示和洛伦兹对复杂系统混沌与吸引子现象的研究,系统论得到了迅速的发展。由于系统论的创立,数百年来科学界形成的单纯还原论的认知模式逐渐受到了人们的质疑,迎来了以整体性和系统性为主导的一场深刻的科学方法论的革命。系统论的创立是人类思想上的又一次巨大进步,它从根本上改变了人们传统的还原论

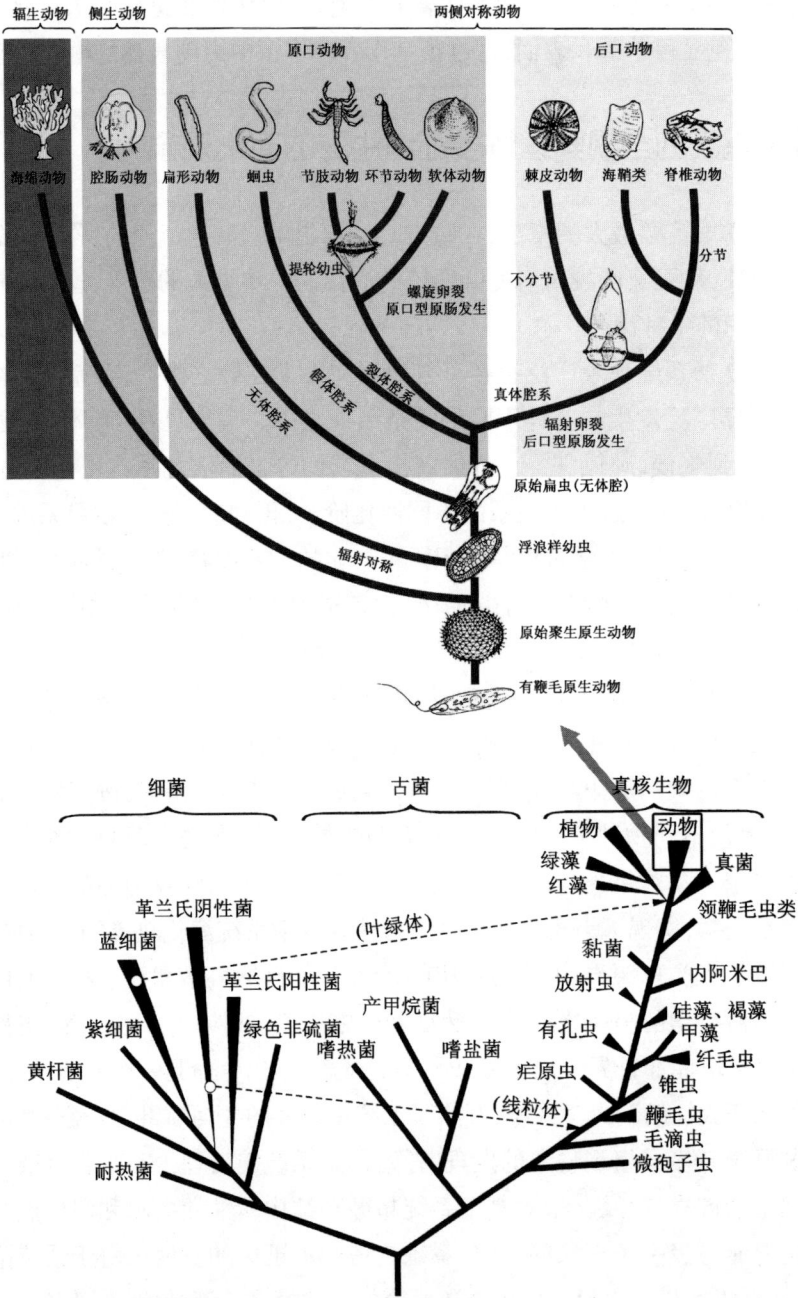

图 9-26　生物演化谱系

下图显示细菌、古菌、真核生物的演化关系,虚线箭头表示真核生物细胞中线粒体和叶绿体的可能起源途径,上图显示不同门类动物的基本演化路径。(引自 Gerhart & Kirschner,1997)

科学理念,其中复杂系统超循环结构自组织属性的揭示,不仅给出了秩序自发产生的动力学根据,也奠定了复杂系统演化发生的理论基础。而复杂系统中混沌与吸引子现象的发现,更使有序与无序、确定与随机的界限被打破,看到了无序与随机背后蕴藏着的秩序性和必然性。在认识复杂系统的初期,人们发现复杂系统中普遍存在有动力学的无序和紊乱现象,但是当人们深入研究混沌的时候,却发现了一个惊人的现象,就是混沌并不等同于无序,其背后往往隐藏着深层的秩序,展现出的动力学属性包括有,它的运动对初始条件高度敏感,在系统的相空间中整体稳定而局部不稳定,它具有分维的性质,它的相空间是非连续地随参数变化的,也因此被称之为奇怪吸引子。奇怪吸引子现象的发现者、当代美国著名气象学家洛伦兹,在他谈到不可能对天气进行长期精确预报时,曾经有过一个形象的比喻,他说,亚马孙河畔一只蝴蝶翅膀的微弱煽动,数周后,可能会在美国德克萨斯州引发一场巨大的风暴。也就是说,一个在大气动力学系统中看似随机和微不足道的偶然事件,完全可能成为某种气象过程和结构生成的触发因素,即在看似无序的大气动力学系统中,必然包含着某些深层的结构,而它的存在和展现都依赖于复杂系统的混沌属性。显然,复杂系统混沌与吸引子现象的发现,其意义不只限于它指出了传统还原论思维模式的局限性,更重要的是让人们看到了无序背后中的有序性,并捕捉到复杂系统演化现象发生的动力学根源。

在系统理论的指导下,人们很快发现,生命复杂系统的不同层次中同样包括有丰富的混沌,例如,人们发现了糖酵解过程中存在有混沌,心脏搏动过程中存在有混沌,脑电波的运动中存在有混沌,种群依存与竞争的生态过程中存在有混沌。更让人惊叹的是,深入研究这些看似无规则的混沌过程,都发现其深层隐藏的秩序性。例如过去长期被看作是捉摸不定、没有规律的脑电波图像,经过系统论方法的信息处理技术,人们惊奇地发现,其相空间不仅分维,而且是一个低维的运动过程,并且找出了脑电波相空间维数变化与人的生理状态(睡眠或清醒)、智能水平有着密切的关系。再有,长期以来,心脏规律搏动一直被认为是健康的标志,但是,对心电图吸引子相空间的研究却发现,心脏搏动过于规律反而是一种病理表现(图9-27),它的出现可能是猝死发生的前兆。显然,建立在一系列细胞、生理、生化程序基础上的多细胞发育过程,其中也必然存在着丰富的混沌现象,而发育呈现出的畸形、个性差异,以及肿瘤的发生,多种不同的病理表现,都与系统深层的结构有密切的关系。

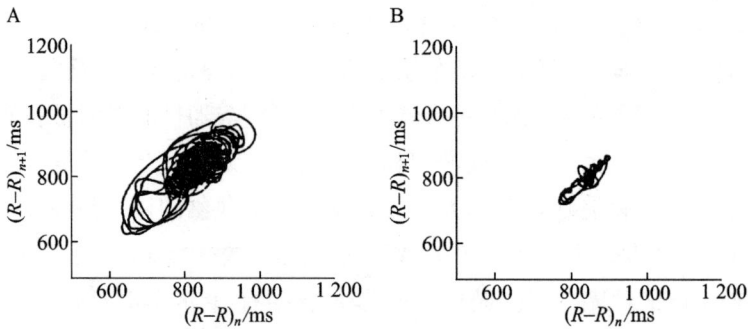

图 9-27　心搏中的吸引子现象

A. 受测的健康人的心搏吸引子相空间图。B.受测的风湿性心脏病(HRV)患者的心搏吸引子相空间图。比较健康人与 HRV 患者的心搏吸引子相空间图,可以看出,健康人的心搏吸引子不仅占据相当的相空间范围,而且其结构很复杂,而 HRV 患者心搏吸引子的相空间范围要明显地小,并且更接近于一维的结构。(改绘自张建树,1998)

　　但是,在这场深刻的思想革命中,考察当今人们对生命演化的研究,我们又看到,这方面本应走在前面的生命科学,今天反倒处于明显的落伍状态。为什么这样说呢? 姑且不说长久困扰生物学家的先有鸡还是先有蛋,以及先有 DNA、先有 RNA,还是先有蛋白质之争,就是从各种生物演化树的研究和探讨之中,也很容易发现,那种似乎对生物演化现象的认识只要遵循基因随机突变和随后的自然选择就够了的理念,以及探查不同物种演化发生和谱系关系的依据,唯采取它们之间在形态结构和信息序列的相似性比对,和地质年代出现顺序的思路,不可避免地给生物演化的认识带来了大量的迷茫和费解。本书试图从复杂系统的角度认识生命现象,针对多细胞生物的演化,从前面分析中可以清楚地感受到,这一过程所涉及的必然是一个极其复杂的多层次、相互协同互作的动力学过程,以系统理论的观点来指导对其机制和原理的探索,有着重要的意义。

　　作为一种复杂系统,生命过程中必然包含着大量的混沌,这也是生命演化现象发生的基石。当然,遗传信息的随机变异是造成生命系统紊乱的重要原因,但是从前面的讨论中我们应该意识到,它绝不代表着引发生命秩序改变的全部因素。无疑,遗传信息的变异具有很强的随机性和自主性,但是也应该看到,在复杂的生命系统之中,这种变异又不会是全然独立的,姑且不说它的发生可能起因于系统内部的某些诱导效应,有如前面讨论所说,因多细胞生物体系建立形成的某些演化初始条件的设定,也必然给遗传信息的变异带来某种规范。再有,生物信息的变异是一回事,对变异信息的采纳又是一回事。显然,这种采纳是一个密切依赖于生命复杂系统结构的极其复杂的动力学过程,它联系于个体发育与系统演化衔接模式和微进化与宏进化间的博弈与磨合,并又可能从中引出新的变异和级联性自组织程序的发生,而当其结构处在系统秩序敏感状态时,受复杂系统分形法则的支配,生命结构出现强烈的聚焦性歧化也是完全可能发生的。当然,在生命复杂系统中,生物信息的发展对演化发挥着重要的作用,可以说它构成了一种演化执行的平台,而前面讨论提到,生命信息体系的变异具有受系统制约和自主发生的双重品格,并还可能将某些环境因素预留在体系之中,加之因环境选择效应带来的对演化轨迹的调整,更造就了演化的复杂性。这些分析强烈地表明,多细胞生物演化绝不只是一种突兀的、干巴巴的物种衍生过程,也绝不是简单地用变异与自然选择的理念所能"搪塞"的。从复杂系统的角度看,合理的概括是,生命的演化来自于这一特定复杂系统天然具有的混沌属性,它的演化表达受着其混沌背后隐藏的秩序性的指导,它的动力学过程和轨迹深刻地体现着复杂系统演化的基本规律,如无序与有序的统一、秩序的自组织与系统的动力学协调性选择、迭代造就出对初始条件的强烈依赖、子系统间的协同性,以及分形法则创造着无限精细的结构,等等,这些因素都发挥着重要的作用,构成了驱动多细胞生物演化发生的源泉,它不仅表明了多细胞生物系统中蕴含着强大的演化潜力,也为我们探索多细胞生物的演化现象提供了基本理念和广泛的启示。

讨论至此,回过头来让我们再审视其他一些复杂系统的演化现象,我们似乎更加体会到探索生命演化现象的艰难性。虽然生命时时处处存在于我们的周围,以至于我们自身就是一种多细胞生物,但是对于它的演化现象,现在人们不仅还不可能做到像对其他某些复杂系统那样,对其演化过程给出哪怕是近似的数学模拟或理论推导,更因为由于生物演化的许多过程都湮灭在漫长的历史长河之中,不可能像研究天体那样,因光线和粒子传递造成的时间延迟,可对远古年代天体图景获得直接的探查,也不具备通过红移对过去的天体结构进行逆推的条件。因此,对多细胞生物演化的探索必然非常的艰难,而生命复杂系统独有的信息储备结构,既带来了这一研究的便利,也大大增加了对它认识的难度。

自人类文明启蒙开始,人们对生命现象探索的兴趣就从来没有衰减过,生命科学发展到今天也已成为科学界中的一个十分庞大和重要的领域。按照系统理论的观点,既然生命是一个复杂系统,我们就有理由相信,人们也一定会在这一理念的指导下,对生命的认识产生新的飞跃,作者认为这绝不是一种概念的游戏,它必然会给揭秘生命演化现象以许多重要的启示,以及在研究方法与路线上提出新的要求和挑战。今天,系统论还处在发展与成熟的阶段,对于生命现象的系统学研究更是刚刚起步,任重而道远。如上提到的,在气象研究中,洛伦兹曾用亚马孙河畔一只扇动翅膀的蝴蝶来比喻长期天气过程的复杂性和理论上的不可精确预报性。天气过程尚且如此,对生命演化发生的追溯,恐怕不知道要比查找亚马孙河畔的那只扇动翅膀的蝴蝶要困难多少倍,或者更直白地说,如果真的秉持这一研究理念,带来的恐怕只能是一筹莫展。作者认为,虽然基于化石、形态结构以及生物信息的比对,多细胞生物演化树的绘制在基本框架上给出了探索演化机制以重要的坐标和参照,但是力图在机制方面对于演化现象开展深入的研究,按照当今生命科学的研究思路,即力图寻找到各种演化形成的触发事件及其走过的具体路径,在理论上可能是有问题的,而从复杂系统的角度探究演化所遵循的规律性,给出一种大数据的"回顾",可能是一条更为合理的路线。

第十章 智　能

继对生命的起源、系统演化讨论之后,我们来到了对智能现象的探讨,所面临的将是一项更大的挑战。纵观生命科学的发展,可以说智能仍是生命现象中最大的谜团之一。为什么这样说呢? 一则,现今生物学对这一方面的研究应该是还处在初期探索阶段,相关学科(如神经生理学、神经分子生物学、生物行为学、神经发育生物学)间的交叉研究还很不够;二则,它跨联着自然科学和人文科学(如人类学、心理学、逻辑学、语言学、哲学)领域,这些都给解开智能之谜造成了很大的困难,尤其是探索智能现象的生物学机制及其建立,可能还有一段漫长的路要走。但是,根据系统理论的基本原理,作者认为,这并不妨碍我们暂时将这些难题放开,把智能现象看作是生命复杂系统中一个相对独立的过程,先对它的结构和系统属性进行某种分析和推断,而这一努力将会有助于揭开智能之谜。

生命的智能现象

对智能概念的梳理,恐怕是对智能研究的前提,作者认为,这方面的探索应该先从体现智能存在的行为范畴入手。

行为与智能　行为在生物学中最初是用来描述生物体与环境(包括与其他生物个体)之间存在的动作性联络现象而采纳的概念。四膜虫在液体培养基中的无规则运动、草履虫有性结合时的"舞蹈"动作、植物根趋向水源的生长、动物觅食求偶防卫等复杂的行为表现,这些都可以归入生物行为学的研究范畴。

在生命的演化过程中,动物出现了与行为现象密切关联的神经 – 体液(激素)系统,并且生物的行为过程越来越受控于这一系统,特别是大脑器官的出现,使动物行为水平大大提高,并出现了智能的特征。人们欣赏自己所具有的智能,其实在行为表现的许多方面,其他生物的精彩表现也并不逊色:某种蜘蛛可以结出网并用肢体将它撑开,在食物飞来时迅速收网捕获;有的蛇用它的尾巴巧妙地模拟昆虫的蠕动,引诱猎物上钩;一种海生软体动物在遇敌追捕时,迅速附在岩礁上,并在数秒钟之内变色拟态礁石以蒙混过关。这些都明显地表现出某种"智能"的特点。至于营造居室、求偶育雏、贮藏食物(包括对食用生物的豢养)、使用工具、护卫群体、声形传讯、社会分工,以及喜、怒、哀、乐的情感表达等等,在动物界中也屡见不鲜、不胜枚举。那么,什么是智能呢? 是不是智能现象在动物中普遍存在? 这确实是一个有待于研究和明确的问题。

生物智能的概念 生物行为表现的是生物对环境的应答。在稻草水培养液中置放盐粒,草履虫改变它们随机运动的轨迹,向着盐浓度低的方向游去。对变形虫施以针刺,它立即收缩。不同生物对同样的环境或者同一生物对不同的环境,它们的行为反应可能不一样。但是,不难看出,上述列举的生物行为与物理学实验中对一物体施力后产生加速度和化学实验中对一系统加入某成分后引发化学反应现象有相似之处,它们都是在时空上表现出高度连锁的、物体(物质)间直接关联的相互作用(当然生物的行为反应要复杂得多)。

现在我们再来考察另一种生物的行为反应。当一个人发现一石块向他飞来时,他可能立即躲开,或者用手去接,或者用其他物体来阻挡。无论哪一种反应,我们都可以很容易地发现,这时人的行为已经和上述生物的反应有着重要的区别。在石头到来之前,人预测了石头的运动轨迹,预测了石头对人体的作用效果,预测了不同阻挡石头手段的可行性。显然,这时表现出的已不是物体间即时即地的直接作用关系,它包含了生物行为与客体尚未发生的效应在程序上的前瞻性,并因为判断的不同可以出现个体应答的区别。

比较上述两种有着明显区别的生物行为,显然,后者包含了我们通常理解的"智能"的因素,我们或可将这样的行为泛称为智能行为。

那么,什么是智能行为和智能的确切含义呢? 可否这样说:**智能行为与非智能行为最重要的区别在于,它具有时间和空间上的超越特征,就是说,在因果关系上,智能行为体现出对客体效应的预见性,而生物具有的产生这种行为的能力便可称为是一种智能现象。** 显然,行为中所表现的智能现象不是一种预设的程序化过程,它是大脑即时的生理功能表达,它基于一定的前期学习,它的发生有赖于环境因素的激发,并可随环境作用的改变而随时对自己的应答行为做出调整。显然,这里对智能的描述与人们习惯上谈到的智能概念有着明显的区别,它具有相当广泛的覆盖。智能现象是一种十分复杂的生命现象,而这里的概括强调的是智能行为与非智能行为间最重要也是最基本的区别。

从演化的观点看,神经系统(包括大脑)是生物行为的产物,它是后来者和被造就者,即对于具有指导生物行为功能的神经系统,根本而言,行为永远保持着它的先导性。显然,智能是神经系统发展到高级阶段其行为功能的表现,智能参与的比重越大,行为的智能含量就越高。伴随人们对生命现象认识的深入,生物智能行为研究涉及的内容变得越来越复杂、越来越广泛。实际上,研究高等生物的智能现象,应该包括有神经(体液)系统的构成、智能过程的机制、智能的结构、心理器质的特征、欲望情感的表达,以及智能在演化中的地位等广泛的内容,它们已成为生命科学的一个重要领域。

智能发生的渊源和类型 作为对环境的感受和应答,神经系统以其特化的形态结构和特定的生理功能姿态建立和出现,高等动物的大脑及智能无疑由低级神经系统演化发展而来。人们在比较了不同演化水平动物的神经解剖结构后,提出神经系统的演化模式:神经系统最早以网状结构出现(如水螅),进而,它向生物体中轴线集中形成条索状,并出现若干神经细胞胞体聚集的神经节(如蜗虫、蚯蚓),以后身体前端的神经节不断地膨大形成脑(如鱼),进而又发生了延脑、小脑、下丘脑、间脑、中脑和大脑的分化(如哺乳动物),同时神经细胞胞体聚集的灰质区面积不断地扩大(如人)。如何认识神经系统在形态上的这一演化呢? 它表明在生物行为的驱动下,神经系统出现了组织上的集约和结构分化现象,表明神经细胞功能歧化和不均衡分布的发展趋势,以及其包含的信息通路和神经网络结构的复杂化、等级化。无疑,生物体的各种形态结构都是与它承载的功能密切联系在一起的。神经系统演化中表现出的这些特征,在功能上的内涵会是什么呢? 显然,这些变化与生物对环境感受的灵敏度、分辨的精细度,以及应答行为的精确性、协调性密切相关,而智能现象的出现,本质而言,体现的正是这种感受和应答水平的提升。

有如前面讨论所提,生命演化中广泛存在有方向和路径上的分形现象,在仔细揣摩了各种动物复杂的行为表现以后,作者得到的感觉是,这种现象也同样发生在神经系统的演化过程中,并由此带来了不同的发展模式。如果说,按照上面对生物智能基本属性的分析,它表现的是对客体运动逻辑关系的映射和预见,作者认为,智能的发展似乎存在有两类不同的演化策略。策略一,神经系统在其功能发挥的基础上,朝着神经活动与行为动作精巧连锁、灵敏配合的方向发展,以此不断提高生物对环境应答和自身应变的预测和掌控能力。前面提到的蛇用尾巴模拟昆虫捕获猎物的现象就是一个生动的例子。看来在一些动物中,例如昆虫,主要表达的就是这一条路径。节肢动物不仅有上面提到的蜘蛛结网捕食的例子,昆虫的社会分工现象(以至分到生育的专业化)也早已为人们所熟知。但是,从它们的表观行为看,它们更像是属于神经活动对环境应答的一种精巧的程式连锁,而缺乏或者只有较少比例的认知因素介入(遗憾的是我们不可能体会到它们是否有思维)。策略二,在强调记忆和思维作用的基础上,神经系统发展出对环境的"认知"能力,并以此获得了对环境应答和对个体行为指导能力的提高。我们人类的智能类型很明显地存在有这一特征,前面提到的一个人发现一块石头向他飞来时的反应便是生动的例证。显然,这两种策略不仅都可以将生物的行为带入对客体运动预见性的智能水平,出现了两类不同的智能表现形式,而且两者之间并不是相互冲突的,即使在同一生物物种中,它们是可以并存和平行发展,产生相互促进的作用。但是,它们又可能会因为种群不同、个体不同,表现出不均衡的发展。这种局面的出现,相关于个体发育可能带来的神经系统结构以及信息程序建设的差异,获自于环境影响的不同,以至于还可能应该追溯到久远的演化初始条件的不同导向。从生物演化角度看,似乎第二类型智能比第一类型智能现象出现得更晚,也显示出更强的适应主动性和灵活性。但是,从生物自身的功利来说,恐怕两种不同类型的智能价值各有千秋。

在脊椎动物特别是哺乳动物中,上述两种策略建立起来的智能类型并存的现象是显然的,我们人类也不例外,并表现出个体间的差异,例如,有的人(如运动员、杂技演员)在行为智能上有高超的表现,有的人(如哲学家、科学家)

更擅长于逻辑思维和推理。今天,人们说及和钟情的"智能"显然属于第二类型,并常常把第一类归入"本能"的范畴,而一般提及智能也往往是指第二类型的智能。但是,我们应该看到,第一类型的智能表达不仅同样可能造就生物行为对于环境作用的超前应答,实现预见性的、行为与客体运动逻辑间的密切关联,并且公平地说,它同样也可能发展出相当高的"智能"行为来。在此,我们不妨将这一类智能称为行为智能,而将第二类型的智能称为认知智能,在智能的表达过程中,前者在行为连锁和协调方面占有主导的地位,后者则体现为认知因素发挥着主导的作用。由此看来,作者认为,生物智能可以给出狭义和广义的区分。人们通常说的智能实际上指的是认知智能,这是狭义智能的概念。如果将行为智能也包括进来,便构成广义智能的概念,而前面对智能的定义显然同时包括行为智能和认知智能,具有广义的内涵。

总之,作者认为,行为智能和认知智能之间存在着不同程度的相互依赖和互补关系,不能将它们截然分开。但是我们可以看到,它们的表达在不同生物类群中又存在着差异和侧重的不同,这一现象应该与神经系统演化以及个体发育中的路径歧化有着密切的关系。但是,相比较而言,认知智能体现出对环境更强的适应性,也使生物行为的自主性和目的性获得了更强的展示。以上构成了作者对生物智能现象的基本理解。

要对生命的智能现象有较深入的了解,需要对它的结构和性质做进一步的探讨,而最为便利的路线是对我们人类自身认知智能的考察。

认知智能的动力学结构与基本性质

对人类认知智能的结构和性质实际上已有广泛的研究,而其中更为突出的是对认知智能中思维现象的关注。例如,较通行的是把思维分成逻辑思维、形象思维和灵感思维三类。按照唯物辩证理论的观点,思维过程可以分为两个阶段:感性认识阶段和理性认识阶段。前者是指外界事物在大脑形成感知,后者是大脑通过对感知的加工形成概念,构成记忆,通过思维,建立认知。心理学、逻辑学、语言学、哲学对这方面广博多样的论述,作者不可能也无能力谈及,好在这与本书的宗旨关系不大。在此作者仅尝试从系统论的角度就人类认知智能的动力学结构和基本性质加以探讨。

记忆与思维 像消化和吸收是十二指肠的基本功能、泌尿和电解质平衡是肾脏的基本功能一样,人类大脑的基本功能是记忆与思维,它是认知智能现象发生的基础,因此探讨认知智能,必然要从记忆与思维现象入手。

大脑最显著的功能之一是它的记忆能力,即对内外环境各种事物和过程的形态、质地、属性、逻辑关联等,通过感官,产生神经系统特有的印象,并且这种印象具有时空的含义。应该说,大脑的记忆能力本源于生命过程的印记属性,由于生物行为过程的推动和神经系统的发展,大脑出现和获得了产生记忆的能力。其实,记忆并不是大脑的专利(如淋巴细胞),甚至于并非为生物所特有(如计算机、金属的记忆现象)。但是,大脑的记忆与其他类型的记忆有着重要和本质性的区别,概括说,作者认为有以下三点。

第一,大脑对事物的记忆是以映射的方式实现的。形式上,大脑的图像记忆可以比喻为照片。但是,与摄影的最大区别是,大脑的记忆过程不是单纯的对记忆对象的信息记录,它同时还包括对记忆对象信息的选择与加工,即记忆与思维不可分。其实,对于某一个场景,只要将观看后的记忆和现场拍摄的照片进行一下比较,你就能很容易地发现两者之间存在差别,并察觉出记忆过程中思维(理解)的存在。彩色照片可以以三原色解析的方式将外界图像忠实地记录下来,而大脑在记忆过程产生对图像映射的时候已经经过了加工。有人可能说照片记录下来的已不是原来的光波而是由其引起的物理–化学反应的产物,它也同样经过了"加工"。但是,实际上它完成的只是信息形式的转化,而并没有对信息(群)进行任何的分析与综合。而大脑的记忆过程却大不一样,我们可以说,找不到任何没有经过思维的"纯净"记忆。并且不仅如此,记忆是一个生理过程,它的表达方式、强弱程度是和大脑的构成及其功能状况紧密地联系在一起的。因此,不同的个体对同样事物的记忆效果可能不同,就是同一个体处在不同的心理或生理状况下,其记忆效果也会不同。

第二,大脑不仅可以对通过各种感觉系统传来的信息进行记忆,它也可以对大脑自身思维过程产生的信息施加记忆。人们可能会对这一现象感到迷惘,自己怎么能对自己产生记忆呢?其实生物既然可以对本体发生感受(饥饿、疼痛、困乏)和控制(觅食、求偶、逃生),大脑可以在自身范围中对自身产生的信息获得记忆也是完全可以理解的。实际上,大脑对外界信息的记忆往往包括由此过程中产生的自身感受(或理解)成分。

第三,大脑产生记忆后,记忆信息不是不变地储存在那里,它具有被选择

性调用和功能性修改的特征。同时,大脑对记忆的召唤也不一定总是针对记忆对象的初始信息,它常常是启动于大脑对记忆信息加工后形成的概念,再通过思维的联络性引发初始记忆的再现。

大脑记忆的这些特点使智能的表达获益匪浅,也同时带来了大脑记忆上的不精确性和可能产生失误的弱点。近年从形态结构、生理过程、分子生物学方面探索大脑的记忆机制十分活跃,并取得了多方面的进展(如记忆过程诱导神经突触修饰)。但是,显然这离人们认识大脑的记忆现象,特别是它的机制还相距甚远。

思维是大脑的另一个重要功能,即对记忆元素实施逻辑解读和推理。大脑的思维现象十分复杂,现今人们认为它的运作与大脑的网络结构密切地联系在一起。思维最基本的过程就是对记忆信息的分析和综合,并由此实现判断和推理。

分析和综合是人们对思维过程的一种概括。但是,本源而讲,它们应来自于客体运动的逻辑性,表现的是其规律在神经活动中的投影。实际上,不仅在智能层面,从生命诞生开始,由于它与生俱来的印记属性,分析与综合两种动力学过程就从来没有离开过生命系统。例如,在生命的演化中,生命动力学结构在不断地歧化和丰富着,这是一个分析的过程。但是,它又通过生命的自组织过程,同时进行着归纳,这是一个综合的过程。DNA–RNA–蛋白质秩序和三羧酸循环的建立便是这一综合过程的具体表现。所以,伴随神经系统的发展和大脑的形成,出现记忆和对记忆信息的加工、信息群之间逻辑关联的建立、推理功能的获得是很自然的。考察思维的基本动力学特征,似乎也可以概括为以下三点。

第一,像记忆与思维不可分一样,思维和记忆也同样是不可分割的。思维要以记忆为基础,而思维过程又可能引导新的记忆的发生。

第二,思维具有时空的超越性。**在记忆的基础上,思维可以将原本不同时空的记忆联系在一起,建立起一种逻辑关联。这一点对于生物智能的出现十分重要。由于这一性质的存在,呈现在大脑中的不再是外界事物信息的简单集合,而变成了某种运动逻辑的映射,产生了智能层面的分析与综合现象。**由于这一性质的存在,大脑可以在分析和综合的过程中,获得对外界事物的概括、理解、想象、推理和预测。例如斯芬克司形象的创造、哈雷彗星近日点的预报等,这些都是和思维的这一性质密切地联系在一起的。

第三,分析和综合是思维运行的基本形式,作为大脑生理功能的表现,它有表达途径和强弱之分,并体现出自身的运行规律。这种能力还和大脑的基础条件,包括它的知识构成(见后面的讨论)联系在一起的。人们概括的逻辑思维、形象思维、灵感思维,以及逻辑学揭示的许多思维规律都与此有关。这里说它有"自身"的规律,就是说虽然思维的分析与综合程序本源于客观,但由于它的建立来自于一种映射的过程,并因获得了自身的运动法则,从而出现了思维与客观过程分离的现象,由此,与客体运动逻辑进行比较,它有可能出现偏离或者冲突的现象,也带来了认知的个体差异。从动力学的角度看,这并不奇怪而是正常的。**一个新的动力学系统的建立总带来了它自己的新的能动作用,其实人们谈到的灵感不正是这一能动性的积极表现吗?但是,无论哪种表现,它总不会逃脱比它更高层次的动力学系统的"许可和批判"。对于思维来说,无论它怎样"主动",最终,客观世界永远处在居高临下的地位,这是它天生的不可能被摘掉的紧箍,在思维支配行为的过程中,受批判的永远是违背客观的思维。**

历史上,大脑的记忆和思维能力必然是相伴随而协同产生和发展的,它们密切地相关于生命的行为过程。因此,在讨论大脑功能的时候,作者更愿意采用记忆–思维的提法。记忆和思维是认知智能的两个侧面。当然,在解析大脑的记忆–思维现象时,可能找到不同环节对记忆或者思维的侧重,如近年对记忆的研究。但是,这与大脑记忆–思维的统一性并不矛盾,这有如消化和吸收是由不同的环节和理化过程组成,但它们的发生和发展必然是统一在生物对外界物质和能量的摄取过程之中。如果谁说在演化中,生物先出现和发展消化功能,再建立吸收功能,这显然是荒谬的,大脑的记忆与思维功能也是一样的,只是在不同物种中,它们的形式和水平会有差异。大脑的记忆与思维能力的获得和提升为生物智能的构建奠定了基础。

智能的动力学结构 从动力学角度分析,无论采取什么方式,大脑的记忆和思维活动必定建立起一种智能结构。支撑这个结构可能涉及有特定的分子过程、细胞间的组织构建、物质转输、信号传导、逻辑级联、模块组合,等等。这个结构可能类似于生物的代谢或发育程序,有复杂的直线、分支、循环路径,有并联、串联、正回馈、负反馈以至于振荡程序,等等。目前,在机制上,对这方面的了解还很少或者仍全然不知。但是,这并不妨碍我们可以暂时跨越这一层面,先着手于从系统的角度来分析智能的基本结构。作者认为,这样一种解读路线应该潜伏着一种价值,就是可能通过对智能结构的揭示,用逆推的方法,反转为探索大脑智能的生物学机制提供启示。

那么我们如何从系统的观点来分析智能的基本结构呢? 作者认为,从动力学角度看,对认知智能可以解读出以下特点。

首先,前面谈到,大脑不仅可以对外界信息产生记忆,也能对自身思维过程出现的信息产生记忆。那么大脑就有可能出现一种对自身思维产生的记忆进行再思维和再记忆,而产生一种可以不断深化提高的认知过程。对此,如果套用数学的概念,可以说认知智能是有"阶"的,并且如此往复下去,理论上讲,智能的阶有可能达到很高的程度。这样的分析不仅来自逻辑的推理,也符合我们学习和知识建立的经验。**经验告诉我们,在智能阶不断提高的过程中,人们对事物的认识不断地深化,它可以用概念的逻辑关系或者认知的因果层次关系表示出来。经验还告诉我们,伴随智能阶的提升,记忆和思维都会在新的基础上,按照它们的规律构建新的认知结构,例如新的逻辑关联建立、次要因素的淡化、错误联络的剔除,等等。应该指出的是,阶的提高代表着认知的深化,但是,它并不直接受控于智能动力学过程的复杂性,除非需要时发生思维对低阶结构的召唤,它似乎总是力图用尽可能概括的路径表现出来。这里虽然借用了数学阶的概念,但是恐怕还没有一种数学方法能够用这样灵活简洁的手段来处理如此丰富的信息量,这是智能体现出的一个重要的动力学性质。**

除了阶以外,借用几何学的概念,认知智能还体现出另外一方面的动力学特征,就是智能存在有"维"的结构。何为智能的维呢? 常识告诉我们,人类的知识构成是极其广泛的,它不仅包括有领域和方向的不同,例如天文地理、人文艺术,也包括有思维模式间的差异,其中,逻辑思维和形象思维就是典型的代表。其实,就是同在一个知识领域中,在这方面,也存在着更为细化的区别,比如人们熟知的自然科学的工科和理科、人文科学的历史和艺术,它们之间在思维模式上同样存在有差别。显然,这种不同的认知方向和思维模式在一个人的智能中的同时容纳,体现了智能一种复杂结构的存在,这就是作者所理解的智能的多维性。智能的多维性,使智能获得了一种重要的品格,就是它兼有知识和能力的双重属性,推动着对未知事物的洞察和预测能力(知识就是力量——培根)。一个人的知识构成密切地关联着他的智能结构,并且似乎是,外界事物的运动逻辑和认知个体的智能结构越接近,重叠性越高,个体对外界事物的认知就越容易,能力也就越强。因此,维结构的复杂存在对于高智能的表达是重要的。其实,作者在生活中多次发现:如果对现实中难免出现的认知障碍和行为偏差进行分析,往往都能找到智能结构上的不足之处;对结构跨度大的知识的获得往往要比跨度小的要困难得多。计算机的出现和发展是智能结构存在的最好佐证,因为不符合人类智能结构的计算机自然失去了它的"生存"权力,就是出现了,也会被人们作为漏洞(bug)而剔除。所以从这一角度看,我们可以说计算机实际上是在不断地朝着展现人类智能结构的方向发展。

　　研究智能动力学结构,还有一种可以从物理化学中获得的借鉴,就是"相"的概念。在物理化学中,相的概念源自于对物质不同状态转换现象的考察,那么怎样理解智能也有相的属性呢? 当我们考察智能系统结构时,可以很容易地发现,智能还存在一种现象,就是它有着明显的个体和情绪间的差异性,例如面对同一个事物,在认知过程中,不同人对它信息的择取角度(外貌、服饰、气质)、辨识精细度、感受强烈度、理解深入度可能有很大的差异,例如,有人凸显的是对事物过程的追述,有人感兴趣的是对过程发生根源的思考,有人强调的是对事物呈现的实证,有人偏向的是对客观存在规律的一种思辨。同样,对于同一自然景观,可以产生相差甚远的感受,对于同一特定事物,不同人可以引发完全不同的本体理解,而就是同一个人,也会因情绪和心境的差异,产生出不同的认知效果。这一现象的存在说明什么呢? 即除了认知智能具有阶和维的属性外,认知智能中还蕴含着一种思维状态差异的属性,由此构成了所谓的认知智能相的结构,不同人智能的相取向可能是不同的。这就告诉我们,就整体而言,智能存在于一个多相的空间中,而个体智能展现有其各自的相特质。

　　通过上述分析,借鉴了阶、维、相的概念,作者从三个方面归纳了认知智能的基本动力学属性,而且自然推演出,人类智能的动力学结构并不是恒定不变的,它处在一个不断变化过程之中。造成智能结构改变的因素是多方面的,可以想见,它来自于个体遗传背景的不同,来自于环境影响和自身学习的差异,来自于个体生理状态以至于性别的影响,来自于年龄的变化以及病理的干预,等等。由此,我们可以意识到,对认知智能结构的认识不仅包括有对正常思维的分析,也需考虑到年龄和性别的差异,以及病理带来的影响(如自闭症、抑郁症、强迫症、病态人格、阿尔茨海默病),等等。既然认知智能不仅有着特定的动力学结构,而且其结构处在一种变化的过程之中,揭示这种变化的规律也自然成为认识智能的重要内容。从实际经验中我们可以很容易地发现,智能结构的改变与个体已有的前期约定有着密切的关系,新结构的加入与原有结构冲突越大,对它的重塑就越困难。**显然,智能结构越复杂,不同层次、领域之间的联络越紧密、个体认知的取向性越强烈,它的稳定性就越高,新因素对它的重塑就越困难**。不难看出,智能构成的这些特点也决定了生物个体间,认知智能结构的同一性和差异性的同时存在。

最后,作者想要说明一点,这里探讨的所谓智能结构,即思维的动力学属性,与人文科学、心理学相关的认知研究是什么关系呢?例如,这些学科提到的人的气质、性格,以至于文化差异现象,这些都可以归属到认知科学的范畴,而它们与上面探讨的认知智能结构和动力学属性有什么不同呢?对此,作者是这样认识的,人文科学和心理学所强调的是智能呈现的社会效应,而并非注重于它自身体现出的动力学结构和属性,尽管两者有着密切的关联,但它们之间的区别也是显著的。总之,我们可以说,认知智能结构的存在,基于生物体对内外环境的感知和应答,它同时表现出神经系统自身的动力学规律,这方面的探索还有很漫长的路要走。

智能的能动性　在人类行为过程中存在有一类强烈地表现出智能能动作用的现象,它们已远远不是简单的智能行为与客体的应答,而明显地表现出生物行为的自主趋向性和目的性。受心理学研究的提示,这一智能能动作用大致可以归纳为四种类型:心绪情感,如情爱、对亲属亡故的哀伤;性格器质,如开朗豪爽、吝啬怪僻;兴趣追求,如求知欲、癖好;自身行为控制能力,如责任意识、荣誉维护、羞耻规避。显然,它们不是简单的生物本能,而是和复杂的智能过程联系在一起的,它们也不是单纯的思维活动,而是和本体感受密切地联系在一起的。

应怎样来认识这些现象,就是说如何分析它们的智能结构呢?作者给出这样一种设想:我们知道,生物对许多刺激可以产生感受,如生物在舒适温暖或者严酷寒冷的环境里,它的形体动作会表现得很不同。神经－体液(激素)系统的出现使这些感受和行为反应日趋精确和复杂。**显然,在智能出现以后,生物的这种感受本能和智能过程应该发生一种机制性的相互结合现象,即一定的认知结构可以引发某种感受的出现,而一种感受又可以和特定的智能结构联系在一起,并由此推动着智能多相属性的发展**。它和低等生物的感受因刺激撤离而随即消失不一样,由于相关的智能结构长期存在,这种感受会变得相当稳定,就好像是感受和对应的智能结构之间形成了一个持续稳定的"互作场"。它的存在可使生物长期处在一种心理情绪的激发或者准激发状态,当个体受到外界或者自身某些因素的刺激,它即会因为智能结构的驱动,触发产生一种有明确方向性目的性的行为表达,这是人类智能的一个重大进步。

人类智能的这种结构的建立,无疑高度能动地影响着人们的行为表达,不仅由此衍生出复杂的审美意识以及道德法律规范,也使一些社会现象可得到更好的解释,例如,长久以来人们对同性恋现象存在的根源和它的生物学上的合理性,一直在争论和纠结之中。对此,作者认为,从认知结构与生理感受偶联的角度进行分析,才可能使当今流行的同性恋现象的遗传和心理两个基本学派获得整合与统一,凡此等等。总之,智能的能动性现象不仅展示了智能的深层结构,并且它在生命演化中的形成对生命产生了极其重要和深远的影响。

智能的个体发育和学习 常识告诉我们,对个体生物来说,智能构成不是与生俱来的,它获自于一个后天发育和学习的过程,这是智能有别于某些生理功能的一个重要特征。其实,多细胞生物的出现使生命发展发生了重大的改变,在生物展现出复杂的个体发育中,如同免疫功能建立有一个发育和"学习"的过程一样,智能也表现出了同样的属性。

那么智能的个体发育和学习有什么特点呢? 有两个大家熟知的例子。一个是有关"狼孩子"的故事,在他再次返回到人类生活环境后,他的智力表现出已经发生了不可逆转的变化。另一个是人们都知道的,启蒙教育的差异会在很大程度上决定着今后个体记忆、思维能力的特质和智力水平的高低。这两个实例告诉我们,生物个体的智能发育不仅存在,而且有明确的时间阶段性,过后便不可逆转地使大脑失去了(起码部分地失去了)这种能力的获得,它不会停留在某个阶段等待"狼孩子"的回归而再行发育。智能结构的建立是和环境或者更准确地说是和教育的环境分不开的,不同的学习环境带来不同的智力效果,并且这一过程将最终地贡献于智能结构的建设。智能既然有发育也就自然存在老化的现象。智能具有发育的特征,这实际上从多方面给我们提供了认识智能机制的机会。经验告诉我们,在幼年、青少年、中年和老年的不同阶段,人的智能表达有着显著的区别,而其记忆和思维发展或者消退过程的展现,自然也就成为我们对智能结构进行研究的很好的切入点。顺便提及,作者认为自觉意识这一现象的存在,对于儿童的教育和老年的愉快生活,都有着积极的意义。总之,在我们谈论和研究智能时,智能的发育和学习属性是不能被忽视的。

由于智能发育和学习过程的存在,人们自然会问及智能遗传的问题,我们又来到生命科学关于多细胞生物世代更替过程中、系统发生和个体发育衔接的难题上。根据当前的研究成果看,起码一些灵长类动物具有一定的高智商是被普遍接受的。但是,一只猩猩就是从小生活在人类的环境中,它的智能表达也绝不可能与人类同日而语。问题出在哪里?作者联想到,今天,计算机被广泛应用,其中包括有硬件与软件相互匹配的问题。套用计算机的模式,我们可以设问,智能的亲代传递是硬件(速度、容量、逻辑线路)、系统软件或者还包括有部分的应用软件?受此启发,从大量的智能发育现象看,虽然明显地存在有"硬件"的传承和演化,但似乎在生物的演化过程中,智能的遗传很可能还包含一定的"软件"因素,起码应该有部分"系统软件"的传递。智商的测定表明,在幼儿很早的时期就表现出记忆和逻辑能力以及性格在个体间的差异,这一现象支持了这一猜测是有道理的。如果事实真是如此,推动这一演化发生的机制又是什么呢?同卵孪生兄弟(或姊妹)的相关研究(如已发现他们之间出现性取向差异的现象),对智能遗传的属性有着重要的价值。

以上,以人为例,讨论了认知智能的结构和特征。实际不难看出,上述智能现象在某些动物中,或此或彼、或多或少地同样存在。作者曾有过这样一个经历:休闲广场中几个人正在玩扑克,一位女士突然发现自己的宠物狗不在身边,便呼喊:"小黑,小黑"。远处一只白色间有棕色斑块的小狗闻声后,飞快奔跑来到女士身边。女士一见惊奇地说:"花花来了",便再次呼叫:"小黑,花花来了,花花来了"。这时,在广场另一个方向的一只黑色小狗立即飞奔而来,开始与花花嬉戏玩闹,两只小狗具有的智能,活生生地体现了出来。

从认知智能的动力学结构和属性逆推其可能的神经生物学机制

前面,作者尝试给出了智能一种广义的定义,建议智能存在有行为智能和认知智能的区分,并从动力学角度探讨了认知智能的结构和属性。显然,既然认知智能具有复杂的动力学结构,而认知智能存在的基础是神经系统,那么揭示与认知智能关联的神经系统的生物学构成和生理机制,是摆在认知科学面前的一个不可回避并极具挑战性的课题。面对这个问题,按照本书的宗旨,作者提出这样一种分析思路,即从认知智能的动力学结构和属性出发,参照当今对神经系统基础构成和工作原理的了解,尝试用逆推的方法,猜度负载这一功能可能存在的生物学机制。

神经系统的基础组织结构和工作机制 如前面讨论所说,多细胞生物体系的建立使生命的发育潜能获得了极大的释放,推动了多细胞生物消化、呼吸、免疫、循环、内分泌、生殖等一系列功能系统的出现,其中自然也包括与动物行为密切相关的神经－体液系统及其工作机制的创立和发展。无疑,认知智能的出现与神经系统的演化是密不可分的。

经过解剖学、组织学、胚胎学、细胞学、生理学长期的研究积累,以及近年神经生物学的快速进步,人们对神经系统的组成和基本功能机制已经有了相当的了解。例如:不同分化的神经元和神经胶质细胞是构建神经系统的基本组织成分,通过神经元轴突和树突的联络,神经系统构成了一个庞大、复杂的网络结构;外周与中枢神经的各种组织器官中存在有复杂的分层结构,以及它们功能的区域划分;各种感受(视、听、嗅、味、触、冷、热、痛等)产生和信号传导,在中枢系统中呈现出专一和泛投射并存的现象;在信息发生和传递方面,神经元执行的是以不同离子通道或膜受体－配体激活为基础的、有或无(1、0)的神经动作电位和化学传输模式,实现了神经信号的定向传送和各种信号回路及相互联络网络的建立,其中包括有非条件反射和条件反射弧的功能模式;除已知的去甲肾上腺素、5- 羟色胺、多巴胺、乙酰胆碱等经典神经递质外,还发现了上百种可对神经递质施加功能修饰的、分属不同基因家族,称为神经调质的小分子脑啡肽;通过多种神经递质和调质的介入,以及第二信使系统的参与,神经信号及突触形成,在空间和时间的层面上,可产生相互竞争(如左右眼视觉中枢的区域占有)、联动(赫布理论,Hebbian theory)、整合、模块化现象;对刺激引发感受和行为反应的研究表明,记忆和学习(LTP 和 LTD)的形成与突触的修饰有密切的关联,并展现出了突触修饰的可塑性;对于同一刺激,存在有若干神经细胞集群感受的现象,并且表现出它们之间的感受态(competence)在强弱和方位上是不同的,由此形成了对刺激的立体化解读;感受在神经系统中的投射表现出明显的区域专属现象,以及这些区域之间相互关联结构的存在,并显示胚胎发育的定位预留和学习中的网络建立;越来越多的研究发现,神经胶质细胞不仅具有营养、辅助、修复神经元的功能,而很可能同样在信号传递和加工中发挥着重要的作用;动物性行为研究还明确展现出激素与神经活动间的联手。凡此等等,对于这方面大量有关的专业知识,在此只能给出一个粗略的举例。但值得注意的是,对包括软体动物(海兔 *Ovula ovum*)、节肢动物(果蝇)、脊椎动物(大鼠)、人在内的不同物种的研究证实,上述神经系统工作原理在不同门类物种中的保守性,也体现出演化阶段和方向的差异存在,由此奠定了它们各自行为表达的机制基础。显然,这一现象的存在表明,与其他生理系统类似,在面对环境刺激做出行为应答中,动物神经系统同样建立了自己特有的基础组织结构和工作机制,并且在不同的门类和纲、属之间,它们的基本工作原理和发展路线是类同的。显然,按照生物演化的规律,我们可以推断,智能大厦的建立也绝不会是另起炉灶,它必定来自于对这些基础机制的利用、综合与提升。

对记忆过程概念化程序的假设　当今,人们对动物行为的神经生物学基础可以说已经有了相当的了解,并由此勾勒出了其大致的工作机制和原理。但是,众所周知,对于认知智能层面上的认识还极其匮乏,本节将尝试对此加以探索。

在思考认知智能现象的生物学机制的时候,人们首先会很自然地想到两个方面。一方面是,智能与神经活动之间在机制和构成上会有着千丝万缕的联系,也就是说,认知智能的获得必然建立在神经系统的基础组织结构和机制之上,这一推理也完全符合于其他生理系统所呈现出的演化规律。另一方面,我们又明确地预感到,仅有基础的神经系统组织结构和工作模式,在功能上还远远满足不了认知智能表达的需求,即认知智能的建立必然伴随有对基础神经系统机制和工作模式的发展和提升。那么,这种发展和提升最可能出现在哪些层面和环节呢?

在经典的神经生物学研究中,常用到一组概念,就是记忆与学习,而在前面讨论中提到,认知智能基于记忆和思维现象的存在。形式上看,记忆与学习和记忆与思维之间有很大的类同性,但是仔细分析,不难发现两者之间实际上有着显著的区别。经典的记忆与学习研究所关注的是,对于不同的感官刺激,引发特定神经信号的形成与传导,进而获得专属的突触印记,并通过定向神经回路的建立,激活针对性的行为应答。而认知智能表现的记忆与思维却是另一种过程,如前面所谈,在认知智能层面,记忆与思维紧密地联系在一起,主要表现在,参与思维的对象已不再是简单的感官刺激产生的神经印记,而是建立在众多记忆基础上形成的概念,思维过程体现的也不再是简单的有着明确针对性的行为应答,而是以概念为对象的逻辑推理或感受推演,由此产生判断、新概念、新感受的形成,并导致包括认知提升、动作实施、情感抒发的综合性行为展示。虽然这一程序与非智能的记忆与学习应该有着密切的联系,但显然它已经不能再仅仅用经典的非智能工作模式来执行了,它必须有更复杂的机制的支持。

接下来,作者将以概念的形成为起点,对于可能存在的认知智能的机制展开讨论。无疑,与非认知智能的记忆与学习不同,在认知智能的记忆层面中,概念占有重要的地位,可以说它是认知过程的起始,也是认知过程的归宿。什么是概念呢?逻辑学解释,它来自于对实体感受的本质概括,并派生出概念内涵与外延的界定。就像中国古代先哲所说,白马非马也,也就是说在人脑中,马的概念与具体马匹的印象之间是有区别的。在认知智能的思维过程中,马是以概念的形式出现,而并非有某具体马匹的限定。那么神经系统是如何形成概念的呢?在本章前面讨论认知智能时,作者提出在智能过程中,人类大脑记忆的三个重要特征:大脑对事物的记忆是以映射的方式实现的;大脑不仅可以对感觉系统传来的信息产生记忆,也可以对自身思维过程产生的信息实施记忆;大脑记忆的储存和调用有着明显的生理依赖和层次跨越性。显然,正是源于这一分析,驱使作者尝试从系统论的角度,参照当今神经生物学的研究成果,探寻概念形成可能的机制。概括而言,作者猜想和提出,伴随演化的深入,由于动物中枢神经系统以及记忆生理功能的出现,很可能在此基础上,进而孕育和推动着记忆活动在功能和机制上的不断提升,最终走向了认知智能概念化程序的建立。这一假设包括什么含义呢?依据当今神经生物学的研究,在记忆过程中,通过感官投射到中枢神经系统,产生的是一种多信息、多感受、多神经元参与的综合效应,加之神经信号的多类型、多通路、多因子、多转换性、正负反馈机制的介入,以及突触的不同修饰,记忆效应在神经系统中形成的绝不会如照片一样,是一种唯一的、固化的、单纯的图景,而是有一定空间与时间规范的,充满多向、互补属性的动态的生物学过程。那么按照系统论的基本观点,在神经系统中,记忆所启动的这种生命过程必然充满着多形与混沌,也自然在这一过程中不可逃避地形成自组织和趋向吸引子结构的能动性。**这一分析提示我们,外界刺激在神经系统中所产生的效应应该具有不断赋予记忆更**

深内涵的推动作用。**可以设想,重复的记忆刺激,可使这一内涵在三个方面集中展现出来,一是对事物辨析力的不断精确,二是对事物综合品质(核心特征)把握力的持续提升,三是实现与其他记忆间逻辑关联的建立和组织化。显然,这些内涵表明,这一过程的进行使记忆获得了一种概念品格的升华,并同时推动着一种与此记忆升华过程密切相关的新的生理程序的建设,我们可以将它称为记忆的概念化程序。**当然,这种生理程序的建立,离不开演化带来的神经系统形态结构和信息系统的拓展,离不开对基础神经活动机制在分子、细胞层面上的功能开发和再建。由此,我们可以说,伴随动物行为能力的推动和神经系统演化的深入,蕴含于神经记忆过程中的概念化潜能逐渐落实了它的程序建设。说它是一种生命程序,是强调它并不是某种特定空间限定的结构建设,而本质上与许多其他生命程序机制一样(如凝血、发育重编程、创伤修复),是一种与特定的生命能力相伴的程序展现。当今神经生物学对记忆现象、特别是对人类和灵长类记忆获得与表达的直接或间接研究发现,同一刺激产生的记忆具有明显的多层面性和协同性,这强烈地暗示了从生理程序的角度来解读概念的形成是合理的,也就同时推论了支持认知智能过程中概念化现象广泛发生的通用机制的存在。总之,这一分析表明,概念形成绝不是环境刺激在神经系统中的简单投影或者不同记忆元素的叠加,更不仅仅是一种生命过程的烙印,而是在建立了机制性概念化程序的操作下,对不同环境刺激产生出更加反映各自事物本质的记忆的高级表现形式,成为一种特定的生命功能的载体程序。同时,这一分析也使我们意识到,概念化程序的形成和发展不是另类神经活动机制的全新创生,它明显地具有记忆的本源性和依赖性。

当然,以上讨论只是对智能概念现象的一种思辨和机制假设,如果合理的话,对这种概念化程序机制构成的探索必有很长的路要走。根据当今神经生物学的研究和受其他生命现象的启发,参与概念化机制构建应涉及神经活动的诸多层面和环节,例如,设想可能包括有外界刺激产生的神经信号在中枢系统中的自组织,新老信号体系的持续调整和重组,细胞内部和表面特异功能结构的出现和模块化,细胞增殖和分化的导向性诱发,新基因和多种信号递质和调质的开发与功能连锁、集约,也还可能包括有非编码 RNA 机制的加入和神经胶质细胞的功能介入,等等。总之,可以将这种程序过程框架性地理解为,在外界刺激的反复作用下,机制性地产生对记忆结构的持续修饰和相互关联的调整,致使概念变得越来越清晰,辨析能力不断提高,以及构建和不断发展着不同概念间的逻辑关联。可以设想,在动物行为适应性、精确性需求的推动下,伴随演化的进程,记忆概念化程序会变得越来越复杂,其覆盖和归纳能力会变得越来越强劲,越来越精细,并走着一条从具象到抽象,从动作(如蜂类的舞蹈)、语音(如鸟类的表意鸣叫)到字符(如人类的象形文字)的道路。

显然,概念化程序并不是在认知智能形成后才出现的生命机制,而相反,正是概念化程序的逐步建立,推动了认知智能的出现和发展。可以想见,概念化程序的建立应在神经系统创立和演化的早期就萌动了,很多低等动物就已经明显地表现出以概念的方式来指导自己的行为,例如,绝大多数动物对捕食者的记忆实际上都应是来自于对它们形成的概念,而不只限定于对特定个体的记忆。因此可以推论,是神经系统概念化程序的建立和发展,推动了智能的出现。这也就是说,驱使生命智能发生的原动力绝不是来自于某种超智慧力量的赐予,而只能是起因于动物与内外环境互作行为的驱动和选择。其实,神经系统发展出概念化程序并不奇特,类似的现象广泛地存在于许多生命过程之中,例如细胞有丝分裂中不同染色体纺锤丝的协同操作、个体发育的逐级展现、免疫机制的形成等等,它们本质上体现的都是一种生命程序,而这些程序建设也都同样来自于生命复杂系统有序构建原理的支持,只不过因为它们各自的功能和适应性选择不同,实现了不同的生命程序建设。

作者认为,尽管存在有记忆的概念化程序以及对这一程序的组成,都还是虚构的,但是似乎有一点是清楚的,即,如果这一理念被采用,将可使许多智能现象变得更易被理解。这方面我们可以很容易地列举许多实例,例如,幼儿很早就能自主准确地分辨出哥哥、叔叔、爷爷,东西方人群间对异类和同类人面部辨识力差异的存在,记忆的建立可因生理和环境状态的不同呈现出显著的变化,有理解因素介入的记忆往往会更加持久,等等。不难看出,如果认知智能中确实包含有这种程序机制,对其结构和工作模式的研究,必将会给认知智能的揭秘带来很多的推动,也必然会影响到对智能发育、演化以及一些病理现象的深入研究。正因为如此,作者提出并认为,从对记忆现象单纯的还原理念的研究模式,转向辅以系统论理念为指导的探索路线,可能对认知智能的揭秘有着重要的意义。

讨论认知智能须有概念化程序的支持,还应该特别提到,由于概念的形成和在思维(将在下面讨论智能的思维现象)的推动下,在神经系统中无疑会出现与具有逻辑关联的新概念不断产生和相互联络的现象,表明这一过程与相对孤立的记忆与学习活动不同,它体现的已是一种建立在众多概念基础上的经验积累。显然,概念化程序对认知智能带来的一个重大贡献是,由于概念程序的推动,智慧生物对世界的经验可以以概念的形式不断储存和可被思维提取,从而在神经系统中实际上建立了一种知识体系。无疑,这种知识体系的建立基于概念程序的存在以及思维活动的进行,它所形成的绝不是散在的、相互孤立的概念集合,而是有其内部严密的逻辑关联,并表现出可以不断延展和被调整的属性,由此构成了一种神经系统的高级功能结构,成为生命认知智能现象的重要依托。由此,我们或许可以说,知识体系体现的是生命特有的认知概念的总装。在前面讨论中,作者分析了智能的系统特征,提出了认知智能具有阶、维、相的现象。有了概念化程序为基础,不仅使我们能更好地理解认知智能的这些属性,即,具有伴随学习造就新概念形成和逻辑关联的能力,获得了多方面认知平行发展和交错借鉴的张力,加上认知能动性和学习属性的作用,还表现出个体观察角度差异倾向的现象,使人类知识体系以开放性、延展性、可塑性、可表达性的姿态,为生命对环境的高水平适应做出了巨大的贡献。本文提出了认知智能系统中存在有一种概念化程序的假设,如果成立,它将对破解认知智能的生物学机制有着重要的意义。

思维过程逻辑程序存在的必然性　接下来,作者转入对认知智能中另一个重要方面—思维现象的讨论。根据本书前面的分析,思维有三个重要属性:思维与记忆不可分,思维具有时空的超越性,思维体现着分析与综合的多模式并存现象。思维对相关记忆或概念的调用,以及对它们实施超越时空的分析与综合,执行的是逻辑的推演,包括有因果、判断、预测等,那么,这一生命过程必要求认知系统中逻辑程序的存在。

对于思维现象机制的探索,当今很多人自然会想到电脑,一条可能的捷径便是从计算机的程序设计中寻找启示,获得对人类思维工作机制和功能结构的解密。无疑,从最基础的工作原理(电脑编码与神经动作电位遵循的都是1、0法则)和宏观的运算效果(对信息的计算与推演)看,电脑与人脑确实有许多相似和可比之处。但是深入考察,我们又不能不看到,电脑的一切运算都是基于1、0法则的程序编排,它的运行执行的是严格的程序设定,即便是对多可能性的选择,也是通过大量的比对性计算,最终获得优势抉择(如最近发生的围棋人机大战中 Deepmind 所体现的那样)。而人脑思维执行的是一种生理过程,正如上面说到的,它与记忆过程一样,在思维过程中不可逃避地会产生大量的混沌现象(脑电图的高度混沌呈现便是极好的佐证),而由此推论,它不仅同样必然将推动一种基于细胞和生物信息的生命程序建设,而且这一程序也必然是经过对大量逻辑模糊性的调整和自组织过程逐级确立起来的。其实,有如前面讨论提到的 DNA-RNA- 蛋白质体系的形成、细胞分裂周期结构的建立、多细胞生物个体发育程序的设定、免疫路径的规划等等,生命程序建设的这一基本工作原理,无时不在、无处不有地体现出来,而思维的逻辑程序的建立也不可能离开这条路线。这一分析提示我们,电脑与人脑之间实际上存在有巨大的差异,任何电脑软件都是在严格的编程过程中预设性的逐级构建起来的,在解读思维工作机制时,简单、机械地套用计算机的工作原理或编程设计是行不通的,可选择的只能是另辟思路,回归生命过程的本位,而对计算机所采取的态度应是用我可用之处,因为毕竟在许多方面,它的程序模式投射着人类智慧的影子。

如果我们设定智能生物存在有所谓的逻辑程序,并明确其应立足于从基础性神经机制中探寻这一程序建立的路径,该如何用逆推的方法来考察这一问题呢?因为思维遵循的是一种逻辑和推理法则,实现对以记忆为对象的分析与综合,并且这一过程对各种不同的概念具有明显的通用性和主导性,那么,什么样的基础性神经活动与思维过程的这一特征最为接近呢?提出这个想法是因为,这一考察使我们最有可能从中获得解读思维机制之谜的线索。据此,作者将注意力集中于神经元及回路间的相互关联层面(如神经生物学研究揭示的不同神经兴奋或抑制联动的赫布理论、神经信号形成和投射的立体化与模块化现象、不同通道信息引发的神经联络结构的竞争和替代效应,以及当前被热议的量子纠缠设想,等等)。这一关注的原因何在呢?可以想见,无限复杂的外部世界,通过感受和记忆召唤转化产生的神经信号和通路必将是极其复杂的,而外部世界错综复杂的关系,也必然引发不同的神经细胞与通路间产生复杂的回路结构的建立。无论这种关联是分析性的(如对复杂事物各层面的递次解读)还是综合性的(如对不同事件在一定条件下的整体归纳),在神经系统的结构和功能中,这种关联推动着一种逻辑和推演程序的创立,其中自然包括有因果的鉴别、判断的获得、预见的实施等等。当然,这种基于神经细胞与回路联络机制的建立,在开始阶段只是一种临时或模糊事件。但是正如前面探讨多细胞生物演化所谈,根据复杂系统有序构建的原理,在漫长的演化过程中,因相关神经活动反复操作的驱动,通过生命个体微进化和系统发育的衔接与磨合,伴随着神经系统组织结构的不断扩展和机制的开发以及功能模块连锁,建立起一种针对不同记忆对象通用的具有逻辑推演功能的机制程序,是完全可能的。讨论到此,不能不提到,如果我们承认世界的存在在原理上有其内在的同一性,承认生命过程基于非生命的物质运动规律,那么,在细胞水平和生物分子、信号过程中建立与外界事物逻辑关联的同功性程序(其实在物理学中,这种研究方法早已被广泛应用),如逻辑推理最基础的三段论和命题的一与四、二与三共真假法则等,并不足为奇(研究已经显示生命建立的各种调控结构,如放大、拮抗、反馈、辨析、综合等等,远比许多电子自控和智能的工程设计复杂得多,精妙得多)。当然,这一程序的创立必定不仅与前面讨论提到的概念化程序的形成有着密切的联系,而且两者的发展一定形成于一种相互推动的有序构建环境之中。自然,与此相伴,还应包括有对知识体系中相关概念的提取,以及与思维属性衔接结构的建立(如认知的能动性)。如果这一推测是合理的,表明与概念化程序强烈地体现着初始神经记忆活动的机制提升不同,逻辑程序的出现,代表着一种基于神经细胞和信号回路的、全新的、高层次的神经机制程序的创建。显然,这一神经功能体系的出现,表明神经系统的演化跨入到一个全新的发展阶段。在脊椎动物的演化中,大脑古皮层、旧皮层、新皮层的依次形成和扩展,脑器官功能区域的分化与协同、神经投射复杂结构的建立、皮质的分层构造、大量功能分化的神经核团出现,联系当今神经生物学在神经元和信号回路之间联动建立研究的进展,这些现象都暗示着这一推测的可行性。总之我们可以说,在概念化程序和思维的逻辑程序建立的推动下,生命认知智能现象出现和取得长足进步将是水到渠成之事。

如果说思维的出现基于这种全新的神经系统功能程序的建立,那么根据前面对智能动力学结构和特征的分析,我们可以设想,类似于机体在防御功能的推动下,演化形成相互差异又密切关联的体液免疫和细胞免疫程序一样,在思维程序建立的过程中,由于记忆对象和功能目的的不同,分化出了逻辑思维和形象思维不同的工作模式。更为迷人的是,因为思维中存在有的灵感现象(如宗教、哥德巴赫猜想、神话与科幻的创造),它表明思维不仅仅具有严密的逻辑程序结构,而且在一定情况下,加之智能能动性的驱动(如求知的欲望、预见的兴奋、心理慰藉的需求),它还可以超越既定的推理路线,表现出思维的异化运行,并由此产生出智慧的奇葩或怪诞。

　　基于这一分析,我们可以进一步推论,在智能的演化过程中,支持智能程序建立的神经基础结构和机制模式,应该经历过漫长的空间扩展、构造分形、秩序连锁、调控叠加、模块设计自组织的选择过程,并且设置了胚胎中神经系统发育展现的"预留",只有如此,才可能给思维程序的建立以充分的操作空间,而记忆和逻辑程序的不同联合与差异操作,成就了认知智能的阶、维、相动力学特征,以及它的能动和学习属性。

　　讨论到此,我们可以推想,其实前面提到的所谓行为智能,它的演化也同样应该经历过一个类同的生理程序创建的过程,并使这方面的可学习性得到落实。只不过对应于认知智能中的概念程序,在行为智能中表现的是对行为的本体感受和追求,而逻辑程序表现的是行为的平衡与协调的实现。如果我们再将行为智能与认知智能之间的联动现象加入进来,在不同动物和人类中,智能程序的组建和功能表达必然是极端复杂和多样的。

　　总之,作者在此想表述的是,与概念形成一样,思维同样体现的是一种特定的生命功能程序,并且逻辑程序与概念化程序的联合,奠定了认知智能的生物学基础。由此看来,生命智能并不是一种超自然的神奇现象,本质而言,与机体免疫、血糖平衡、性别分化等各种生命过程的形成一样,它体现的是神经系统演化实现的一种感受和认知的功能程序建设,而演化造就的人类大脑,它包含有天文数量级的细胞组成、精细的分层结构、复杂的神经纤维网络投影、多样的信号辨析转换模式,为这一功能程序的组建提供了一个现实平台。当然,乍一听,这种分析似乎像是在构建一座海市蜃楼,但依据系统论的观点,类似于前面对各种生命现象的分析,作者认为从理论上说,这些应该不是无稽之谈。其实,经过以上讨论,受计算机的启发,我们自然还会想到,智能的出现和进步应同时包括有所谓硬件和软件层面的内容。或许在个体中,可以把智能的硬件落实为神经系统发育体制及早期信号系统的设定与空间预留(待增殖与分化的感受态),系统软件更多体现的是细胞分化方向的决定与组合、各种信号分子的表达、级联与储备,以及基础神经网络结构的建立,而学习过程执行的则是在概念化程序和逻辑程序指导下的智能结构的建设,或可比喻为应用软件的落实。有趣的是,这与前面提到的免疫程序的遗传基础、发育设定、功能学习、防御执行似有异曲同工之妙,如果不是这样,即便认知智能的某些软件系统建立可来自于个体的胚后学习,对比于对灵长动物的研究,若没有必要的遗传性硬件和基础软件的支持,是不可能像我们人类那样,在幼儿期,经过短短的几年便完成如此巨大的智力跨越。儿童心理学研究已为此提供了大量的证据,而视觉中枢建立前在胚胎期的左右区段划分"预留"也暗示这一分析是有道理的。由此看来,基于遗传发育和后天学习塑造的智能,在记忆和逻辑掌控能力、形象和艺术感悟天赋、平衡和运动操控技能等方面的多样性个体差异现象,也就有了它发生的生理基础。人们常常惊叹人类智慧的神奇,但实际从更广泛的角度看,类似的演化事件在其他生理系统中也是司空见惯、同样存在的。例如,由于细胞分化造成胞内消化转变成胞外消化(水螅),进而外分泌细胞逐渐由散布于消化道黏膜层,向集中形成消化腺体的方向发展,并经历肝胰腺联合的阶段(鱼类),最终演化出各自独立的胰和肝(哺乳类),这其中同样包含着一系列复杂的发育程序的创建。从生命自身动力学结构和基础性神经程序中探寻认知智能的发生和机制,得到的不仅是对智能现象的深入理解,也强化了我们对生命复杂系统同一性和连续性的认识,体现出系统科学方法论的优势所在。总之,对生命的系统论解读,不可避免地需将生命的认知现象放在生物演化和智能诞生的大背景中进行考察,这一探索必然在生命科学和人文认知科学(包括逻辑学、语言学、心理学、哲学等)之间架起了一座桥梁,也就可能会因学科交叉引发出一系列新的探索或思考。

当然,以上所谈只是一种猜想,如果可取的话,自然提出了一系列艰巨的生物学研究任务,其中除了揭示思维逻辑程序的构成、工作机制、遗传发育之外,还包括对参与思维过程的众多概念的储存和调取,不同思维模式(如琴舞书画主要依托的形象思维、数理化天地生主要依托的逻辑思维、神奇的灵感思维,以及它们各自还可能存在有更多的类型分化)的程序差异建立,思维能动性和学习获得的组织形式,思维与记忆如何联合贡献于知识体系的建设,凡此等等,这些都必将纳入揭秘认知智能这一重大的生命研究课题之中,而这些问题的探索也必然会为许多精神疾病(如自闭症、病态人格、强迫症)的发生和治疗提供理论基础。近年,脑图(脑功能成像)研究的快速发展,为揭示生命的智能现象输入了强大的推动力,而上述对认知智能的结构、属性和可能存在机制的猜测和推演,在这一领域的研究中,或许可能扮演着某种导向性的提示作用。显然,揭秘认知智能生物学机制的困难在于,除了由于介入因素或成分的极端多样性和功能综合性、信息覆盖和处理的广泛性和快速性,难于像对其他生命活动那样进行逐一变异效应比对和不同环节分段解析研究外,还在于可取的模式生物的参照性低和人类自我研究的伦理限制。

　　以上,作者尝试用系统论的思路探讨了生命认知智能现象。讨论至此,与此相关,还同时引发了对神经活动中另一个重要生命现象——睡眠的思考。对此,作者的基本分析是,任何生理系统都有一个功能准备、发挥、恢复的过程,就是终身不能停顿的心脏搏动,也建立了肌纤维融合和分支联合成网的结构,使不同区段的心肌可得到轮替的休息。对于睡眠,人们很自然地猜想,它可能体现的是满足神经活动生理性恢复的需求。但是,在以系统论的观点讨论了智能的记忆与思维现象后,作者还产生了另一种推想,就是在复杂的智能过程中,可能会在信号结构和网络关联中引发出一些变更,而这些变化可能会对系统正常功能发挥埋伏下某种程序故障。为了避免干扰的存留和保证功能的正常执行,需要及时去掉其中的纰漏(bug),由此神经系统在演化中逐渐建立了一种定期检测和再组织的机制,引发了睡眠现象的出现。对此,有如DNA的修复、淋巴细胞的巡视、电脑的重启,神经系统可能采取了一种不与环境关联的、封闭式的记忆与思维"空运行"的程序手段,而神经系统在结构上也赋予了这一程序运行的条件(如对大脑皮层第四层的功能封闭可造成中枢神经系统对外界感受的阻断),做梦现象也由此而出现。神经生物学正在探索和揭示的,浅睡眠与深睡眠中明显的脑电活动差异,以及相伴的不同的做梦效应,将应该会使人们对睡眠的意义获得进一步的认识,而觉醒的生物钟现象(甚至达到惊人的准确性)似乎对这个推想是一种支持。

　　最后,作者想就计算机与人类智慧的比较谈一些个人的想法。如前面对这一问题的讨论,从原理和机制上看,计算机与人类智慧虽有一定的相似之处,但两者之间的区别也是显著的。在能动性、原创性、灵活性,简洁性方面,人类智慧的优势尤为突出,灵感思维现象的存在便是生动的例证。但是与计算机比较,人类智慧也体现出不少的局限性,例如在运行速度、记忆精度、信息容量、年龄制约等方面,都已出现人类弱于现代计算机的现象,并伴随着计算机的发展,这些方面可能会变得越来越明显。但是作者认为,不会改变的是,人类可以不断利用计算机的长处来弥补自己的不足,使自己永远处于主导的地位,而计算机则先天缺乏这种能力。

　　总括对智能现象生物学机制上述推论性讨论,作者感到,与传统的生物学研究路线不同,它所展现的更像是一幅中国大写意的水墨画,具有很强的思辨和哲学色彩,但它确实又很可能传达了生命智能现象的精髓所在,也同时体现了系统论的迷人之处。将还原论和系统论有机地结合在一起,这可能是推动今后生命科学深入发展应选取的更好的方法论。

认知智能将生命带到了一个新的演化层次

以上，我们讨论了生物智能的概念和它的结构与性质，以及猜度它可能的生物学机制。纵览漫长的生命演化轨迹，继细胞形成和多细胞生物出现，作者认为，在行为的推动下智能出现，生命复杂系统又跨入它发展的一个新阶段，即生命的智能层次。

智能与智能层次　纵观生命的诞生和发展，从原始生命物质的积累到细胞形成，生命获得了在自然界中存在的合理性，标志着生命复杂系统基本结构的确立。继之，经历了系统结构上的重要提升，生命跨入到多细胞生物的阶段，并带来了生命的辉煌发展。而智能特别是认知智能的出现，又将生命的演化推向了一个新的阶段。为什么这样说呢？这需要从人类的语言和文字现象谈起。

多细胞生物发育程序的建立，带来了生物体多种复杂器官系统和相关生理功能的精彩展现，其中，动物在对环境感受、应答和行为过程的推动下，形成和建立了神经系统，并最终导致生物智能现象的出现。可以想见，像多细胞生物其他功能系统的建立和发展一样，在语言和文字出现以前，一切智能生物，包括早期的人类在内，虽然它们的智能表现出明显的发育和学习的特征，以至于包括个体间（如父母对子女）的传授和相互模仿，使生物体在行为上的精确性、灵活性、主动性方面出现了巨大进步，但是智能的获得基本都是通过生物体的切身学习，或者个体间有限范围的行为示范作用来完成的，还没有达到个体间认知的直接传递，即可以认为与其他众多生命现象一样，这时的智能还基本停留在个体生理功能的范畴。

但是，伴随认知智能的发展，这一状况出现了重大的改变，这起因于人类语言和文字的出现。作者认为，语言和文字的出现标志着一种全新的生命系统结构从此诞生，并因此给生命的发展带来了巨大的影响。为什么这样说呢？从系统论的观点看，自人类语言特别是文字出现以后，智能内层的东西，如对外界事物的感受和认知，可以在个体间进行直接的传授，并也因此具备了相互整合的条件。这一现象的出现必将引起获得这一能力的生物以群体的方式推动着智能的迅猛发展,并由此带动了他们对环境利用能力和自身生存方式的巨大改变。显然,这时的智能不再仅仅属于个体生理功能的范畴,而成为引发群体性系统结构改变的巨大推动力,造就了生命前所未有的以整体认知智能为纽带的组织形态,并因此将生命复杂系统带入一个新的结构层次。正是出于对生命演化出现的这一现象的思考,本书提出生命智能层次的概念,即由于语言和文字的出现,在认知智能的推动下,生命的演化又进入到一个新的层次——智能层次。当然,对于语言和文字如何在认知智能基础上产生这样一个重要的课题,它所涉及的领域极其广泛,除了生命科学以外,还包括人类学的方方面面,这些都有待于未来的深入研究。

本书加以区分地提出生命的智能现象和生命复杂系统的智能层次两个不同的概念,两个概念所描述的对象既相关又区别。**概括地说,智能现象是动物神经系统发展到高级阶段出现的一种能力和属性,它和消化、循环过程一样是隶属于多细胞生物的一种生理功能,它的核心在于由动物神经系统演化带来的生物行为对客体运动的预见性,并根据它们的表现形式,可区分为行为智能和认知智能。而什么是生命的智能层次呢?简言之,生命的智能层次是,在实现了生物个体之间可以通过语言和文字进行直接的认知交流和传递以后,智能生物群体便构成了一个以前生命历史上所没有的、以智能为重要推动力的特征性系统,智能不再简单地隶属于生物个体的生理功能,它对获得这一属性的生物群体自身的生存方式和对环境的适应能力产生了革命性的影响,即建立了一种不能以以往系统属性概括的新的生命动力学结构,并因此使生命的发展来到了一个新的起点。**

生命是一个复杂的动力学系统,它包含着大量的相互关联的结构,生命智能层次的建立当然离不开它前期系统结构的存在,生命智能层次建立后也必然容纳着旧层次的基本属性。但是,旧层次的动力学规律已经不能涵盖和解释新层次表现出的许多动力学现象,代之的是新的动力学结构和属性。正如多细胞生物不是简单的单细胞生物在细胞数量上的增加一样,具有语言和文字认知交流手段的智能生物群体也不再是智能生物个体的简单集合。"整体大于部分之和"的原则,在此再度体现出来。几千年人类文明史的记录(自然科学、人文科学和哲学)和人类迄今创造出的巨大的精神和物质财富,就是生命智能层次存在和发展的最好见证。

从人类历史看生命智能层次的形成和发展 下面作者将进一步从人类历史的角度,对智能层次的形成和它在生物界中的地位,谈一些想法。

今天发现的最早人类露西的化石,距今已经有 320 万年了。目前,人们还不能确定人类语言文字最早出现的时间,而从大脑两半球出现差异分化推测,这一进步应发生在大约 30 万年的范围,而文字应该比语言的出现更晚。在从猿到人的进化中,直立行走、脑容量增加、工具与火的使用、社会形成等,被认为是人类逐渐脱离动物界的重要标志。早期的人类虽然具有了远比其他动物高的智能水平,但是在语言和文字形成以前,依据作者的理解,由于还没有实现个体间认知智能的直接交流和整合,应该说人类还没有出现系统层次上的飞跃,本质而言,这时的人类还应该归属于动物的范畴,即比较生物分类学与人类学的划分和生命复杂系统智能层次的分析,对于人的界定,作者认为两者在时间上可能相距甚远,前者要上溯到几百万年前,而后者可能只是以数十万年来计算。如此看来,是否可以认为,智慧人类的最终出现经历过古猿(500 万年前)、能人(250 万—100 万年前)、直立人、早期智人(50 万—5 万年前)、晚期智人的漫长演化,用数百万年的时间完成了一次生命向智能层次的伟大跨越,其过程中,直立行走、脑容量增加、工具与火的使用、社会形成,为这一跨越给出了有力的推动。

从生物演化层次的角度,作者将代表新的生命结构层次的智慧人类出现的时间大大推后。对此,作者无意贬低早期人类的尊严,重要的是将这种尊严建立在什么基础之上。像 20 世纪初英国著名的猴子辩论案一样,结论是承认人类源于猴子才是真正维护人的尊严。这里,作者再次把人类与动物分界的问题提出来,探索人类的历史地位和作用,这对我们科学地维护和发扬人的尊严同样有着重要的意义。实际上,人类从动物界的蜕变并没有因语言和文字出现而完成,而是仍在继续,不断地完善着生命智能层次的价值体现。

作者赞赏卡尔·马克思在他的论著中表达的观点,即人类的文明史也可以说是一部不断使人类自己远离动物界的历史。不是吗? 在人类获得了知识交流的能力,并通过智能的融汇和撞击不断提高对世界认知水平的同时,阻碍人类文明发展的正是人类从动物那里遗传下来的许多局限性,而且由于智能的高度发展和语言文字的整合作用,这种局限性可以说曾经暴露到了登峰造极的程度。在生命的历史中,从来没有发生过像人类这样大规模的自我杀戮和对自然资源的恣意攫取和破坏,联想到对那些违背人性道德底线的行为,中国传统斥之为"禽兽不如",是很有道理的。直到今日,战争、腐败现象仍然不绝于耳。但是,生命从它诞生开始,走过的就是一条曲折的道路,在生命智能伟大价值获得的征程中,在完成动物局限性的脱胎换骨改造中,存在这些现象太自然不过了。对此,从复杂系统的观点出发,作者持乐观的态度,就是,这种混乱和混沌带来的必然是系统结构稳定性、和谐性的不断提高和存在合理性的加强。今天,关注人性、保护生态、爱惜自然资源的呼声越来越高,并已经成为许多人的自觉行为。近年西方出现了一个新兴的心理学派——超个人心理学(transpersonal psychology)。不是从政治学、历史学、经济学、文学,而是从心理学上直接探讨人类公众意识不断发展的必然性,这是一件十分有意义的事情。显然,任何违背生命智能层次发展方向的行为、法规、社会结构都将会被它的演化所摒弃或者改造,而在人类与自然的互作中,也确实不会给我们以无限的时间来消费,任何无谓的消耗对我们人类来说都是不利的、危险的,也不被生命的演化法则所许可。因此,作者认为,人与动物的根本区别,不是直立、使用工具等外在表象,而是由于语言文字诞生带来的认知智能整合,及因此推动的适应人类和生命整体利益的智能结构和行为规范的塑造,并且这一过程仍在加速进行之中,而对于一种生命系统的层级跨越,发展到今天,数百万年的时间应是相当短暂的。

谈及智能的发展,最后还应该谈及一个问题,就是人类智能的未来走向是什么呢?是不是永远仅仅限定在认知交流的便捷快速、人类生存品质品味的不断提高、社会趋向更加的和谐完善、人类对自然的认知逐步深入、对自然的掌控能力愈加强劲等方面呢?作者曾产生过这样一个荒诞的念头,随着科学技术的进步,人们的认知交流可能不再局限于传统语言和文字的层面,不仅形成其多样、快速、广泛的特点,以至于还可能出现相互间可以间接以至于直接深度探查的局面。对今天的人来说,这可能是一件非常"惊恐"的情景。不管愿意也好,不愿意也好,如果真的出现了这种情况,有一点是不容怀疑的,就是它必将会极大地影响和改变着人类的生存方式和社会结构,有其弊也必有其利。本书既然定名为解析生命,这样的讨论应该也并不算太出格。

人工智能 最后谈谈关于人工智能的问题。通过对计算机工作能力的不断改进,人工智能的研究不仅取得了相当的成就,而且已经在一些方面实现了生物智能达不到的水平(如计算速度、记忆精度)。但是从一定意义上讲,这些与飞机翱翔蓝天、火箭登陆月球并没有本质的区别。起码今天,我们还看不到计算机以独立智能实体的身份加入我们人类智能层次的现实通路。在生物智能和人工智能之间还横亘着一条智能能动性的鸿沟。现在还很难想象计算机有一天会产生一种强烈的求知欲望,从而去探索不在它编程范围内的新知识,并同时改造着它自己的软件、硬件(这和今天发展的软件可以自我修改程序不同,因为这一提升实际上也是包括在编程之中的)。今天,计算机实际上还是一个"执行者",只不过它受命的是按照人类所给定的认知逻辑,完成它应该完成的记忆、思维和学习任务,它的创造性和人类的创造性仍有着实质性的区别。当然,谁也不会低估人工智能发展的巨大潜力,并且仅仅就它对生命智能结构的揭秘和对人类智能发展的推动作用来说,它的意义和功德也将是无量的。

第十一章　对生命演化模式和系统属性的整体思考

丰富多彩的生物演化历史向人们提出了许多耐人寻味和值得深入研究的问题。在以上讨论的基础上，为了进一步从整体上认识生命的演化现象，下面作者尝试对生命的演化模式，做一全貌性的探讨。

生命的层级演化与谱系演化

演化现象广泛存在于各种复杂系统中，如宇宙、天体、地质、气候、社会，等等，并且呈现出各种不同的演化模式和轨迹。在对生命现象进行了全面的系统解读之后，对生命的演化作以全貌性的分析自然成为认识生命复杂系统不可或缺的内容。

在本书的讨论中，作者对生命演化现象产生了这样一种认识：生命的演化包含有两种不同的模式，可以分别称之为层级演化（stratification evolution）和谱系演化（pedigree evolution），它们综合在一起共同推动着生命的演化进程。

所谓层级演化，是指生命的演化历史在系统基本结构上呈现出若干大的阶段跨越。根据前面的分析，作者认为从诞生开始，生命走过了五个重要的演化阶段，它们分别是：原始生命系统的创立、DNA–RNA–蛋白质秩序的形成和对原始生命系统的归纳、具有周期动力学结构的生命细胞体制的确立、以发育和世代交替为基础的多细胞生命体系的形成、生命智能层次的出现。表明在漫长的生命演化过程中，发生过数次系统结构的重大改造，并因此带来了生命生存形态的显著改变。应该特别说明的是，层级演化展现的并不都是后续阶段对前期阶段的全部替代,而是可以形成不同层级生命形态共存的现象,由此构成了生命极为复杂的图景呈现。所谓谱系演化,是指同一个演化层级中,普遍存在有结构与功能上持续分形的现象,从而构成了一种物种不断歧化的演化图景,它一方面维持着生命系统基本结构的一致性,另一方面又体现出演化的物种谱系关系。总之,从原始生命物质出现和积累开始,经过原始生命动力学系统的创立、DNA–RNA–蛋白质生命程序的确立、细胞周期结构的形成、细胞间信息系统和多细胞生命秩序的建立、语言和文字对生物智能的整合,生命走过了它漫长的演化历程,出现了不同阶段生命存在形式的区分,而在不同层次中,又展现出有着复杂谱系关系的多样性发展势态,构建了以物种歧化为基础的演化树结构,在自然界形成了一幅博大精深的生命层级和谱系演化长卷。

对于这一分析,人们可能不禁会问,这里说的所谓生命的层级演化和谱系演化是一种显而易见的生命现象,为什么要如此强调这个概念呢? 作者认为其原因在于,它将引导我们更加关注生命系统演化驱动力和方向性的存在,并启发我们进一步思考两种演化模式之间的关系,这无疑对我们全面认识生命演化现象是重要的。

谈及生命的层级演化和谱系演化,自然会提出一个问题,同在一个复杂系统中,为什么会同时存在有两种不同的演化模式呢? 它们各自不同的演化规范又是如何统一在一个完整的生命过程之中的呢? 对此,作者尝试按系统论的思路给出一种理论解释。有如前面在讨论单细胞生物演化时,曾以函数 $X_{n+1}=kX_n^2-1$ 为比喻,说明在复杂的生命动力学系统中,存在有影响生物演化的"参数系"。显然,与该数学动力学模型不同的是,生命系统参数的不同选择不仅影响着系统的动力学轨迹,而且它还能造成系统自身"函数关系"的改变,使生命系统可能发生重大的结构性改变。这就是说,在影响生命动力学结构变迁的"参数系"中,同时包括有两类不同的参数,一类参数造就着生命演化过程中同一基本结构下的多态性发展,贡献于生命的谱系演化,另一类参数具有造成生命结构发生重大改造的能力,推动生命结构的层次跨越,但是,这两类参数又综合在一个完整的信息系统之中,由此造成了生命复杂系统层级演化和谱系演化共存的现象。

接下来,作者尝试从这一理念出发,进一步探讨谱系和层级两种不同演化模式的动力学属性和两者之间的关联。

从复杂系统的角度看,两种演化模式之间有着明显的动力学特征的区别:

层级演化展现出的是生命系统基本结构的重大改变,它的实施是一个生命有序构成大动荡、大改组的过程,也造成了它明显的阶段发生的特点,即层次演化的实现可能会有相当长的准备和酝酿期存在,然而一旦触发,它往往会表现得迅猛异常。当某特定的层级演化完成后,其核心结构将变得非常稳定,受环境因素的影响也很小,它将决定今后相当长时期生命的基本格局,因此层级演化又有明显的不连续特征。对比而言,谱系演化体现的是在特定生命层级的大格局中,生命秩序在形态结构和功能展示上的多样化发展,相对于自身的因素外,它接受环境与生态系统的影响也强烈得多,表现出稳定性差、变异性强和更突出的渐变特征,而对于不同的谱系,它们之间的演化势头又可能有着显著的差异。

　　我们还能想到,两种演化模式不会是决然分开的,它们之间又同时存在有一种相互交融和依赖的关系。当生命处在层次演化的剧烈变动阶段,新层次的有序构建占据绝对的优势,强烈地按照自身的法则行事。但是,由于演化背景和环境的差异,以及机遇的不同,在这一过程中,又可能对新层次有序的构建产生许多个性化的影响,造就了新层次生物不同类别的区分,体现出层次演化过程中的谱系演化现象。在完成层次演化后,谱系演化的作用将凸显出来,转而成为新的生命演化主流。无疑,在未来漫长的演化过程中,虽然生命的谱系演化受着层次格局的制约,但是它对于生命的层次演化又不是绝对的消极与被动。第一,谱系演化对层次演化的合理性具有评判的功能,即它既可能引发对进入新层次生物的否定[如澳大利亚埃迪卡拉(Ediacara)动物的消失],也可能通过进一步的完善使之获得确认和发展。第二,在这个层次中,谱系演化不仅创造着新物种的持续发生,它同时又开始了下一层次演化有序构成的预设和变异积累,包括环境因素的加入,并策划着未来新层次演化过程中的多元性,为其生存合理性提供更多的选择(如单细胞真核生物向多细胞生物的演化)。由此,作者猜想,由于生物自身结构以及对环境应答能力的差异,可能会出现不同物种先后进入层级演化的局面,造成层级演化延续一定的时间阶段,形成一个层级演化期(如多细胞植物的出现在历史中延续了一个相当长的阶段)。因此,今天看到的属于同一演化层次的不同生物类别,它们可能源自于层级演化前的不同生物类别(假设某些有着显著区别的不同动物门类的分别出现),可能分歧于层级演化过程中的谱系分化(如寒武纪大爆发暗示的某些不同纲类的形成),也可能产生于新层级建立后的谱系演化(如昆虫和哺乳动物不同目、科的建立）。由于这些可能性的存在，使得不同生物物种，在形态结构、发育体制、生物大分子序列歧化等方面，形成一种错综复杂的信息对比关系，而执行动物发生单起源假设可能会带来信息解读和谱系甄别的困惑。这一分析也可能给一些生命演化现象提供一种合理的解释，例如包括有，前面讨论提及的单细胞生物的多元发生和多细胞生物的物种大爆发现象，著名的埃迪卡拉动物的神秘消失和加拿大布尔吉斯（Burgess）物种大爆发后出现的许多物种的迅速绝灭。

总之，作者认为，对生命演化的上述理解包含了对生命复杂系统结构和动力学属性的强调，以及对生命系统蕴含着演化驱动与指向性的关注，即生命始终处在层次演化与谱系演化的压力之中，两种不同模式的演化密切地关联在一起，只是不同历史阶段会有不同的侧重和内涵。其实作者相信，这种层级和谱系演化特征，不仅表现在生命现象之中，它应在自然界许多其他的复杂系统中也同样存在，例如，宇宙演化的层级划分（如大爆炸早期的基本粒子阶段，化学元素形成的阶段，天体与星系形成和演化的阶段）和谱系呈现（如不同星系的出现和发展），星系的发生虽然遵从宇宙演化的总体约定，但今天看到的星系多样性可能源自于前期宇宙演化阶段的歧化，可能发生于星云形成过程中的分形，也可能体现的是星系形成中的谱系分化，而用单一的演化模式来进行解读，恐怕同样也会出现认知上的困惑。

层级和谱系演化模式与达尔文进化论

自达尔文创立生物进化论以来，生命演化一直是生物学家热议，以至于社会各界人士关注的话题。接下来，作者尝试从达尔文进化理论体系定位的角度，对本书提出的生命层级演化和谱系演化作以讨论。

如前面所谈，生物进化现象很早就被人提出，而到了140多年前，达尔文创立了自然选择的物种进化学说，生物进化的思想开始受到了人们的普遍认同，并且生物进化论也开始成为一门重要的生命分支学科。一个半世纪以来，随着研究技术提高和理念调整，生物进化理论也在不断发展。由于遗传学的建立和有性过程细胞染色体行为的发现，在自然选择的大框架下，生物进化研究提出了小进化和大进化的概念，区分了通过基因变异选择积累造成的物种内演化现象，和因染色体重组产生"系统突变"（systematic mutation）而带来的新物种形成的演化现象。随着分子生物学和生物信息学的发展,当人们将生物的演化现象与遗传载体分子的信息序列联系在一起的时候,又提出了分子进化中性论的观点,即认为引起生物演化发生的遗传分子变异是这些分子具有的一种独立实施的热力学过程,而演化的呈现是起因于对这种变异的适应选择,生物进化理论也因此由原初的物竞天择、自然选择,逐步演变成包含了遗传学、细胞学、分子生物学、生物信息学等广泛内容的综合进化论。进化论的创立和发展不仅带来了人类思想界的深刻革命,也极大地推动了人们对生命历史的了解。但是,我们同时也看到,伴随生命演化研究的深入,许多新的困惑和争论不断产生。长期以来,以达尔文生物变异和自然选择理论为指导而建立起来的物种进化树图谱,可以说它主要关注的是多细胞生物的谱系演化,并力图用自然选择理念归一性地来诠释全部的生命演化现象,忽视了生命复杂系统自身具有的巨大演化潜力,以及由此带来的演化复杂展现,更没有将演化现象放到生命系统的大背景中来进行考察。

　　本书尝试从复杂系统的角度对生命现象进行解读,从生命的诞生开始,逐级分析了生命从原始生命系统出现,经 DNA–RNA– 蛋白质动力学体系的创建,到生命周期结构和细胞的形成,再到多细胞生物系统的建立,最终又导致智能生物出现的发展历程,并由此形成了对生命存在于层级和谱系双重演化过程之中的归纳。作者认为这不是对演化模式的简单划分,而体现的是生命复杂系统中既蕴含着两种明显差异的演化程式,但两者之间又表现出你中有我我中有你、相互推进的动力学特征,它包含着对生命自组织能力和其混沌表象背后存在有深层结构的理解,包含着对生命演化分形属性的揭示,也包含着对生命发展受生态和环境选择的认定。采取这样一种分析路线,不仅生命演化的渐进和跃迁现象取得了它们各自发生的合理性,物种大爆发、多起源、层次演化与谱系演化的衔接、谱系演化势态的差异呈现以及精妙的生物结构与功能展示,这些现象也都不再是各不相干的拼凑,而体现了系统深层存在的统一性和传承性。

　　显然,生命的层级演化和谱系演化模式,不是对传统进化论的否定,而是从一种新的视角对达尔文进化理论的丰富和发展。虽然传统的进化理论对解释生命的演化有着明显的局限,但是在相当的范围内仍有着它的合理性,例如,对于多细胞生物谱系演化现象,特别是物种演化与环境的关系方面,传统进化理论的适用和研究的可操作性是显著的。虽然传统进化理论的核心是以变异－自然选择的形式表达出来,没有进入到生命系统内部更加丰富多彩的自组织分形和选择机制之中,但是其变异与选择和生存法则的基本原理仍然光彩夺目。其实,今天我们用系统论和动力学的观点来解读生命的发生和演化,这是对传统进化理论的继承和发展,本身就证明了达尔文学说的伟大之处,如果有在天之灵的话,达尔文先生完全可以坦然地在镜子面前端详自己的眼,而不必为此感到困扰和自疚。

　　总之,作者以为,在研究高度综合、复杂的生命诞生和演化现象时,应尽可能地从复杂系统的角度出发,并把注重点放在探索它的动力学依据上,避免只局限于表面或者形式上的比对分析,并因此带来认识上的误导或者陷入难以解脱的自相矛盾之中。历史上曾有一个由罗素(B. Russell)提出的著名悖论,即"只给不给自己刮脸的人刮脸"(在某个城市中有一位理发师,他的广告词是这样写的:本人的理发技艺十分高超,誉满全城,我将为本城所有不给自己刮脸的人刮脸,并且也只给这些人刮脸,我对各位表示热诚欢迎! 来找他刮脸的人络绎不绝,自然都是那些不给自己刮脸的人。可是,有一天,这位理发师从镜子里看见自己的胡子长了,他本能地抓起了剃刀,那么,他能不能给他自己刮脸呢? 如果他不给自己刮脸,他就属于"不给自己刮脸的人",他就要给自己刮脸,而如果他给自己刮脸呢? 他又属于"给自己刮脸的人",他就不该给自己刮脸)。生物学研究中也存在有类似的尴尬,如"先有鸡还是先有蛋""DNA、RNA、蛋白质谁先起源"。达尔文曾说过:"如果我的自然选择说必须借助于突进化的过程才能说得通,我将弃之如粪土。"其实,刮脸何需要顾及他给不给自己刮脸? 在生命演化中,选择又为何要顾及变化是来自跃迁还是渐进? 而这种选择可以来自于环境,也可以产生于自身,自身就是自然的一部分。

　　生命现象生动地证明了,一个有着开放、耗散动力学属性和超循环结构的复杂系统蕴含着伟大的创造力,世界因此而千姿百态,宇宙因此而博大精深。当我们从复杂系统的角度探讨生命现象时强烈地感到,生命可能是我们自己就置身在其中的、一种难得的解读复杂系统的现实范例。目前,我们对生命系统有序构建的法力有多大,沿着这条路线它又能够走多远还不清楚,但是揭示生命所蕴含的复杂系统的演化规律,对于我们认识自然的奥秘无疑有着深远的意义。

生命的整体系统属性和生命的系统论定义

本书从复杂系统的视角，针对生命现象，从其诞生到今天的漫长演变历史，尝试做了全局性的解读和探索。由此，作者对生命现象的系统属性获得了一系列新的认识，并且对生命的存在和发展获得了进一步的理解。归纳前面的讨论，我们似乎可以从系统论的角度给出生命一种新的定义，也集中体现了作者对生命系统属性的解读。

那么什么是生命呢？从复杂系统的角度，我们或许可以这样说：**生命是宇宙演化发展到特定阶段形成和建立的一种复杂动力学系统，这一系统的出现和存在当然受宇宙演化阶段和背景条件的制约；生命复杂系统具有在中介物质的参与下，通过无序与有序的偶联，自主性地利用环境熵增，实现自身的秩序建设、维持和扩展（代谢）；生命在其发展的过程中建立了特有的信息储备和调用系统（DNA–RNA–蛋白质秩序），以实现生命活动（包括生长、细胞分裂、发育、遗传、繁殖、生理、智能等一系列生命现象）的程序性控制，并以周期和迭代动力学结构的形式获得了生命存在和发展的依据；生命系统具有建立在系统自身动力学结构基础上的，吸纳和利用环境因素，实现其构成不断演化的能力，这种演化表现出层级递进和谱系分形的特征，并通过生存选择，实现了它的多样性展示和对环境适应能力的不断提高，构建了复杂的生态系统；在生命演化过程中，通过与环境的互作，生命反转对环境产生着持续性的影响，并不断强化着包括生命自身在内的、对世界呈现的能动性介入和干预。**

作者期望，生命的系统论定义不仅可以加深我们对生命现象本质的理解，它与传统的生物学定义也形成了相互间的支持和诠释，并由此给传统的生命科学研究带来新的理念，推动人们探索生命的不断深入。以作者的理解，与传统实验生物学比较，《解析生命》一书所尝试的，可以说是对生命现象转换坐标系再认识的一种尝试。正如几何学直角坐标系和极坐标系（单位圆）具有各自的侧重，而又相互补充和丰满一样，对生命的系统论解读同样离不开实验生物学的基础研究和注释，但这种转换又必然会反之推动实验生物学研究的开拓和深入。

来自生命现象的启示

生命现象在科学上曾经引出过一个至今还难以得到满意解答的问题，就是,生命的诞生和演化明显地表现出的是一种自然界有序度自发增加的过程。从热力学的角度,或者可以说,生命现象的存在明显有悖于自发过程熵增加的原理。为此,英国著名物理学家麦克斯韦(J. C. Maxwell,1831—1879)针对克劳修斯(R. Clausius,1822—1888)的"热寂"说曾提出过一个假设:存在一种妖魔,它可以在不需能量的情况下,将高度混合的物质成分按它们性质(如分子的平均平动功能)的不同不断地把它们分开,由此发生了没有能量消耗的有序增加、熵减少现象,这一设定的妖魔被人们称为麦克斯韦妖魔(Demon of Maxwell)(图 11-1)。面对生命在自然界不断产生有序的现象,多年来,有人曾力图证明蛋白质或者酶可能(或者部分地)扮演了这一妖魔的角色,引发了不同观点的讨论。

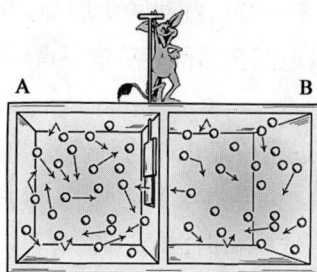

图 11-1　麦克斯韦妖魔

英国著名物理学家麦克斯韦提出的一个假设:存在一种妖魔,它可以在不做功的情况下,将高度混合的物质成分按它们性质的不同不断地将它们分开,如经由控制容器 A、B 间的通道,让高速运动的分子可以单向自由地进入 A 容器,而低速运动的分子可以单向自由地进入 B 容器,由此,经过一段时间以后,A 容器的气体具有较高的温度,而 B 容器的气体具有较低的温度,由此产生了违背热力学第二定律的熵自发减少的现象,人们将这个妖魔称为麦克斯韦妖魔(Demon of Maxwell)。面对生命在自然界不断产生有序的现象,多年来,有人曾力图证明蛋白质或者酶可能(或者部分地)扮演了这一妖魔的角色,引发了不同观点的讨论。(引自 http://www.pitt.edu/~jdnorton/Goodies/exorcism_phase_vol/Maxwell_original_demon_120.png)

由于生命现象的极端复杂性,现在还很难计算生命过程中熵值的变化。特别是,现在对生命有序构成历史发展重要阶段的演化动力学过程并不清楚,要从生命总体发展的角度来测定和比较有序与无序总量的变化更是不可能的。

在前面的讨论中,对于所有的生命过程,包括环境影响在内,本书都是假设与生命过程相关的总体熵值是增加的,生命利用的是环境熵增潜能,并最终全部都以热能的形式排放到环境之中,即以更大的总体有序的消耗换取了生命有序的维持和增加。

但是,从上面对生命现象的系统分析中,我们强烈地感到,伴随生命演化和生命系统秩序构建能力的不断提高,对于同样的有序构建任务,生命对环境有序度的消耗应该在不断降低。例如,对比 DNA-RNA- 蛋白质生命秩序建立前后,合成得到等量的同种蛋白质付出的有序代价可能很不同。更重要的是,这种有序构建效能的提高现象在生命的演化历史中是不断叠加的,也就是完成同样的秩序构建,生命过程似乎呈现出越来越少的环境有序消耗。再如,在生物种群和生态系统形成后,生命内部的相互依赖、促进、制约和竞争机制,它对生命有序构建的贡献作用是显然的。尽管还不可能定量地评估这一机制对于有序提高的影响。但是,总体而言,起码这一过程与通常物 - 化研究的自发过程中有序消耗的势态很不一样。如果更大胆地走一步,再将生命的智能因素考虑进去,问题会更尖锐地摆在面前。从这一点看,麦克斯韦妖魔的设定不能看作是毫无道理的。

如果将生命有序发展过程所显现的这种性质"推广",将引导我们对世界的发展模式产生一种猜想。世界由众多类型、互相关联的不同动力学系统构成。各系统都有一个形成、发展和消亡的过程,并且一个系统的动力学过程可能会引发、推动另一个系统的发生和发展,形成动力学系统的转换。如果能够评估和度量系统变换过程中有序度的变化,将可能发现,在这个过程中,一个系统的有序消耗与另一个系统的有序增加之间并不线性相关,例如,在一个系统发生的早期阶段,前者可能要远远大于后者,而伴随这一过程的推进,前者可能会不断减少。如果用系统转换过程中能量的利用来评估,可以说能量的"消耗"与系统秩序的"涨落"存在有非线性的现象。由此推衍,基于物质 - 能量的守恒定律,我们可以引出一个猜想:世界永远不可能进入某种有序度不变的终极平衡状态,即世界处在永远的演变过程之中,不同的是它的秩序结构在不断地更迭。实际上,人们已经注意到,在探查到的范围内,伴随宇宙的膨胀,熵增长的理论值与实测值并不相符,而且两者的差距愈来愈大(图 11-2)。因此,"热寂"说预言世界最终将静止于温度均一和混乱度最大的状态,其偏颇之处可能就在于,它是以单一系统、同一动力学结构模式来考察整个世界。"热寂"说之所以长期困惑着人们,正是因为人们往往习惯于或者只是从现存环境中得到的认知立场来推断过去,预测未来。看来,对此进行反思是必要的,这也正是威曾鲍姆寓言的价值所在。

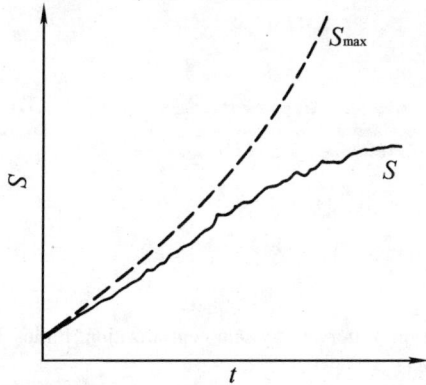

图 11-2　宇宙膨胀与熵值变化

膨胀宇宙中熵变化的理论值(S_{max})和实测值(S)。纵坐标为熵值(S),横坐标为时间(t)。(引自孙小礼,1995)

　　以上的分析引导作者提出一种具有挑战性的猜想。如果能够在普遍意义上定义有序,并找到对物质运动过程中各体系有序度改变量的测定方法,人们可能会发现:**人类传统认识上的无限的宇宙是一个封闭的、具有超循环结构的动力学大系统,它由多层面、相互关联而又区别的众多子系统构成。在时间向量上,宇宙的有序形式在不断地转变着,这一转变是通过动力学有序过程与无序过程的偶联实现的,并以此推动不同层面子系统间的相互转换。因为有序度的转变与能量的利用之间存在大量的非线性关系,世界将永远不会进入一种不变的秩序结构之中,并且这种变化应该体现出一种方向性,即宇宙处在永恒的演化之中。在阶段的运动过程之中,被考察体系的有序量完全可能自发地减少或者增加,这取决于系统的性质和它的发育阶段。与物质和能量守恒不同,世界的总体有序度在时间向量中应是不断变化的,但是宇宙的有序度又可能存在有极限值。**

参 考 书 目

Arendt D, et al. The evolution of nervous system centralization. Philos Trans R Soc Lond B Biol Sci, 2008, 363(1496): 1523–1528.

Arias A M, Stewart A. Molecular Principles of Animal Development. London: Oxford University Press, 2002.

Charney, D S, et al. Neurobiology of Mental Illness. London: Oxford University Press, 2013.

Dawkins R. The Selfish Gene. London: Oxford University Press, 1976.

Eigen M, Schuster P. The Hypercycle: A Principle of Natural Self Organization. New York: Springer Verlag, 1979.

Eisenberg D, Crothers D. Physical Chemistry with Application to The Life Sciences. Menlo Park: The Benjamin/Cummings Publishing Company, Inc, 1979.

Feldman, D E. Synaptic mechanisms for plasticity in neocortex. Annu Rev Neurosci, 2009, 32: 33–55.

Freeman S, Herron J C. Evolutionary Analysis. New Jersey: Prentice Hall, 1998.

Fricker, L D. Neuropeptides and Other Bioactive Peptides: From Discovery to Function. San Francisco: Morgan & Claypool Publishers, 2012.

Gall J G. The Molecular Biology of Ciliated Protozoa. Orlando: Acad. Press, 1986.

Gerhart J, Kirschner M. Cell, Embryos, and Evolution. Malden: Blackwell Science, 1997.

Gilbert S F. Development Biology. 6th ed. Sunderland: Sinauer, 2000.

Gleck J. Chaos: Making A New Science. New York: Penguin Books, 1987.

Goodwin B. How The Leopard Changed Its Spots: The Evolution of Complexity. New York: Touchstone Rockefeller Center, 1994.

Gould S. J. Wonderful Life: The Burgess Shale and The Nature of History. New York: W W Norton & Company, 1989.

Hobson, J. A. Sleep is of the brain, by the brain and for the brain. Nature, 2005, 437(7063): 1254–1256.

Johnson P. E. Darwin on Trial. Downers Grove: InterVarsity Press, 1994.

Kandel, E R. The molecular biology of memory storage: a dialogue between genes and synapses.

Science, 2001, 294 (5544): 1030–1038.

Kandel, E R. The molecular biology of memory: cAMP, PKA, CRE, CREB-1, CREB-2, and CPEB. Mol Brain, 2012, 5 : 14.

Kauffman S A. The Origins of Order: Self Organization and Selection in Evolution. London: Oxford University Press, 1993.

Lawrence P A. The Making of A Fly: The Genetics of Animal Design. Cambridge: Blackwell Scientific Publications, 1992.

Lorenz E N. The Essence of Chaos. Seatle: University of Washington Press, 1994.

Mandelbrot B. The Fractal Geometry of Nature. San Francisco: W. H. Freeman and Company, 1982.

Margulis L, Schwartz K V. Five Kingdoms. New York: W. H. Freeman and Company, 1998.

Mier W, Mier D. Advantages in functional imaging of the brain. Front Hum Neurosci, 2015, 9 : 249.

Mikhailov A S, Loskutov A Y. Foundations of Synergetic H: Complex Pattern. New York: Springer Verlag, 1996.

Nicolis G. Prigogine I. Self organization in Non–equilibrium System: From Dissipative Structures to Order Through Fluctuation. Chichester: John Wiley & Sons, 1977.

Raff R A. The Shape of Life: Genes, Development and Evolution of Animal Form. Chicago: University of Chicago Press, 1996.

Schrödinger E. What Is Life? London: Cambridge University Press, 1948.

Shapiro J A. Natural Genetic Engineering in Evolution Transposable Element and Evolution. Dordrecht: Kluwer Academic Publishers, 1993.

Stahl B. J. Vertebrate History: Problems in Evolution. New York: Dover Publications, 1985.

Stewart I. Does God Play Dice?—The Mathematics of Chaos. Cambridge: Blackwell Scientific Publications, 1989.

Thom R. Structural Stability and Morphogenesis. Harlow: Addison Wesley, 1972.

Thornton A, Clayton N S, Grodzinski U. Animal minds: from computation to evolution. Phil. Trans. R. Soc. B, 2012, 367 : 2670 – 2676. doi: 10.1098/rstb.2012.

Tudge C. The Variety of Life. London: Oxford University Press, 2000.

Whitlock J R, et al. Learning induces long-term potentiation in the hippocampus. Science, 2006, 313 (5790): 1093–1097.

Wolpert L. Principles of Development. London: Oxford University Press, 2002.

Alexander R M. 无脊椎动物学. 杜芝兰译. 北京: 化学工业出版社, 2013.

Allis C D, et al. 表观遗传学. 朱冰, 孙方霖译. 北京: 科学出版社, 2009.

陈均远, 黄迪颖, 李家维. 早寒武世有头类状脊索动物. 自然科学进展, 2004, 特刊: 28 – 33.

樊启昶, 白书农. 发育生物学原理. 北京: 高等教育出版社, 2003.

樊启昶, 刘诚. 肿瘤——生命复杂系统的"黑洞". 北京: 高等教育出版社, 2014.

桂起权. 科学思想的源流. 武汉: 武汉大学出版社, 1994.

郝守刚,马学平,等.生命的起源与演化——地球历史中的生命.北京:高等教育出版社/施普林格出版社,2000.

沈韫芬.原生动物学.北京:科学出版社,1999.

孙小礼.现代科学的哲学争论.北京:北京大学出版社,1995.

陶天申,杨瑞馥,东秀珠.原核生物系统学.北京:化学工业出版社,2007.

朱圣庚,徐长法.生物化学.4版.北京:高等教育出版社,2017.

吴今培,李学伟.系统科学发展概论.北京:清华大学出版社,2010.

吴祥兴,陈忠.混沌学导论.上海:上海科学技术文献出版社,1996.

肖书海,张昀.新元古代磷块岩中立体保存的藻类和动物胚胎化石.自然科学进展,2001,特刊:12~19.

许崇任,程红.动物生物学.2版.北京:高等教育出版社,2008.

袁训来,肖书海,尹磊明,等.陡山沱期生物群——早期动物前期辐射前夕的生命.合肥:中国科学技术大学出版社,2002.

张建树.混沌生物学.西安:陕西科学技术出版社,1998.

张昀.生物进化.北京:北京大学出版社,1998.

张昀等.生命科学导论.北京:高等教育出版社,2000.

赵玉芬,赵国辉.生命的起源与进化.北京:科学技术文献出版社,1999.

第1版后记

多年来,由于学习和工作的经历,我涉猎了动物形态学、分子生物学、发育生物学和免疫学等生物学领域的知识。在进行专项研究和教学工作中,往往触及生命科学中的一些基本问题,例如生命的起源、生物的演化,它们不时地从不同的角度冒出来,困扰着我。当我逐渐接触到动力学和系统论的概念,并且尝试着以此来思考生命现象时,越来越体会到其中包含着一种强大的力量,使我产生了一种从未有过的、从整体上把握生命现象的轻松感觉。本书便是作者以粗浅的系统论知识,将这方面的学习体会提纲性地表达出来,以期待着讨论和指教,更愿意看到它能起到抛砖引玉的作用。

本书强调的是对生命现象的思考(这其实是作者原本为本书设计的书名),它带有很强的分析、推理和思辨的特点。本书立足的是对生命演化动因和基本路线的探索,其中必然存在有不少偏颇以至于错误的地方。但是我相信,力争从整体上进行把握,这对于认识复杂的生命现象是十分重要的。

当年达尔文从大量的化石和对现实生物的比较中,获得了生物物种进化的证据,并受到马尔萨斯人口论的启发,提出了生物进化的变异 – 自然选择说。

但是,当人们(包括达尔文本人)应用这一学说认识生命现象时,自觉不自觉地将一些与生物演化现象无直接关系的附加条件掺杂了进来,比如说,人为地设定今天结构相似的生物物种必定来自共同的祖先,今天生命过程的因果关系应该反映了它历史构建过程中的程序关系,等等。当我们将多彩的生物演化现象和生命演化的整体过程割裂开来考虑时,有这样或者那样潜在的附加条件的插入是难免的,有时甚至是难于被察觉到的。如果能从整体的过程来进行分析和考察,将可能使我们回避或减少这方面的失误和由此带来的迷惘。尽管这种分析和认识路线有更大的难度,也难于在开始的时候达到精确,但是最终它应该是更容易逼近事物的真实。当今,生命科学迅猛发展,提供了远比达尔文年代丰富深刻得多的信息,为全面考察生命的演化创造了更好的条件。

樊启昶

jxsmfan@gmail.com

2005 年 1 月于东岳公寓

第 2 版说明

　　作者于 10 年前首次出版了《解析生命》一书，现借再版之机，对原书在结构上进行了调整，在内容上做了扩展。因为年龄已大，这项工作做得蛮辛苦，观点对错且不论，只希望能尽力给读者以较清晰的表述，也诚挚地期待着批评和讨论。回顾从最初的思考到今天的呈现，一本小册子，经历了数十年漫长的时间，在此要特别向曾经帮助过我的朋友——胡跃、靳田、姚孟肇表示衷心的感谢或深切的怀念。本书的插图选择和加工，得到了康林的帮助，也一并表示谢意。

2015 年 1 月修改于燕园

第 3 版说明

　　《解析生命》第 2 版发行后,2015 年秋,以此书为教材,我为本科生开设了专题讨论班。作为对传统生物学知识的补充,学生对这一课程给予了良好的评价,并同时提出了许多有益的建议。由此,作者用半年多的时间,在旁听神经生物学的同时,着手重点对"智能"一章进行了修改和补充,并在文字上对全书进行了一次通改,借此,作者对王卓青同学的帮助表示衷心感谢。

2016 年 7 月修改于 Blacksburg, Virginia

2018 年 1 月再改于燕园

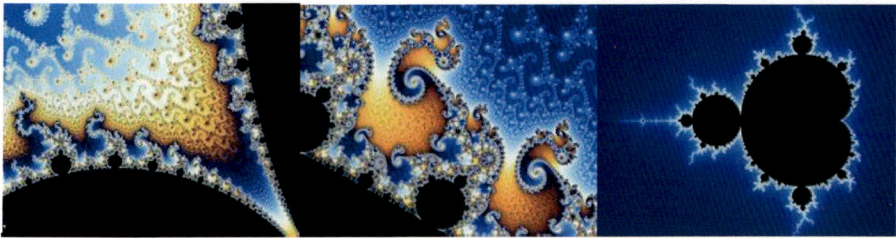

图 7-7　分形的魅力

分形几何是 20 世纪 70 年代发展起来的新的数学分支,它以简单的数学法则创造了无穷精美的分形图案。了解芒德勃罗集(Mandelbrot set)的读者知道,它反映的是决定尤利亚集具有通连图案的参数在复数平面上的分布。芒德勃罗最惊人的特征是,当你以越来越高的倍数把这个复数平面放大时,每一次放大都展现新颖而永远使人惊叹的结构。更让人惊奇的是,左上图的饼姜人在逐级放大百万倍以后,每一个细节都完整无缺地再现出来。

图 8-13　动物对不同环境的发育调整

A. 北美橡树蛾(*N. arizonaria*)春天孵化的幼虫以橡树花为食,发育出模拟花的表皮。B. 夏天孵化出的幼虫以橡树叶为食,发育出模拟橡树小枝的表皮。(引自 Gilbert,1997)

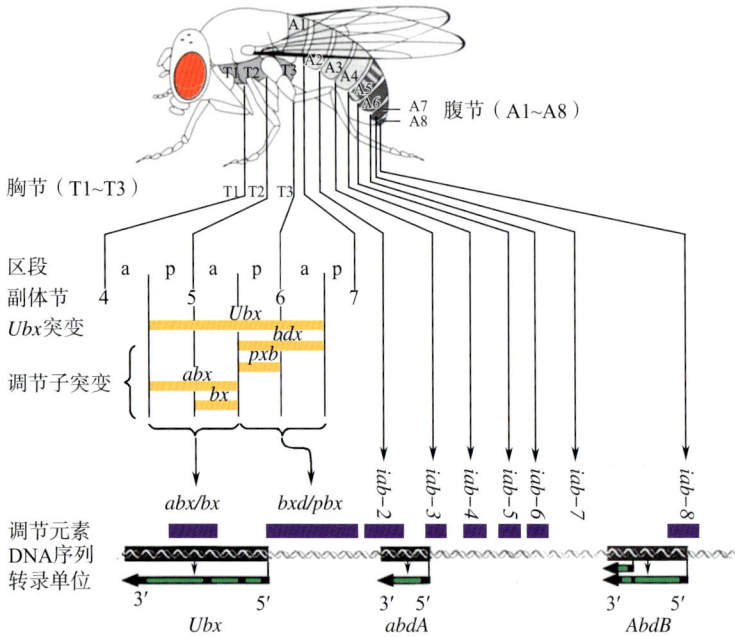

图 9-9　Hox 基因调控元素的结构

在果蝇 Ubx、abdA、AbdB 基因簇中，不仅不同 Hox 基因在染色体上的排布顺序与其在体节中表达的前后顺序有对应的关系，而且 Hox 基因上的调节元素的顺序与受其特异控制的副体节的顺序也相一致。注意 Hox 基因顺式调节区很大，伸展大约 100 kb，但是它的 mRNA 分子却很小（即转录单位所示区域）。（引自 Gilbert，1997）

图 9-10　单一基因突变形成生物表型的综合改变

A. 两个蝴蝶仅因为一个基因的变异造成翅膀图案和颜色的截然不同。B. 由于 3 个 Ubx 基因顺式调控元件突变的组合，形成双胸四翅果蝇。（引自 Lawrence，1992）

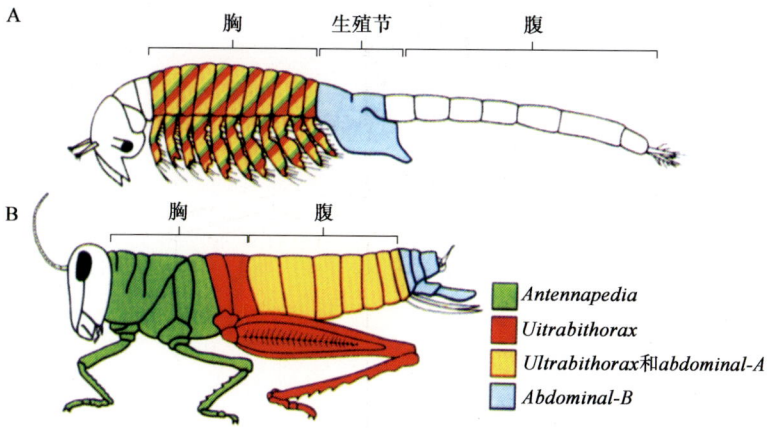

图9-11　*Hox* 基因表达模式的不同带来生物体结构的显著差异

节肢动物蝗虫和卤虫(*Artemia*)*Hox* 基因表达比较：在卤虫中，大多数胸部体节很相似，*Antennapedia*、*Ultrabithorax*、*abdominal-A* 等基因在整个胸部表达(A)；在蝗虫中，这3个基因分别在前胸、后胸、腹部的体节中差异表达(B)，而 *Abdominal-B* 基因在卤虫和蝗虫的生殖节都表达。(引自 Wolpert,2002)